農文協

大谷　剛

昆虫――大きくなれない擬態者たち

はしがき

福島県の会津若松市に一八年、東京の世田谷区に四年、そして北海道の札幌に一一年住んだ後、長崎県の田平町で六年、千葉県の市川市で二年、そして兵庫県の神戸市で一六年経った。最近の一〇年ぐらいのあいだに、兵庫県立人と自然の博物館のセミナーや他施設での講演、県立大学での講義などで話してきた「昆虫にまつわる話」を、九つの章にまとめたのが本書である。

第1部は、私が「昆虫は小さいというよりも大きくなれない」ことに気付き、それが進化や生態に大きく関わっていることに考えが広がってきたことに関連している。そのためタイトルは「昆虫の進化と運命」とした。第1章「空中に逃避した親指姫」は兵庫県立大学の講義で毎年話しているテーマである。「大きくなれない」から「餌になりやすく」、餌になりやすいから「空中に逃げ出す」しかない、という話の展開で、なぜ昆虫が飛ぶようになったのかという疑問に答えたつもりである。第2章「自活する胚」では「完全変態のなぞ」にせまってみた。激しい捕食を受ける昆虫たちがせっぱつまって、卵のなかでぬくぬくと育つはずの「幼虫」を外の環境に放り出したという話である。第3章「鳥とともに進化した昆虫」では、鳥が飛んだのは飛ぶ昆虫を追いかけたからだ、という仮設を立ててみた。専門外のところなので、大胆な分だけ面白いかもしれない。

第2部は四大昆虫のハチ擬態がテーマである。昆虫は小さくて餌になりやすいので、保護色・擬態は自然につくられてしまい、話の内容には事欠かない。博物館での企画展「ワンダフル・デザイン」で担当した「だまされるかたち」をベースにした。第4章「ハチ擬態が生じる理由」は、専門のハチ目と一緒に、関わりが薄かったハエ目をハチ擬態ということで結びつけて取り扱ったので一番長い章になった。「ハナアブ類のくびれ紋」は新しい発見である。そこで、本書の表紙は旧知の栗林慧さんにハナアブの写真を虫の目カメラで、虫が出始めの三月に無理をいって撮っていただいた。第5章「誤解される胸」では大繁栄の甲虫を扱っている。私が一〇カ月間とり続けた「カブトムシ幼虫の全糞データ」に注目だ。第6章は鱗粉というユニークな実態と三種のチョウの一個体追跡の話。最後にメンガタスズメの音声擬態の話を書き、第7章の鳴く虫につなげた。

第3部は「昆虫と博物館」。第7章は鳴く虫の話で、博物館で毎年行っている「鳴く虫インストラクター養成講座」で学んだことがベースになっている。第8章「幾何学と浮力が関わる動物の足」は、昆虫だけでなく恐竜にまでも考察を広げているので、根本的な誤りを指摘されるのが怖いところだが、「トリとヒトが二足歩行することに至った共通理由」のあたりを楽しんでいただければと思う。第9章「起点と終点の昆虫採集」は、「昆虫標本づくり講座」での経験と昆虫少年だった「会津若松での日々」を思い出しながら書いた。

私たちが何かを「面白い」と思うときは、「常識」からちょっとずれているときである。常識的なことは面白くない。といっても自分の常識の枠からあまりにも外れてしまうと理解不能になって、これも面白くない。そこで本を書くときは「読者」をある程度想定し、その「常識」はこのぐらいとして話を進めていく。しかし、人の常識は千差万別だから、この「想定」はかなり難しい。だから、結局のところは最初の読者である編集者の常識を基準にするしかない。編集者・真鍋弘さんの「へぇー」とか「ほぉー」という反応が、多くの読者と共通であることを祈るばかりである。

昆虫―大きくなれない擬態者たち

目次

「鳥の糞」擬態
鳥も自分の糞は食べない

昆虫の「隠れる擬態」は、鳥の捕食圧を避ける戦略として進化したといわれる。しかし鳥が片っ端から虫を食べるという圧力が「昆虫らしくない、関心のないもの」を生み出した原動力と考えたほうが自然だろう。鳥が一番関心のないのは自分の糞である。「鳥の糞」擬態は昆虫やクモに多く見られる。(「トリノフンダマシ——鳥も自分の糞は食べない」52頁参照)

鳥の糞は黒と白（尿酸）が不規則に混じった物体である。

鳥の糞にそっくりなアゲハチョウの若い幼虫。

最終脱皮をすると、アゲハチョウの幼虫は「蛇の子」のイメージに変わる。
（いずれも撮影／栗林慧）

ハチに刺されたくないのは鳥も人間と同じだ。ハチに刺されたくない気持ちが、ハチとハチに似た昆虫を捕食メニューから外す。その結果、ハチ擬態が生じてくる。ここで紹介するのは主にハナアブ科のハチ擬態。ハナアブはほぼ活動空間がハチと一致し、体形も似ている。各列の上が擬態者で下がモデルと推測されるハチ類である。(「ハチ擬態と双翅目」69頁以降参照。標本箱1に相当する。)

ツマキオオヒラタアブ

シロスジナガハナアブ

シロスジナガハナアブ

シマハナアブ

キベリアシブトハナアブ

オオフタホシヒラタアブ

オオフタホシヒラタアブ

ムツボシハチ
モドキハナアブ

ムツボシハチ
モドキハナアブ

コアシナガバチ

コアシナガバチ

ヤマトアシナガバチ
（台湾亜種）

ヤマトアシナガバチ
（女王）

セイヨウミツバチ

★

セイヨウミツバチ（♂）

セイヨウミツバチ

ニホンミツバチ

ニホンミツバチ

オオドロバチモドキ

★

シロスジヒメバチ

アカウシアブはアブ科、キンホソイシアブとオオイシアブはムシヒキアブ科。★印のハチは刺せないので実は擬態者である。

ハナアブ科のハチ擬態

鳥もハチに刺されたくない

「腰のくびれ」を擬態するアブの仲間たち

アブの仲間には腰のくびれを擬態しているものがいる。腰のくびれのようなものがちらりとでも見えたら、鳥がハチと判断する基準となる。実際に形態的にくびれさせるのは大変だが、「くびれ紋」という模様であれば比較的手軽に進化できるということなのだろう。（「ハチ擬態と双翅目」71 頁参照）

アイノオビヒラタアブ

アメリカミズアブ

エゾコヒラタアブ

オオオビヒラタアブ

オオフタホシヒラタアブ

オビホソヒラタアブ

キイロナミホシヒラタアブ

スズキナガハナアブ

キベリヒラタアブ

クロベッコウハナアブ

シマアシブトハナアブ

シマハナアブ

モンキモモブトハナアブ

ホシヒメハナアブ

キベリアシブトハナアブ

シロスジナガハナアブ

雄バチは雌《めす》バチに擬態している

ハチの毒針は産卵管が進化したものである。だから雄バチは刺すことができない。弱小のマルハナバチの仲間の雄バチは個体数の多い別種の女王や働きバチに擬態している。クロマルハナバチ、コマルハナバチの雌は 11 頁参照。（「雄バチは雌バチに擬態している」73 頁参照）

クロマルハナバチ（♂）

エゾオオマルハナバチ（働きバチ）

エゾオオマルハナバチ（女王）

コマルハナバチ（♂）

トラマルハナバチ（女王）

トラマルハナバチ（働きバチ）

ツチバチの雌雄の尻先を比較すると、毒針のような突起物があるのは雄のほうで、これはにせの毒針である。雌の本物の毒針はちゃんとひっこめることができる。

擬 態

キオビツチバチ（♂）

キオビツチバチ（♀）

キンケハラナガツチバチ（♂）

キンケハラナガツチバチ（♀）

昆虫観察の究極「一個体追跡法」

動物の行動研究の方法はいろいろあるが、ファーブルのように１匹の行動をずっと追いかけていく方法を私は「一個体追跡法」と呼んでいる。私はこれまで雄ミツバチ、モンシロチョウ、ゲンジボタルの幼虫、カブトムシ、ハンミョウ、ヤマトシジミ、オオゴマダラで試みた。（「栗林さんと観察したカブトムシ」84頁以降参照）

交尾中のオオゴマダラ。翅に羽化日、性別、個体番号が書かれている。（提供／橿原市昆虫館）

オオゴマダラの黄金色の蛹《さなぎ》。（提供／橿原市昆虫館）

右側の雄の強引な交尾の誘いに激しく抵抗するハンミョウの雌。（撮影／栗林慧）

春先の雨の日のゲンジボタルの幼虫の上陸。（撮影／栗林慧）

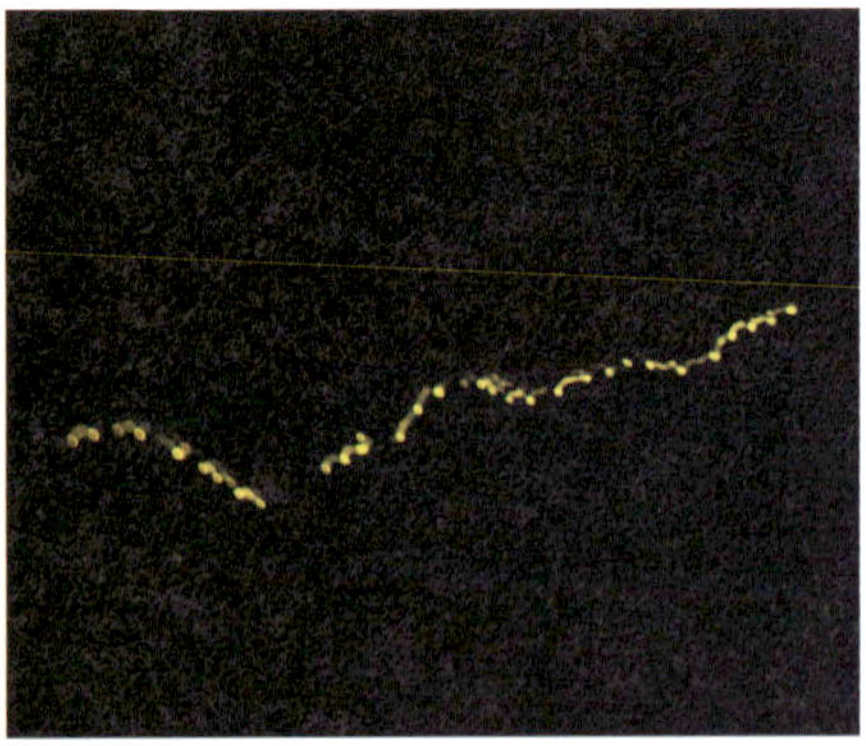

ゲンジボタルの幼虫の尻先には二つの光る部分があり、カメラを開放にしておくと、光の軌跡ができる。（撮影／栗林慧）

「草化け」する虫たち

多くのバッタの仲間はイネ科の植物に似ている。じっとしているとその効果はさらに高まる。「草化け」をするのは後肢が比較的短い虫たち。跳ねて逃げるのが得意でない仲間が、「草化け」を身に付けたのだろうか。外国には地衣類に細部まで似ているものがいる。(「鳴く虫の保護色と擬態」126頁参照)

クサキリモドキ(キリギリス科)の雄の成虫。背腹が平たいので後肢を伸ばすと葉と一体となってしまう。(撮影／湊和雄)

地衣類に見事なまでに擬態した南米・エクアドルのサルオガセギス。(撮影／海野和男)

イネ科の植物に擬態するショウリョウバッタ。少し枯れた部分があるとますます効果的である。(撮影／海野和男)

「鳴く虫インストラクター養成講座」は、2年間で30種の鳴く虫を聞きわける人を養成する私(兵庫県立人と自然の博物館)の講座だ。この講座は虫が鳴き始める6月から9月まで開かれる。写真は初級講座で学ぶ虫たち。(「鳴く虫インストラクター養成講座」117頁以降参照)

存在をアピールする「鳴く虫」たち

● 初夏に鳴く虫

マダラスズ

タンボコオロギ(♂)

● 初夏から盛夏に鳴く虫

キリギリス

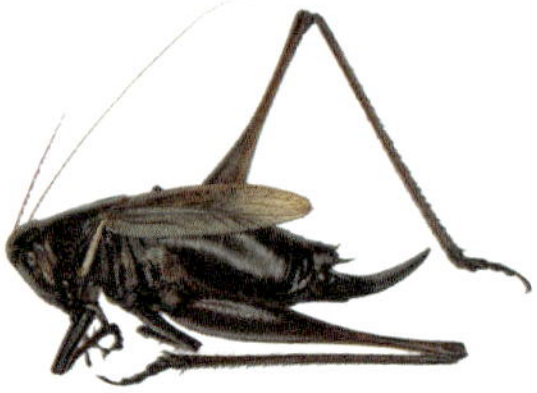
ヒメギス

シバスズ(♂)

ヒロバネカンタン

● 初秋に鳴く虫

エンマコオロギ(♂)

ハラオカメコオロギ

カンタン

カネタタキ

ハヤシノウマオイ

(撮影／八木剛)

第1部

昆虫の進化と運命

第1章
空中へ逃避した親指姫

1 昆虫は小さい

日本の御伽草子《おとぎぞうし》に『一寸法師』という民話がある。西洋だとアンデルセンの『親指姫』がある。昆虫で一寸法師や親指姫の大きさだったら、かなりの大型である。三センチ前後の「手の指サイズ」の昆虫といえば、カブトムシ、ノコギリクワガタ、シオカラトンボ、アブラゼミ、モンシロチョウ、オオスズメバチ、ウシアブ、キリギリス、オンブバッタ、コカマキリ、コオロギ類、ゴミムシ類ぐらいが身近に見られるだろう（図1・2B）。手の指より大きい昆虫は、アゲハチョウ、クロアゲハ、オニヤンマ、ギンヤンマ、ショウリョウバッタ、オオカマキリぐらいしかおらず、それでも手のひらに乗ってしまう大きさである（図1・2A）。過去を遡《さかのぼ》っても、昆虫で「モスラ」のような超巨大昆虫はおらず、唯一、石炭紀（二・九〜三・七億年前）の原トンボ目に開長（開いた翅《はね》の長さ）七〇センチ（体長は四〇センチ程度）というメガニューラがいたことが化石からわかっている（写真1・1）。これが知られている最大で、たいていは手のひらに乗る大きさよりも小さいのである。

最大級が「手のひらサイズ」で、次が「手の指サイズ」、その下は「指の爪《つめ》サイズ」でこのあたりから昆虫は多くなる（図1・2C）。テントウムシ類、ハエ類、ハナバチ類、ハナ

写真1・1——古生代石炭紀の化石から再現されたメガニューラの模型。これまで地球上に現れた昆虫の最大とされる。開翅の長さ70センチ、体長は40センチ。0.18ミリのアザミウマタマゴバチを1万倍の1.8メートルにしたら、このメガニューラは何と7キロメートルになる。（写真提供／北九州市立自然史・歴史博物館）

アブ類、シジミチョウ類、ハサミムシ類、コオロギ類、ゴミムシ類、ゴミムシダマシ類、コガネムシ類、ハムシ類、コオロギ科のスズ類、ヒバリ類……。もっと小さくなると、五ミリ以下になってきて「爪の先サイズ」（図1・2D）。人が注目しないだけで、種数としては一番多いのではないだろうか。アリ類を筆頭に、寄生蜂《きせいばち》類、ハネカクシ類、シラミ類、ノミ類、アブラムシ類、アザミウマ類、トビムシ類……。つまり小さいのはいくらでもいるのである。世界で一番小さいといわれていたのが、アザミウマタマゴバチという〇・一八ミリの寄生蜂で、ゾウリムシより小さい（図1・1）。しかし、最近もっと小さくて飛べないハチの雄が見つかった[✦1]ので、アザミウマタマゴバチのほうは「飛翔《ひしょう》する最小の昆虫」ということになった。

日本の昆虫は実質一〇万種はいるらしいが、約三万二〇〇〇種の記録がある。この日本産全種を大きさで分けて表にしたいところであるが、大きさの種別データが簡単に手に入らないので、日本産昆虫図鑑などいろいろ参考にして図1・3（二二頁）をつくってみた。多くの人は予想するよりずっと小さい昆虫が多いことに気付くはずだ。

2　昆虫には血管も肺もない

親指姫であれ、一寸法師であれ、人間のミニチュア版として扱うから、心臓があり、血管があって、肺と連動し、空気呼吸することに何の疑問ももたないのが普通である。ところが、昆虫というのは、人間を含む脊椎《せきつい》動物（門）とはまったく違う動物なのである。昆虫は脊椎のない（大ざっぱに無脊椎動物という）節足《せっそく》動物門に属する。脊椎動物の骨に当たるところはなく、外側の皮膚が硬くなったところで体形を維持する。少し乱暴なイメージでは、プラスチック保存容器のようなもので、中にほとんど色がない血液が入っていると思えばいい。そして、その無色血液を心臓が吸い込んで、キュウッと絞り、全身に送り出す。大動脈のあとには血管はなく、血液はそのまま放り出されて、体内をめぐり、また心臓に吸い込まれるという循環を繰り返すのである。これが中学・高校で学んだはずの「開放血管系」である（二二頁、図1・4B）。

人間を含む脊椎動物では、「閉鎖血管系」

✦1 一九九七年にアメリカから新種として発表されたホソハネコバチ科の *Dicopomorpha ochmepterygis* は、〇・一三九ミリ、チャタテムシの卵に寄生するという。

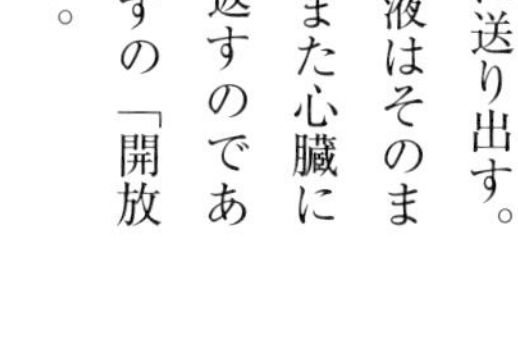

図1・1——ゾウリムシより小さい世界最小の飛翔昆虫アザミウマタマゴバチ（体長0.18ミリ、*Megaphragma*タマゴバチ科）の雌。（広瀬義躬、1990）

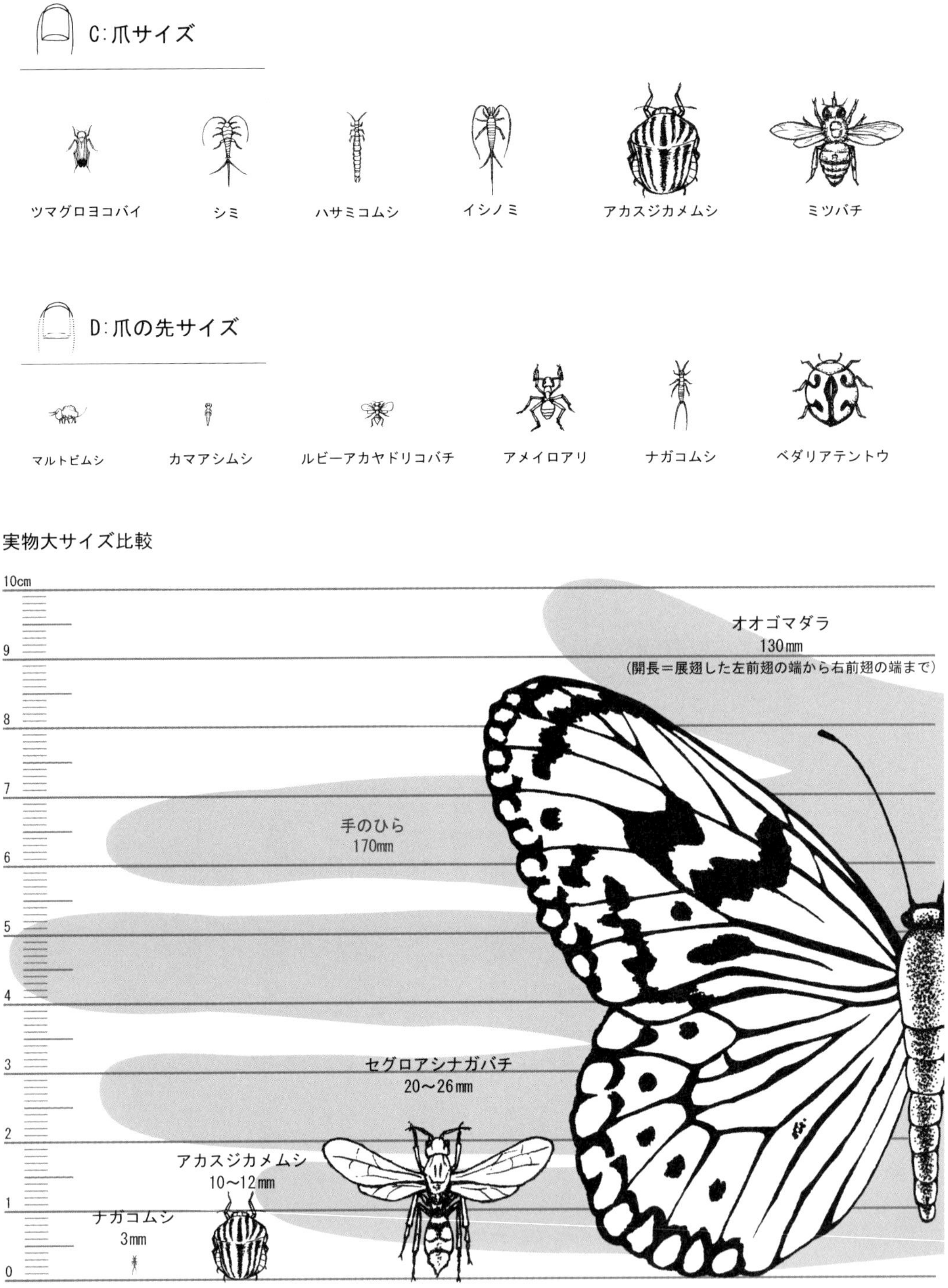

図1・2——昆虫の大きさ比べ。手のひらサイズ(A)、手の指サイズ(B)、指の爪サイズ(C)、爪の先サイズ(D)の昆虫たち

A:手のひらサイズ

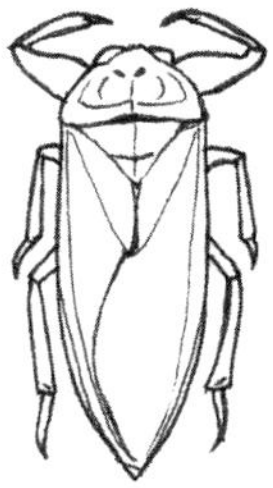

タガメ

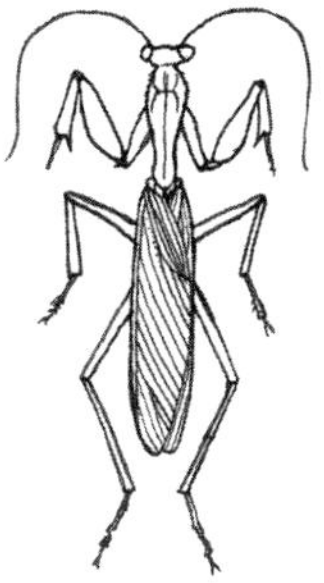

オオカマキリ

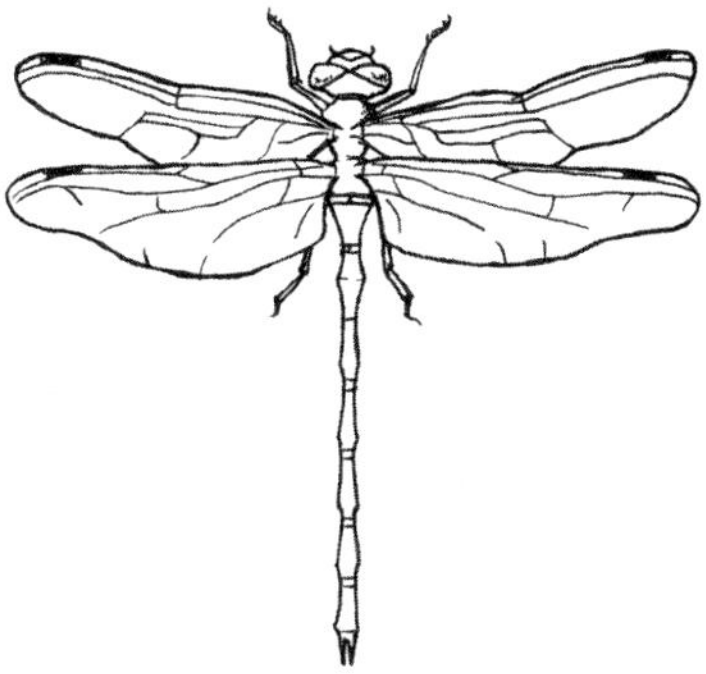

オニヤンマ

オオゴマダラ

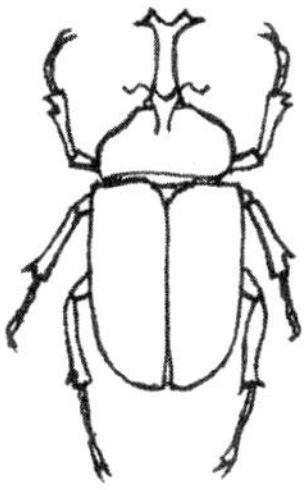

カブトムシ

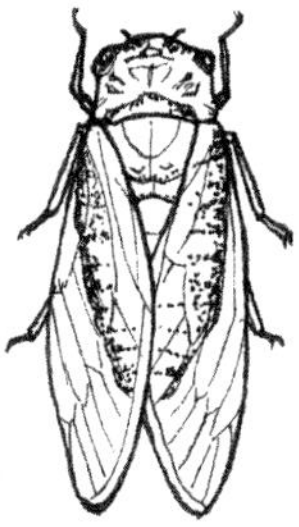

クマゼミ

B:指サイズ

セグロアシナガバチ

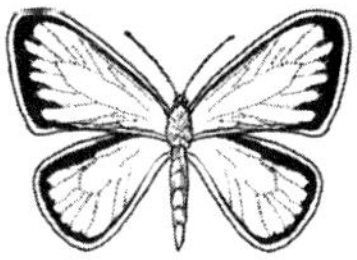

ヤマトシジミ

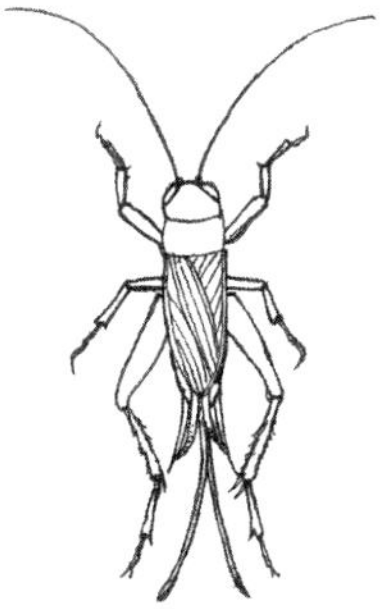

エンマコオロギ

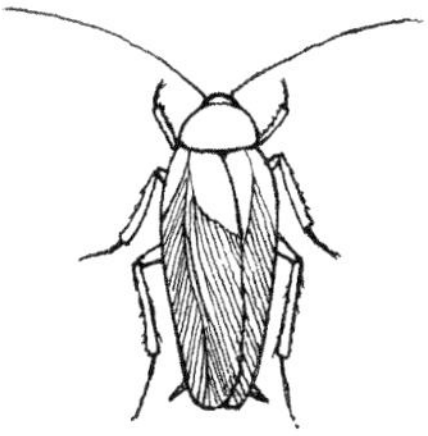

クロゴキブリ

ハンミョウ

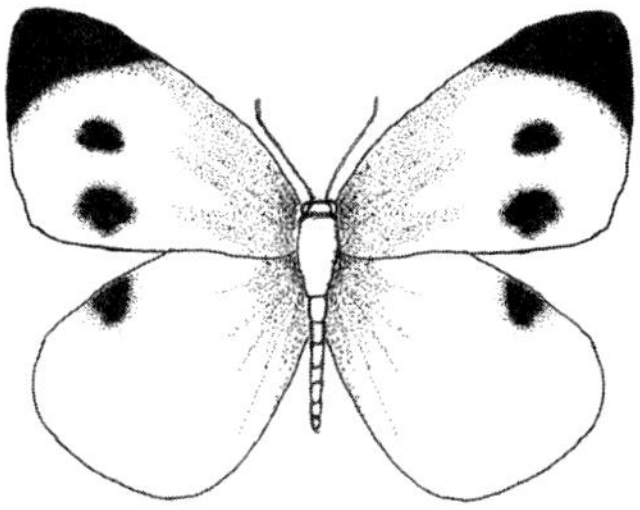

モンシロチョウ

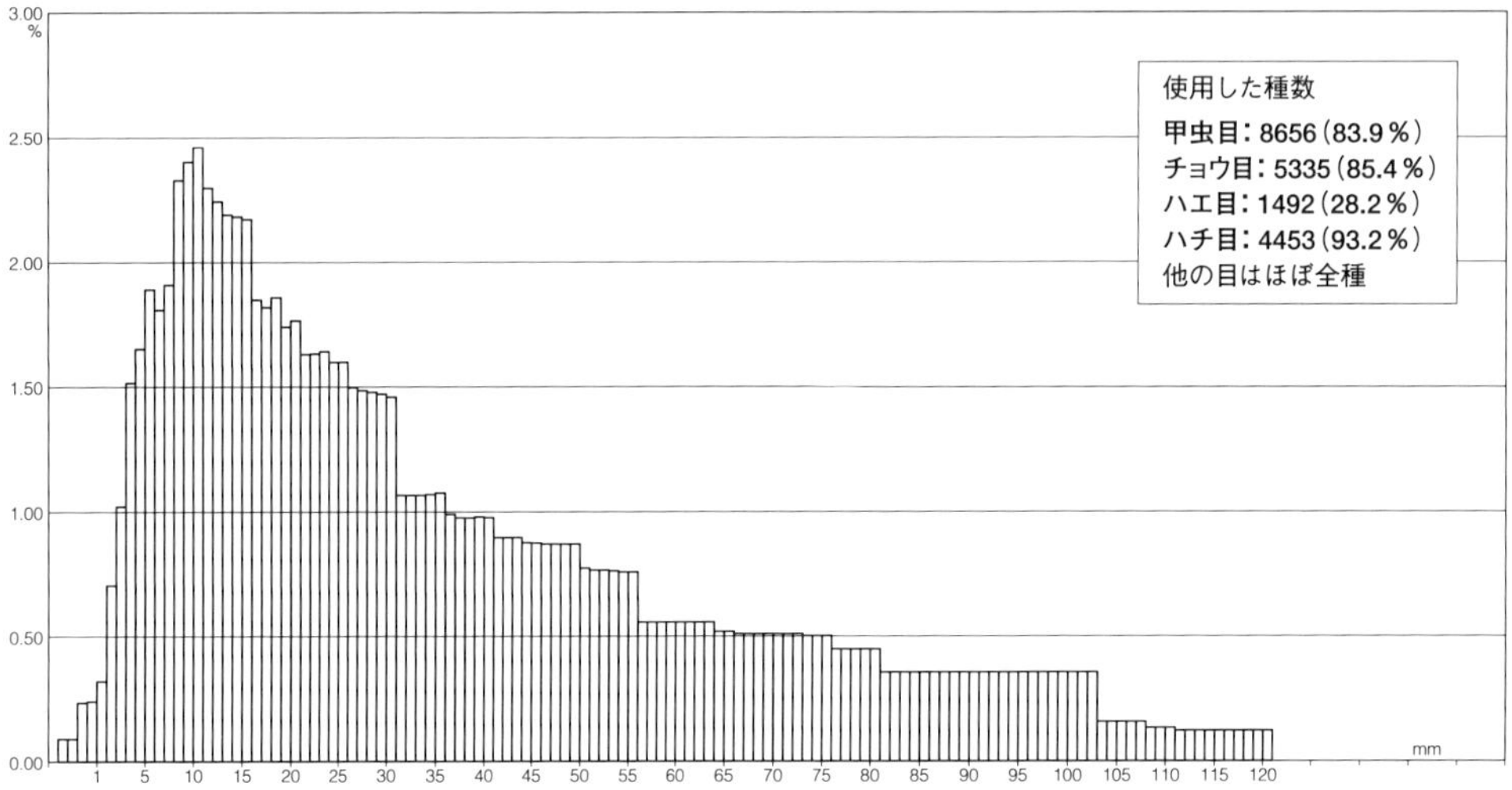

図1・3——日本の昆虫の体長分布。まず、『日本動物大百科・昆虫Ⅰ～Ⅲ』（1996-1998、平凡社）から様々なグループ単位の種数とその体長範囲を集めた。4大昆虫は種数が多すぎて詳しい体長データに欠ける。そこでいろいろな図鑑を参考にして体長範囲を出した。これで、日本産昆虫の8割に近い25293種となった。これをExcelでつくった1ミリ刻みの表に体長範囲の分だけ種数を入れていく。それを1ミリ単位で集計し、トータル数で割ったものをヒストグラムで描き出した。1ミリ以下は0.8、0.6、0.4、0.2ミリである。ピークは11ミリにきたが、図鑑では5ミリ以下を載せない傾向にあるので、正確な全数調査をすれば、ピークは5ミリ辺りにくるかもしれない。チョウ目のデータは体長でなく、開長なので、大型のほうにシフトしている。

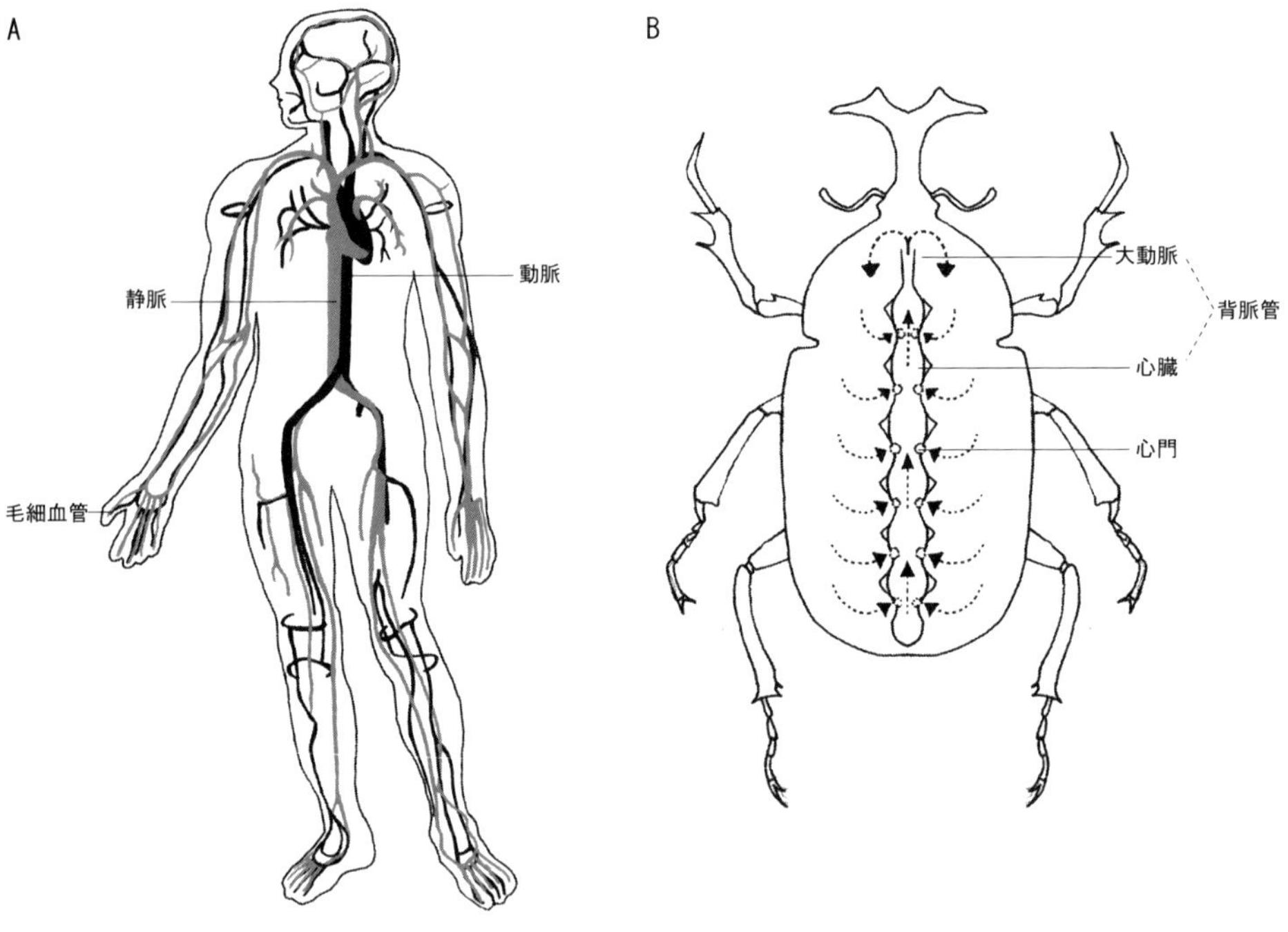

図1・4——ヒトをモデルにした閉鎖血管系（A）とカブトムシをモデルに描いた開放血管系（B）。ヒトの毛細血管は大幅に省略しているが、カブトムシの図では血管をまったく省略していない。大動脈の先に血管はなく、心門から吸い込まれた血液は大動脈の端から放り出される。

（図1・4A）なので、左心室から出された新鮮な血液を、毛細血管が体の隅々に分け入り、栄養分を供給し、不用な老廃物や二酸化炭素を拾い出す。そして右心室から出された使い古しの血液は肺の毛細血管のところで、新鮮な空気に触れ、二酸化炭素を捨て、酸素を取り込む。ところが、昆虫ではこの肺がない。代わりに「気管」という空気の管が全身にめぐらされ、空気との接触を体中で行なうのである。だから、血管は必要でなく、気管の間を血液がすり抜けていけばガス交換が可能なのである。心臓はそのすり抜けるだけのエネルギーを与えればいいので、「吸い込んで吐き出す」方式の単純なものですむ。これが「気管系呼吸」である（図1・5）。

3　大きくなれない気管系呼吸

簡単で効率よく働く「気管系呼吸」だが、うまく働くのは体が小さいときだけである。体が大きくなると、体重は三乗で増えていくので、体重を支える筋肉量も三乗で増えなければならない。内部空間も三乗で増えるので、毛細気管も三乗ということになる。しかし、その体を支える「硬い皮膚（外骨格という）」は二乗でしか増えない。つまり、外骨格というキチン質の入れ物の中は筋肉と気管で満たされ、二進《にっち》も三進《さっち》もいかなくなるという状況が必ずくることになる。体内に大きな空気の袋（気嚢《きのう》）を抱《かか》える（つまり、がらんどうにする）のは一つの解決策だが、根本的な策ではない。そもそも一気圧の大気のもとでは、水の中に空気はごく浅くしか入り込めないという物理的な制約もある。したがって、どうしても「手のひらサイズ」で頭打ちになる。

これに対して脊椎動物の体のつくりは、節足動物に比べて制限が少ない。中心の骨を頑《がん》丈《じょう》にして周りに大きな筋肉をつけ、そこに神経と血管をつけてやれば、大きくなってもうまく働くのである。もちろん、骨の強度があるから、陸上では体長二五メートルのシロナガスクジラの体形は保てないが、半水生なら何とか長い首と長いしっぽを入れて全長三〇メートル以上というウルトラサウルス（ノーマン、一九八八）程度にはなれるのである（第8章参照）。

常に餌《えさ》をとらなければならない動物にとって、大きくなれるということは、食物連鎖の

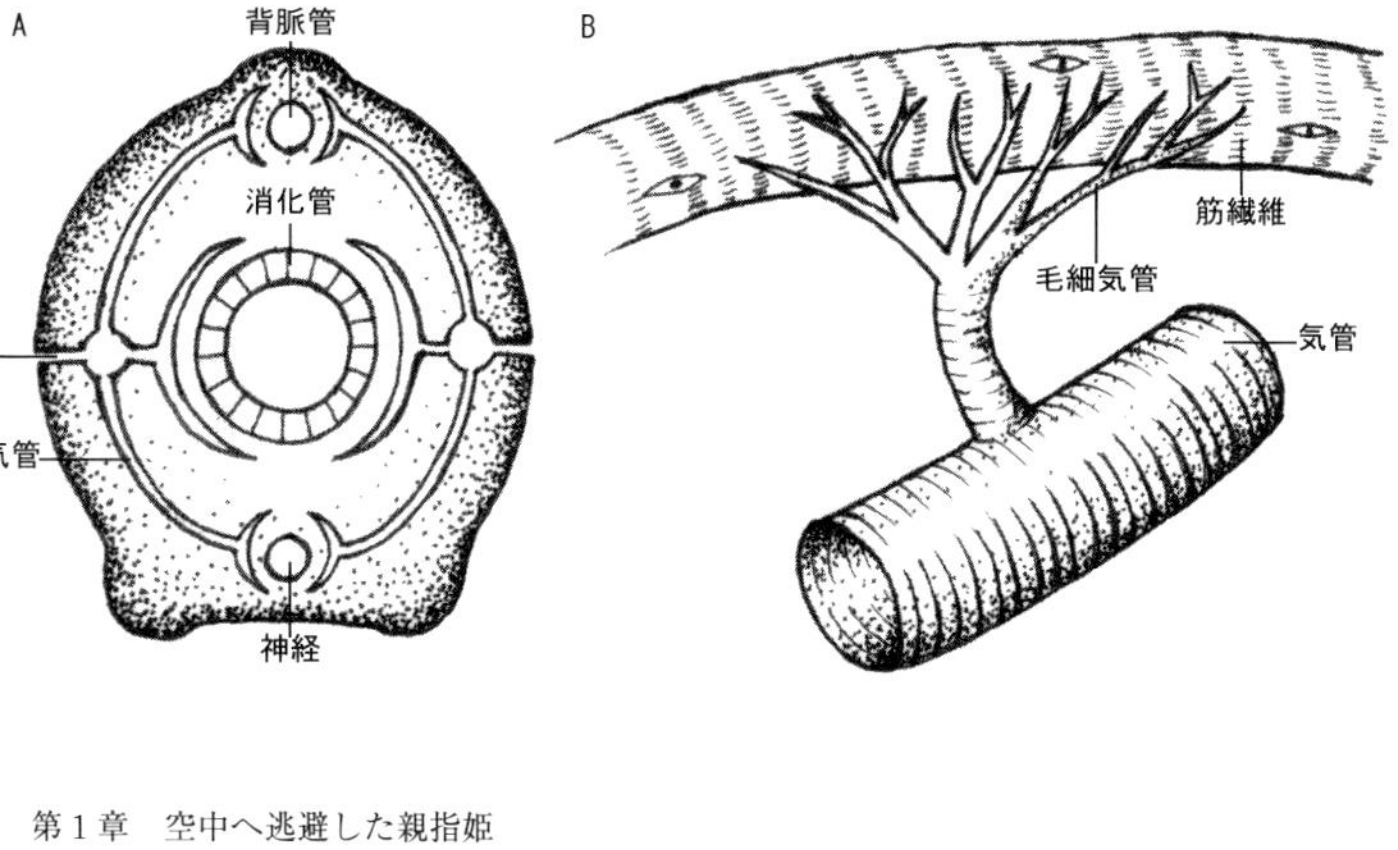

図1・5――昆虫類や多足類の気管系呼吸。Aは断面、Bは毛細気管が伸びるようすを示す。昆虫の体を開いてみると細かい管がたくさん見つかる。これは血管ではなく、気管。神経を取り巻くように毛細気管が分布し（A）、末端が筋繊維のような器官の組織に入り込んでいる（B）。体の隅々の組織に酸素を直接送り込むシステムである。（『昆虫の生態図鑑』、学研、1993より改図）

上でかなり有利になる。だから、手軽な呼吸法を選んでしまって大きくなれない昆虫は、生態学上まさに大きな不利を背負ってしまったことになる。しかし、短所は長所の裏返し。苦あれば楽あり。「一短一長」。昆虫は大きくなれないという運命を背負いつつ、それをうまく使ってたくましく今日まで生き延びてきたといえるのである。この昆虫のたくましさはこれから何度も登場する。そして、そのような昆虫が地球上で進化したことは、地球上の生物の多様性を方向づけたということにもなるのだ。

4 昆虫が脊椎動物を育てた

以上のような昆虫の運命を認識した上で、昆虫が上陸して繁栄していった初期の進化を想像してみよう。

カナダのロッキー山脈から発見されたバージェス頁岩《けつがん》はカンブリア紀のものだが、体に硬い部分のある化石がどっと現れることで有名である。古生物学者は「カンブリア紀の大爆発」と呼んでいる[✦2]。このときに現生のすべての門[✦3]が出揃ったといわれている。おそらく

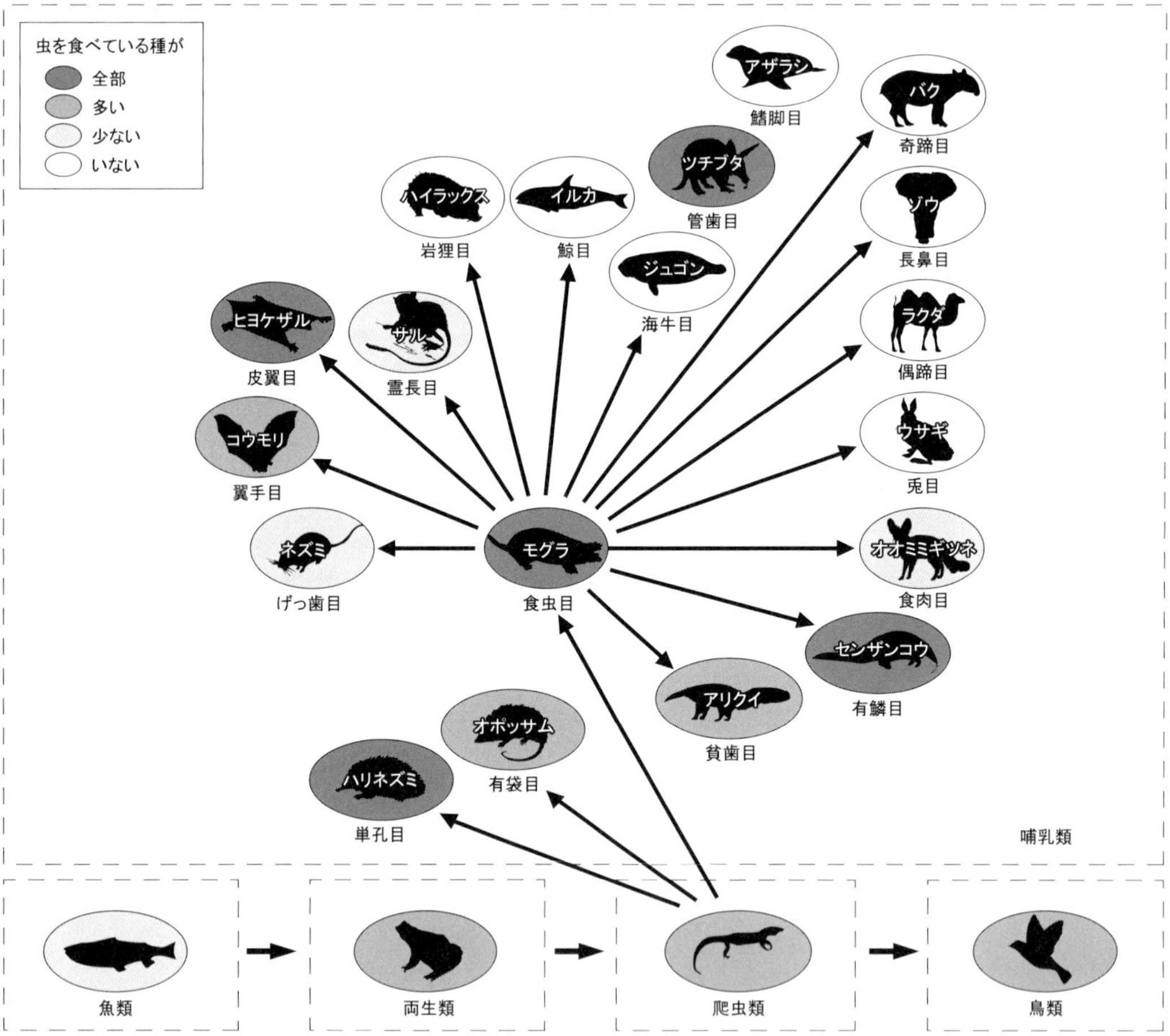

図1・6——脊椎動物の進化と虫食の割合

節足動物もこの時期に生まれ、箱状の外骨格がいくつも連なり、その箱（体節）の一つ一つに付属肢がついた、現生の生き物でいえばゴカイのような（ゴカイは環形動物だが）生き物を想像する。ここから、陸生のムカデやヤスデのような多足類が進化してきたのではないかと考えるが、現在の分子系統学の成果では、多足類とクモ形類の共通祖先から昆虫類とエビやカニのような甲殻《こうかく》類が姉妹群として進化してきたらしい。このあたりの推測は、歩行肢に関する考察の第8章でもう一度取り上げる。

　気門が閉じない多足類は、気門から水分がどんどん逃げていくので、活動範囲がじめじめしたところに限られている。しかし、気門が閉じるようになり、体表に蝋《ろう》物質を分泌できるようになって水分が逃げないようになると、乾燥にある程度耐えられるようになる。こうして昆虫たちは、陸のあらゆる環境に進出することが可能になった。陸地には地衣類、コケ植物、シダ植物が進出していたので、餌は豊富で（他に競争者がいない）、まだ捕食者も登場していなかった。昆虫たちは大いに繁殖したに違いない。昆虫の最古の化石は四・二億年前のシルル紀である。昆虫の天下は両生類の化石が出た三・七億年前のデボン紀に終わりとなり、脊椎動物の陸上進化が始まる。

　つまりここで、大きくなれない昆虫は大きくなれる脊椎動物の餌になる道しか残されていなかったのである。捕食者にとっての栄養効率を考えたとき、硬い細胞壁をもつ植物を食べるより、細胞が柔らかくたんぱく質に富んだ昆虫を餌にするほうがいいはずだ。現生の両生類以上の脊椎動物（四足動物という）の食性を探ってみると、両生類のほとんどが虫食、爬《は》虫《ちゅう》類も大半が虫食、哺乳類のうち、原始的といわれている単孔《たんこう》類は虫食、有袋《ゆうたい》類も多くが虫食、有胎盤《ゆうたいばん》類も原始的なものほど虫食に偏《かたよ》っている傾向がある。食肉目でも一部は虫食である。もちろん、ウマやウシなどの有蹄《ゆうてい》類や水生に戻ったアシカ、アザラシなどの鰭脚《ききゃく》類や鯨《くじら》類などはまったく虫食から離れているが、もともとは虫食から進化していったと推測される（図1・6）。

　こういう推測が正しいとすれば、表題のように「昆虫が脊椎動物を育てた」といえることになる。そして、こうした推測は「昆虫が飛んだ理由」につながっていく。

✦2
モリス（一九九七）および大野（二〇〇〇）。一六六頁引用文献参照。

✦3
分類の階級で一番大きいのが「界」で、植物界・動物界・菌界というふうに使う。その次が「門」で、基本的な体制の違いで分ける。続いて、「綱（こう）」「目（もく）」「科」「属」と細分されていく。これで足りないときは、「亜」を用いて階級を増やす。その他、必要に応じて「上」「下」「節」「族」などを用いていく。「界・亜界・門・亜門・上綱・綱・亜綱・下綱・節・上目・目・亜目・下目・上科・科・亜科・族・属・亜属」。

5 昆虫はなぜ飛ぶようになったのか

　昆虫採集といえば、昆虫網（ネット）が必需品であるが（第9章参照）、それも大多数の昆虫が飛ぶからである。しかし、当然ながら昆虫も初めから飛べたわけではない。最初は無翅《むし》昆虫といわれるグループしかおらず、翅はまったくなかった。その生き残りは、カマアシムシ、トビムシ、コムシ、ハサミコムシ、イシノミ、シミなどであるが、トビムシは生き残りというより、新たに土中の環境に特化したものといったほうがいいかもしれない（第2章第7節参照）。種数も個体数も多く、「陸のプランクトン」と呼ばれるほどだからである。最近の無翅昆虫の分類は、系統的に四つの異なる群が寄せ集まったものとされ、従来の昆虫綱を六脚上綱に格上げしている（図1・7）。

　先に見たように、あらゆる四足動物はすべて昆虫をはじめとする陸生節足動物を餌にするところから出発したと想像される。つまり、四足動物が進化すればするほど、激しい捕食圧に晒《さら》されることになる。かたっぱしから食われるなら、素早く逃げるか、隠れるしかない。小さいから物陰に隠れやすいが、見つかったら、小さい体では走ってもそのスピードはたかがしれている。とすれば、完全な逃げ場所といえば空中しかないではないか……。

　紙を二枚取り出し、一枚は丸く硬く押し固め、もう一枚は細かく小さくちぎる。これを同時に地面に向けて放す。結果は誰でも想像できるだろう。紙ボールはそのまますぐに落下して地面に到達、紙吹雪はひらひらと空中を舞いながら、はらはらとゆっくり地面に落ちていく。つまり、小さく軽くひらひらしたものは空中に長くとどまれるのである。空気の抵抗がなせる業《わざ》……。

　昆虫の翅の起源にはいろいろな説があるのだが、前足が変化した四足動物の翼（第8章参照）とはまったく異なり、昆虫の六脚とは関係ないところから発達した。有力な説の一つは、水生昆虫の幼虫時代の気管鰓《きかんえら》✦4が水から出ても退化せずに残り、これが風にあおられると、軽くて小さい昆虫の体が空中を滑空したところから始まる、という「気管鰓説」である。

　とにかくひらひらしたでっぱりを背中につけると、なんとか滑空できてしまい、あとは

✦4　水生昆虫の幼虫や蛹、まれには成虫で見られる呼吸器官で、表皮が糸状・葉状・嚢状に突出したもの。内部に気管小枝が分布し、水中の酸素を取り入れる。カワゲラ・カゲロウ・ヘビトンボ・トビケラなどの幼虫では主として腹部付属肢の変形したものが気管鰓となっている。

少しずつ洗練されていけば、翅として機能するのである。空中を滑空できれば、逃避に成功する。なにしろ、敵は重い体で空中にはちょっと跳び上がる程度なのだ。

6 滑空逃避する動物たち

ところで、この滑空逃避は脊椎動物で繰り返し実行された（図1・8）。例えば、魚類ではトビウオ。九州では干物にして「あご」と呼ぶ美味しい魚である。島根県では県魚にしている。胸鰭《むなびれ》が長く発達し、勢いよく水面から飛び出すと、胸鰭を拡げて一〇〇メートル程度滑空する。次に両生類はアオガエル科のトビガエル。ジャワトビガエルやクロマクトビガエルなど数種がいるが、後肢だけでなく前肢にも水かきがあり、大きく発達していて、木の上からかなりの距離を滑空する。日本にいるモリアオガエルもわずかだが滑空するという。

二〇〇四年七月一四日に放映されたテレビ番組「トリビアの泉」では、熱帯のトビガエルが本当に滑空するのか、実験が行なわれた（「一〇メートル以上の高さから飛んでも死なないカエ

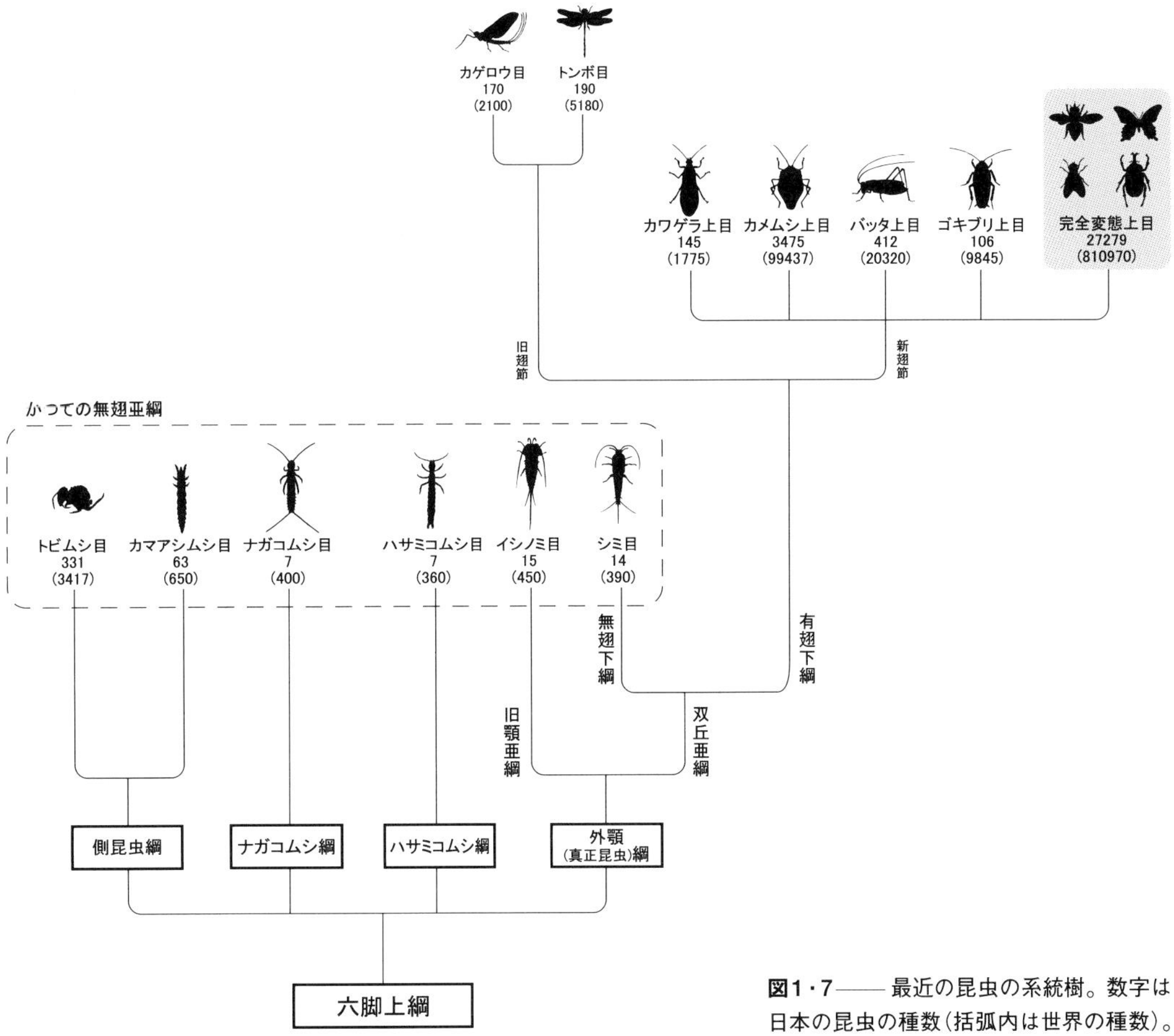

図1・7——最近の昆虫の系統樹。数字は日本の昆虫の種数（括弧内は世界の種数）。森本（1996）に石川（1996）を加えて描いた。ただし種数は表2・1に基づく。

ルがいる」)。滑空というよりもパラシュートという感じで、一〇メートルの櫓《やぐら》の上から見事ふわりと着地したのである。

現生の爬虫類ではトビトカゲとトビヤモリがいる。トビヤモリはトビガエルのように四肢の水かきでの滑空だが、トビトカゲは肋骨《ろっこつ》を長く平たく扇子《せんす》状にして、滑空のたびに拡げるというユニークな方法をとる。

哺乳類の滑空者は進化の歴史の中で六回現れた。滑空する哺乳類でたいていの人が思い起こすのは、ムササビ（ウサギぐらいの大きさ）とモモンガ（ネズミぐらいの大きさ）だろう。前肢と後肢の間に膜を発達させ、それを拡げて滑空する。この大型・小型の滑空者が有袋類にも存在する。その名もフクロムササビとフクロモモンガ。おなかに袋がある以外はムササビとモモンガ（リス科ムササビ亜科）にそっくりである。同じ齧歯《げっし》目リス亜目にウロコオリス科があり、そこに所属するウロコオリス七種はアフリカに住み、尾のところに鱗《うろこ》状のものがあり、よく滑空する。

最後は東南アジアに住むヒヨケザル。一目一科一属でマレーヒヨケザルとフィリピンヒヨケザルの二種しかいない。これもムササビ

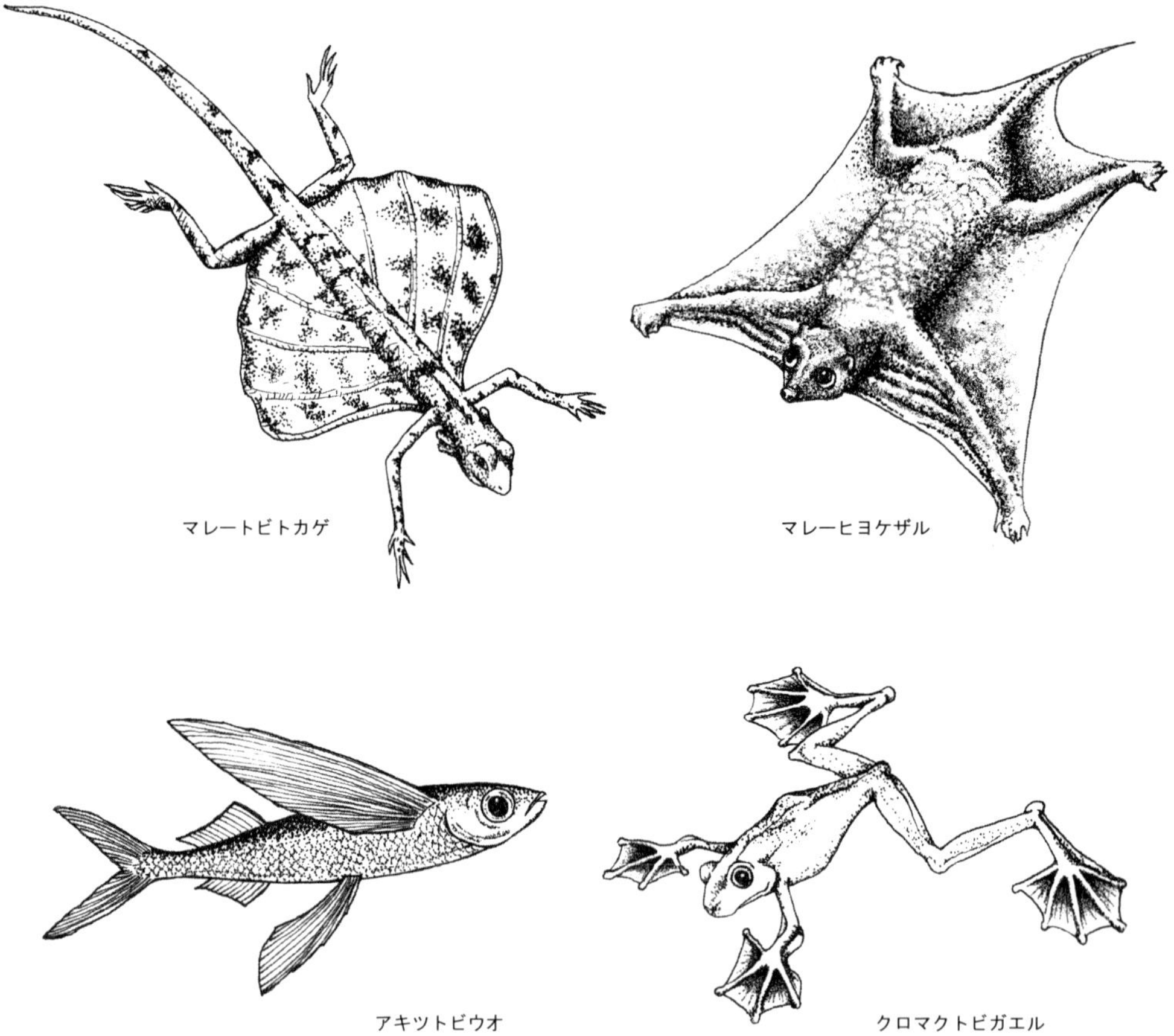

図1・8——動物の滑空逃避。

状の皮膜を体側にもっているが、尻尾《しっぽ》と後肢の間にも皮膜があるのが、他の滑空者と違っていて、それだけ皮膜面積が広くなり、もっとも遠くまで滑空できるようである。二〇〇三年一〇月二七日にNHKで放映された映像を見たが、滑空している様子は五角形の凧《たこ》といった感じだった。

最後に無脊椎動物での滑空者を紹介する。スルメイカの仲間だ。太平洋の外洋で生活するアカイカとトビイカは、ジェット噴射でスピードをつけたあと、トビウオのように海面に飛び出し、三角の鰭と一〇本の足を思いっきり拡げ、数十メートルも滑空するのである。足の間はヌルヌルした粘液が膜状になり、滑空を可能にするようだ。トビイカの滑空については奥谷喬司さんが記述している[✦5]が、足の粘液の一時膜については疑問視している。

以上、紹介した滑空動物はすべて敵からの逃亡である。空中へ逃げてしまえば、捕食者を簡単に振り切ることができる。とくに空中で特別なコントロールは必要ない。風の向くまま気の向くまま、適当に滑空して、適当に着地ないしは着水すればいい。初期の昆虫も同様に逃避のための滑空から始めたに違いない。しかし、捕食者が空中まで追いかけてくるとなると、事情は変わってくる。このあたりの話は第3章でさらに詳しく展開する。

7 昆虫と植物の深い関係

昆虫が大きくなれず、脊椎動物の餌になり続け、空中へ逃げ出す原動力になってきたことを今まで述べてきた。こういったことを食物連鎖の観点と個体数の関係から生態学では、「生態的ピラミッド」という用語を用いてきた。捕食するものは捕食されるものより個体数は少なく、捕食されるものが絶滅する以前に絶滅するのが常である。したがって、下から積み上げていくと、ピラミッド状になっていくというわかりやすい形となる。ただし、これは寄生者のことが考慮されていないので、最近はあまりはやらなくなっているが、昆虫を生態的ピラミッドの形に表してみると、昆虫が常に植物のすぐ上の位置に固定していることがわかる（図1・9）。これが大きくなれない昆虫の運命なのである。今まで、ピラミッドの上のほうを見ていたが、下を見ると、植物しかなく、植物と深く関わらざる

✦5 奥谷喬司『イカはしゃべるし、空も飛ぶ』講談社ブルーバックス（一九八九）

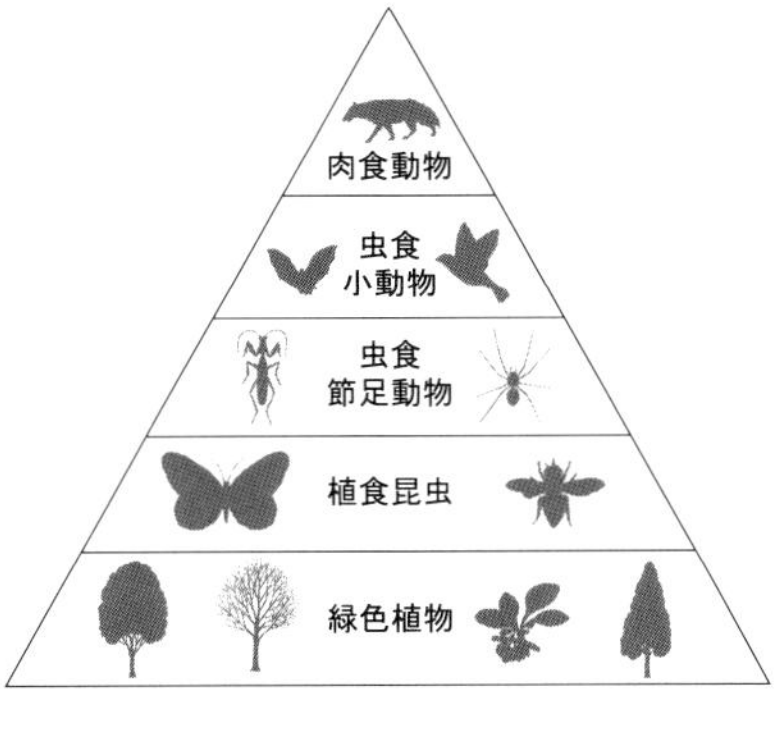

図1・9――生態的ピラミッド。個体数の多い順に並べると、食べられるものが下になり、ピラミッド状になる。昆虫は大きくなれないため植物の上が定位置となる。（大谷、1998から改図）

を得ない位置にある。

　二五万種の被子植物にはそれぞれ何らかの昆虫が食害者としてついている。大型の脊椎動物の場合、食害はとげなどの防御器官が役に立つが、小さい昆虫の場合、化学物質のほうが効果がある。防御物質が少ない植物には多数の種が食害する。強力な毒物質での防御でも、何とか生理的に乗り越えられれば、逆に競争者は少なく、毒物質を体内にとどめておけば、捕食者に対する防御にもなり、一石二鳥だ。

　一方的に食べられる立場の植物は、食べられたくなかったら、とにかく防御するしかない。現生植物の薬用成分とか有用化学物質とかは、ほとんどすべて昆虫の激しい摂食圧を受けた結果、生み出されたものと考えられる。

　移動しなくとも生きるためのエネルギーを得られる植物は、移動するための器官をつくり出さなかったため、長い間、遺伝子の交流は風とか水とかの動きを利用するしかなかった。しかし、植物に密着して生活する、そして空中を移動できる小さな昆虫がちょろちょろと動き回るようになると、昆虫を利用して遺伝子交流を行なうものが出てきた。花粉の媒介を昆虫にゆだねる被子植物の登場である。この「虫媒《ちゅうばい》」作戦は他の花粉媒介よりずっと効率がよかったので、短期間のあいだに繁栄していった。昆虫側では、ちょうど完全変態の昆虫が現れ（第2章参照）、甲虫類、チョウ・ガ類、ハエ・アブ類、ハチ・アリ類が虫媒に深く関わるようになった。

　その中でも、ハチ・アリ類のハナバチが積極的に花粉と花蜜を子育てに利用し始めたので、地球上にはハナバチ（昆虫）サイズの花があふれることになっていったと考えられる。他の昆虫の花の利用は、自分だけの食欲に基づくので、一つの花からあまり移動しにくいのだが、花の立場からは次々に移動してほしいのである。ハナバチの仲間は自分の食欲よりも自分の子供の飢えを満たすために働く。幼虫の餌は蜜で練られた花粉団子だ。そのために次々と花を訪れていく。実際どの程度ハナバチが被子植物の進化に貢献したのかは想像するしかないが、白亜紀に急増した被子植物（図1・10）とハナバチ類（第4章第2節参照）を知ると、緊密な関係が推測できるのである。

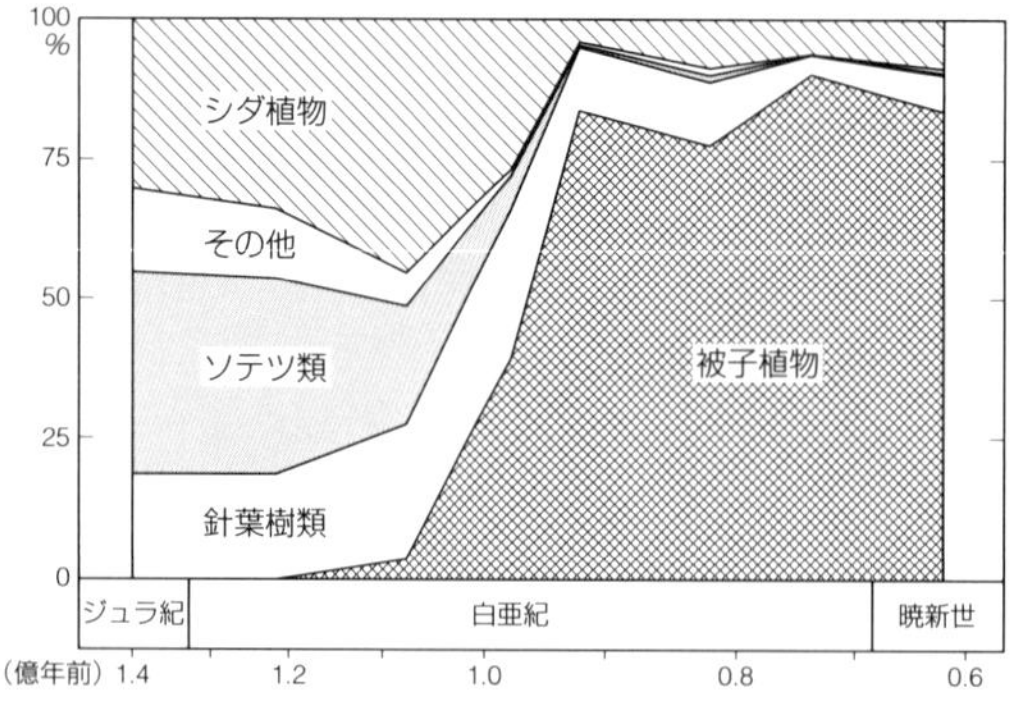

図1・10――白亜紀の陸上植物構成の変遷。構成は種数の%を示す。被子植物は白亜紀に数%から一気に75%まで増加していく。(Crane、1987を改写)

第2章 自活する胚《はい》

完全変態というトンデモない奇策

1 「発生」から「変態」へ

「変態」は昆虫の特徴の一つだが、脈絡なく使用するのは避けたほうがいいようである。インターネットで「変態」を調べたら、Hなサイトばかりで、なかなか昆虫の変態にはたどりつかない。昆虫の変態にたどりつく前に、「完全変態」などと口走ろうものなら、「完全な変態」になってしまう。

動物学でいう「変態」は完全な「成体」を得るまでの過程であり、もし卵に十分な栄養が準備されていれば、卵内で成体になってから出てくればいいのだが、普通なかなか成体になるまでの栄養分を調《ととの》えることは難しい。海産無脊《せきつい》椎動物では、卵内での体づくりはほどほどにして、幼生《ようせい》として海に出ていく。海水にはいろいろな栄養分が溶け込んでいるし、重力の問題もないので、プランクトンとしてふわふわ浮遊していれば何とかなるのである。

動物学でいう「発生」は、卵内で起こる、単細胞から多細胞集団への移行過程である。卵が孵《か》えれば、その時点で発生は終了だが、「発生」から「変態」（後胚子発生ともいう）に移行する時期は、生物によっていろいろである。卵内にたくさん卵黄を用意できれば、発生が長引き、卵黄が少なければ、変態期間が長くなる。

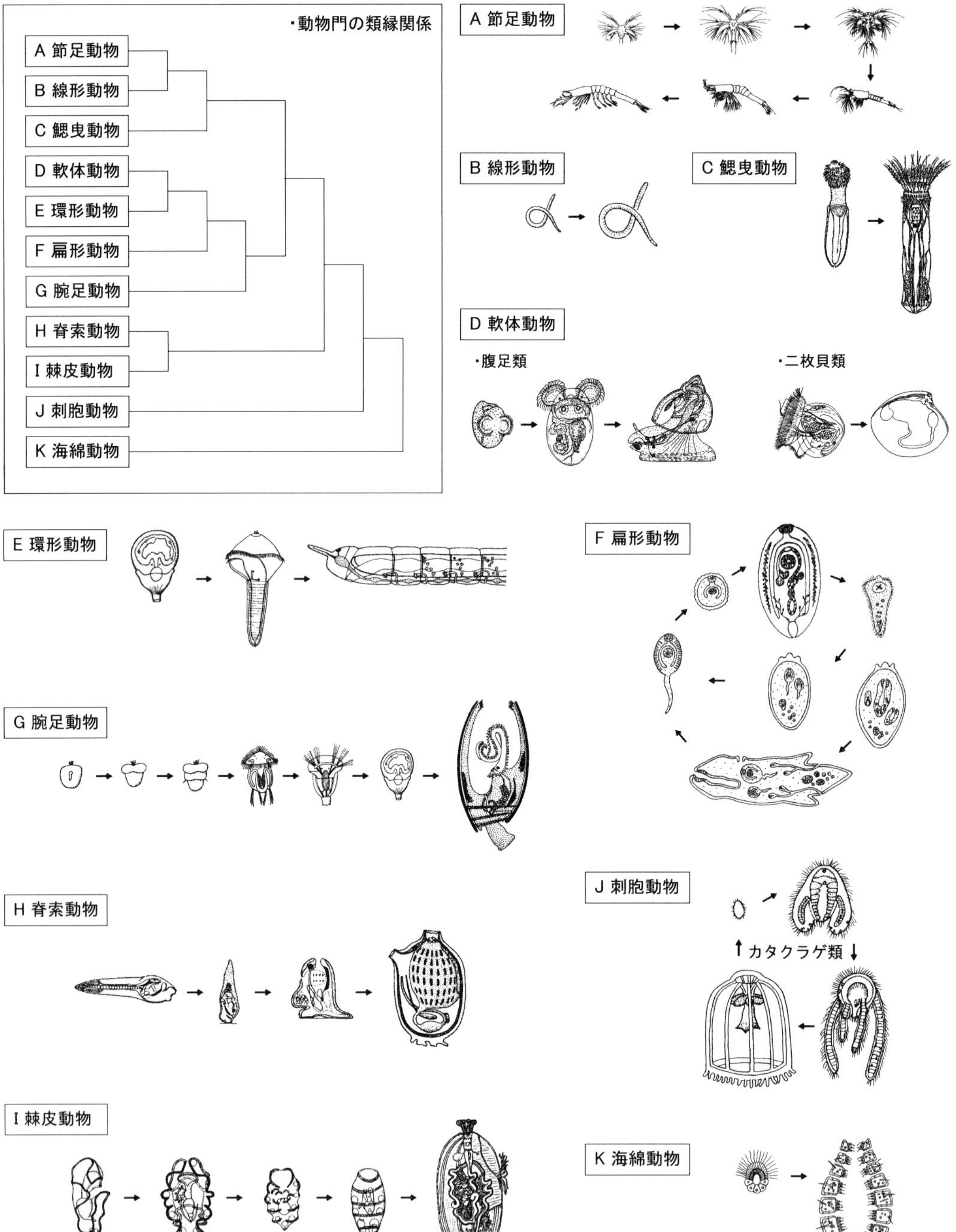

図2・1——主な動物門とその変態。Aは佐藤ほか(1982)、Cは沼波(2000)、Hは西川(2000)、ほかは内田(1965)を参考に作図。

図2・1で動物各門の変態を見てみよう。ここでは海産無脊椎動物に限っている。節足《せっそく》動物の中の昆虫は、陸生で別格なので、図2・3で紹介する。また脊索《せきさく》動物門の中には、陸生のもう一つの大枝の脊椎動物（亜門）があるが、ここでは尾索《びさく》動物（亜門）のホヤ類を示している。図2・1を見ると、ほとんどの門で成体と同じ形態になるまでの栄養分は卵に与えられておらず、成体とは違う幼生の形態で海に泳ぎ出ることがわかる。定着性の海綿動物や刺胞《しほう》動物のヒドロチュウ類などは、定着をきっかけに成体に向けて変態していく。定着しないものでも、浮遊生活から底《てい》棲《せい》生活に入るときに変態していく。扁形動物や線形動物の寄生性のものは寄主に入り込んだとき、または寄主を変えたときに変態する。

甲殻類は節足動物のうち、昆虫がほとんど進出できなかった海のニッチ✦1を占めている多様なグループで、変態様式も豊富だ。その一部を青戸（一九七七）がまとめた図で見てみよう（図2・2）。カイミジンコ、フジツボ、エビ、海産カニ、淡水産カニというふうに並べてみると、成体がどんどん複雑になっていくにつれ、幼生段階が増えていくことになる。

✦1 同一環境には多数の動物種が暮らしているが、ある生物種の生活の仕方が他種との関わりの中で、どういう位置にはまりこむか、という観点から見た「生態的な役割」をさす用語。普通「生態的地位」と訳す。Nicheと綴るので、文字に引きずられてニッチェと発音する人もいる。

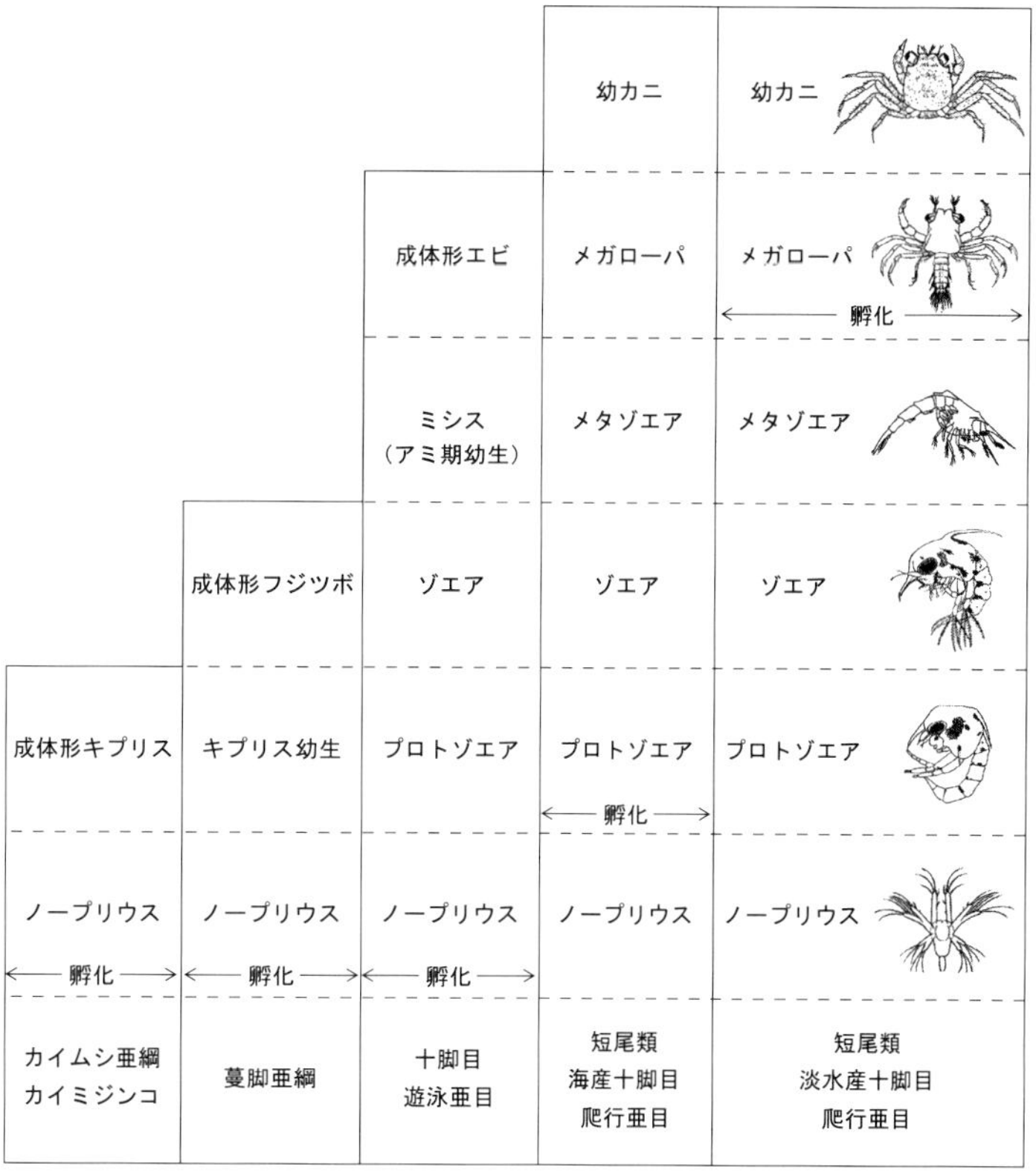

図2·2――いくつかの甲殻類の変態の比較。進化した甲殻類といわれるグループは幼生段階の数が増える。青戸（1977）の図に絵を加えた。

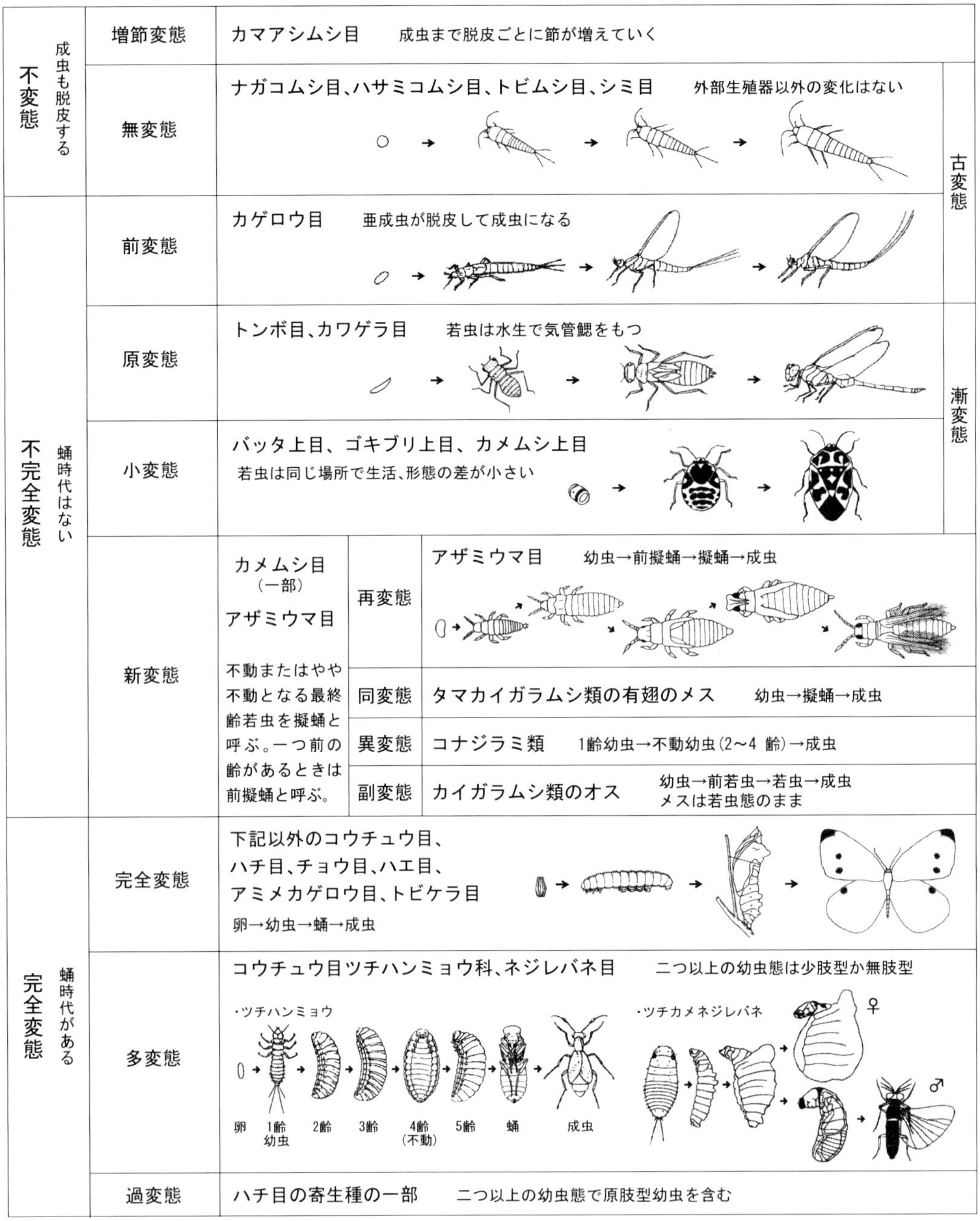

図2·3—— 昆虫の変態。翅がないうちはほとんど変化がないが、有翅になると、変態せざるをえない。有翅の成虫になることを羽化と呼んでいる。主に『岩波生物学辞典』（第4版）および佐藤ほか（1982）から構成。

面白いのは、海産のカニが淡水産になると、浸透圧の低い淡水では幼生がうまく育たないためか、幼生をすべて卵内ですませていることだ。同じことは陸生になるときも生じる。卵内ですべてすませなければ、陸での生活はできない。

生物の進化は、単細胞から多細胞の集団になり、各細胞のグループがそれぞれ特異化して、その種独特の形をつくってきた。複雑な形をつくるためには、それだけ多数の細胞群を必要とする。それまでの手順を踏んでいかなければ、最終の形態にたどりつかない。手順には短絡や欠失があって、進化を忠実に再現するわけではないが、概略はたどることになる。これをヘッケル[2]は「個体発生は系統発生を繰り返す」と表現した。

2 なぜ完全変態が生じたか

前節でいろいろな動物の変態についてざっと眺めた。それを踏まえつつ昆虫の変態を考えてみよう。図2・1では昆虫の変態は意識して出していない。そこで図2・3で昆虫の変態を見てみよう。いろいろ細かく分けてあるが、主なものは「不変態」[3]と「不完全変態」と「完全変態」である。

図2・3でわかることは、古い昆虫ほど変態が簡単だということである。なぜだろうか。最後のほうに出てくる多変態などなかなか複雑である。ここに、第1章で見てきた「大きくなれない→餌《えさ》になりやすい→激しい捕食圧」という流れが関連する。

上陸したばかりの昆虫、または昆虫の祖先(もう少し正確にいうと、甲殻類・昆虫・クモ類・多足類の共通祖先)は、海水に浮遊していればよかった幼虫時代を卵内に封じ込める必要があった。そして、最初は捕食者がいないので、産卵数は少なくていい。つまり、初めは親に近い形になれるほど卵内に卵黄が蓄えられていたのだ。ところが、脊椎動物の捕食者が登場し、昆虫はどんどん食われることになる。食われたら、食われる以上に生み出すしかないではないか。たくさん産卵するには一個の卵黄を減らすしかない。次第に未熟な幼虫が出現する。それでも捕食圧は衰えないどころか激しくなる一方である。もう、かつて卵内に封じ込めた昆虫の祖先形を引きずり出すしかない。いうなれば、胚《はい》に足と口と消化器を与

✦2 ドイツの動物学者(一八三四〜一九一九)。形態学をダーウィンの進化論で組織立てようとした。生物の系統的類縁を大胆に想定して系統樹をつくり、個体発生と系統発生の関係について生物発生原則を立て、一九世紀末の生物学の発展に大きな影響を与えた。

✦3 『岩波生物学辞典』では「無変態」と同じ意味だが、ここでは「無変態」と「増節変態」を合わせたものと定義しておく。

不完全変態類	産卵数
ヤブキリ	45
ハネナガイナゴ	100
サツマゴキブリ	200
チャバネゴキブリ	210
カマキリ	180
コカマキリ	120
アタマジラミ	300
フタバカゲロウ	700
クワキジラミ	60
オオワラジカイガラ	120
クワシロカイガラ	174
フドウネアブラムシ	200
ヤノネカイガラ	300
イセリアカイガラ	700
ルビーロウムシ	1500
ヒモワタカイガラ	4000
ハルゼミ	309
ミドリヒメヨコバイ	95
ヒメトビウンカ	283
イナズマヨコバイ	312
ツマグロヨコバイ	500
セジロウンカ	536
トコジラミ	500
アカサシガメ	75
シマサシガメ	145
オオキンカメムシ	100
ホソヘリカメムシ	100
イネクロカメムシ	600
平均	457.6
標準偏差	770.8

完全変態類	産卵数
ヒトノミ	448
コウスバカゲロウ	32
ヒメカマキリモドキ	2140
オオカマキリモドキ	8121
コウカアブ	300
コモンシギアブ	429
アカイエカ	500
シロアシウシアブ	500
キリウジガガンボ	600
セスジユスリカ	600
サシバエ	600
クロモンシギアブ	655
ウマバエ	800
サツマシギアブ	1496
メスアカケバエ	3000
チャホソガ	66
イラガ	90
ワタアカミムシ	100
リンゴハマキクロバ	110
イモキバガ	128
イガ	150
クスサン	150
ナシノヒメシンクイガ	500
スカシノメイガ	200
ナノメイガ	250
ヨナグニサン	275
サンカメイガ	300
ニカメイガ	300
モンシロチョウ	400
キハラゴマダラヒトリ	400
マメドクガ	400
コブノメイガ	425
ハイマダラノメイガ	479
コカクモンハマキ	488
カイコガ	500
モンクロシャチホコ	600
シロオビノメイガ	600
アカイラガ	604
ナシスカシクロバ	622
ツトガ	650
フタオビコヤガ	694
クワエダシャク	700
チャハマキ	731
マツカレハ	926
セミヤドリガ	1003
アワノメイガ	1097
ヨモギエダシャク	1290
ヨトウガ	3095
チャミノガ	3100
ハスモンヨトウ	4000
キマダラコウモリガ	5000
ウリハムシモドキ	865
コガタルリハムシ	889
ウリハムシ	1091
イチゴハムシ	1222
ダイコンサルハムシ	2195
平均	1016.2
標準偏差	1391.6

表2·2——昆虫の産卵数。岩田久二雄(1967)の資料より作成。(ExcelのZ検定でP＜0.019(両側))

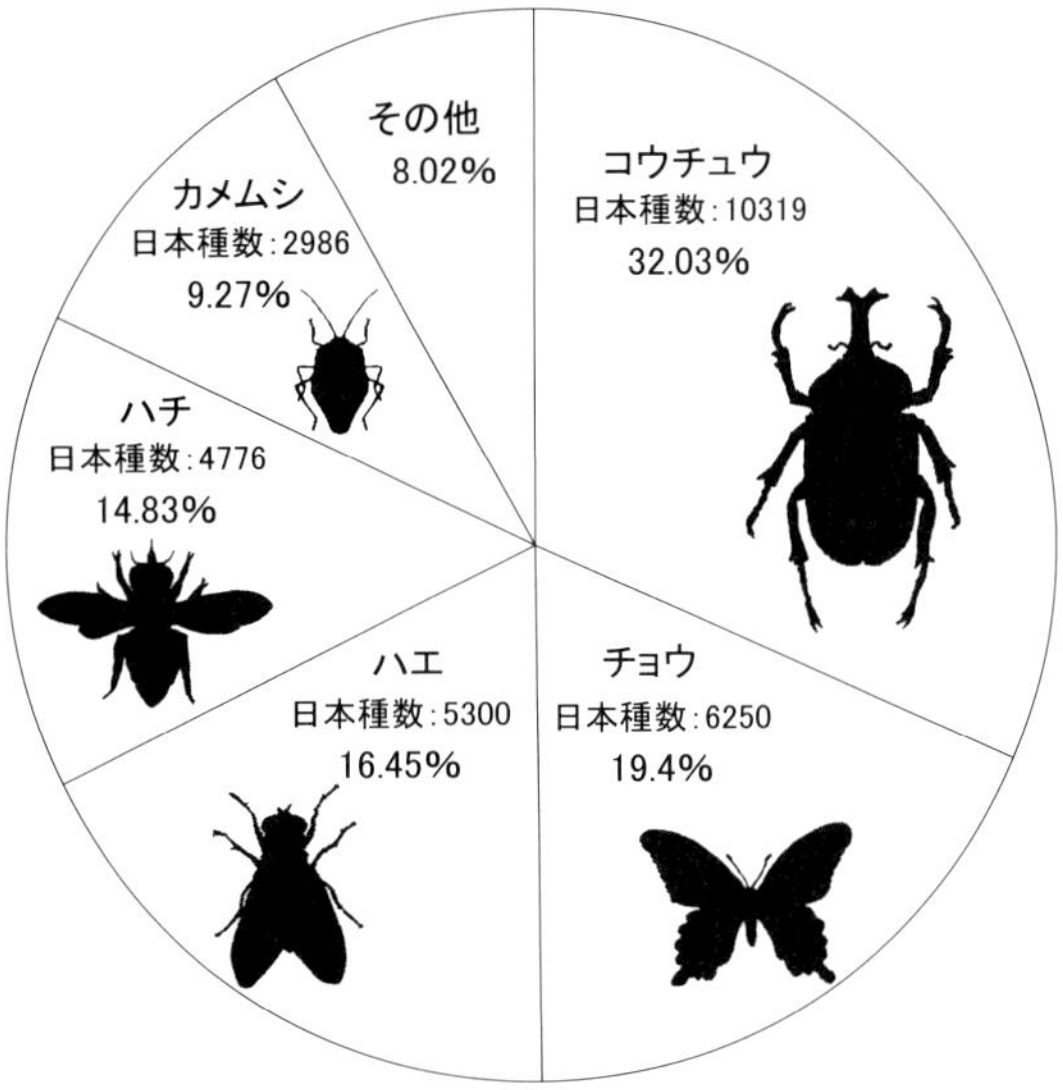

順位	目名 旧(別)名	目名 新名	日本種数	日本の%	世界同目の%	世界種数
1	鞘翅	コウチュウ	10319	32.03	39.31	375574
2	鱗翅	チョウ	6250	19.40	14.66	140030
3	双翅	ハエ	5300	16.45	15.70	150000
4	膜翅	ハチ	4776	14.83	13.28	126843
5	半翅	カメムシ	2986	9.27	9.26	88464
6	直翅	バッタ	390	1.21	1.66	15820
7	粘管	トビムシ	331	1.03	0.36	3417
8	毛翅	トビケラ	323	1.00	1.05	10000
9	総翅	アザミウマ	207	0.64	0.50	4760
10	蜻蛉	トンボ	190	0.59	0.54	5180
11	蜉蝣	カゲロウ	170	0.53	0.22	2100
12	脈翅	アミメカゲロウ	154	0.48	0.60	5742
13	食毛	ハジラミ	150	0.47	0.29	2800
14	積翅	カワゲラ	145	0.45	0.19	1775
15	嚙歯	チャタテムシ	92	0.29	0.30	2913
16	隠翅	ノミ	71	0.22	0.19	1800
17	原尾	カマアシムシ	63	0.20	0.07	650
18	網翅	ゴキブリ	52	0.16	0.39	3700
19	長翅	シリアゲムシ	45	0.14	0.05	433
20	撚翅	ネジレバネ	41	0.13	0.06	548
21	裸尾	シラミ	40	0.12	0.05	500
22	革翅	ハサミムシ	21	0.07	0.20	1880
23	竹節	ナナフシ	19	0.06	0.26	2500
24	等翅	シロアリ	18	0.06	0.23	2219
25	原顎	イシノミ	15	0.05	0.05	450
26	総尾	シミ	14	0.04	0.04	390
27	蟷螂	カマキリ	9	0.03	0.21	2000
28	鋏小虫	ハサミコムシ	7	0.02	0.04	360
29	双尾	ナガコムシ	7	0.02	0.04	400
30	非翅	ガロアムシ	6	0.02	0.00	24
31	紡脚	シロアリモドキ	3	0.01	0.21	2000
32	絶翅	ジュズヒゲムシ	0	0.00	0.00	22
33	マントファスマ	カカトアルキ	0	0.00	0.00	13
合計			32214	100	100	955307

上記図の「その他」に含まれる目

表2·1——昆虫の目ごとの種数とその率。『日本動物大百科・昆虫Ⅰ～Ⅲ』(平凡社、1996-1998)にあるデータを集計した。ただし、著者により概数の混じりかたやデータの鮮度にムラがある。最初の4目で日本産の82.71%、5目まで入れると91.98%となる。最後に2002年に発表されたばかりのカカトアルキ目を加えた。アフリカ中南部からのみ採集されている。

えて、卵外・野外に放り出してしまった。つまり、「自活する胚」の登場である。

胚を自活させる目的は、エネルギー確保にある。幼虫はただひたすらに食えばいいのだ。タイトルに「トンデモない奇策」という言葉を使ったが、「奇策」とか「苦肉の策」というのは人間側からの勝手な見方である。昆虫たちは激しい捕食圧を受け、その圧力をうまく処理できるところに「自然に」向いたにすぎないのだろう。受けた圧力をうまく処理できなければ生きていけなかったはずだ。いったん、上陸の際に卵内に閉じ込めざるをえなかった幼生の形態を再び引き出すことはそう大変なことではなかったのかもしれない。

面白いことに、この「奇策・苦肉の策」は新しいニッチ確保につながった。つまり、幼虫の食生活は成虫とまったく違う環境に入り込むことができて、逆に繁栄することになってしまった。完全変態の昆虫がいかに繁栄しているかを見るには、四大昆虫を含む完全変態類に注目すればいい。ハチ・アリの仲間、アブ・ハエの仲間、チョウ・ガの仲間、そして、最大の甲虫の仲間を合わせると、何と昆虫の八割を占めてしまう繁栄ぶりである（表2・1）。

こうした「苦肉の策」の推測が正しいとすれば、完全変態と不完全変態の卵数に違いがあるはずだし、卵黄の量に差があるはずである。そこで、表2・2を見ていただきたい。卵数はいろいろであり、ちょっと目には差はよくわからないが、卵数に影響する様々な条件に目をつぶってエイッとばかりに平均値を出すと、完全変態のほうが卵数が多い。統計的にも有意である。

3　不思議な蛹《さなぎ》の登場

完全変態昆虫は、胚の中に閉じ込められていた祖先形の形態を変形させて、幼虫という別の「生き物」をつくり出した。成虫になるための細胞は、一時眠らせておいて、現実にエネルギー確保のための筋肉や神経に関わる細胞を分裂させていく。まるまるに太った終齢幼虫はそのままでは成虫とのギャップが大きすぎる。そこで、外骨格だけを成虫に似たものにしておき、生き続けるために最小限のものを残して、不要になった幼虫の筋肉・消化器などスープ状に溶かし、成虫用の細胞を新たに分裂させ、外骨格に合わせて裏打ちしていく。これが蛹だ。蛹は幼虫と成虫とのギャップを埋める架け橋である。

完全変態昆虫にどうしても必要だった「蛹」。古代の人は成虫が出てくる「卵」だと思った。あながち間違いでもない。鋭い直感である。しかし、卵とすると、幼虫と結びつかず、幼虫はまったく別の生き物となる。これも異なる細胞が初めから用意されていたことを考えると、あながち間違いといえなくなってくる。中身はどろどろの栄養スープだから、動きたくても動けない。エジプト人は復活する力を秘めた、眠れるミイラだと思った(Mummyはミイラという意味のほかに蛹という意味もある)。元気に葉をムシャムシャ食べていた幼虫が、急に動きが鈍くなって何も食べなくなり、そのうちに硬くて干からびたような蛹になり、まったく動かなくなって一カ月もすると、蛹の一部が裂けて、まったく違う形をしていて飛び回れるチョウが出てくるではないか。まさに命の復活というミイラの考え方を実現してくれる実体であった。

蛹は基本的に動けないが、ピクリとも動かないのは羽化がごく近いときだけで、たいていはピクピクと腹部を動かす。動かないと思ったものが、ちょっとだけ動くと、ギクッとするものだ。蛹はその効果を狙《ねら》う。

「蛹」という漢字の「つくり」のほうは、ピクピクとかヒラヒラとか動くさまを表す。虫偏の代わりに足偏をつけると、足で「踊」り出す。三水《さんずい》をつけると、水が踊りながら「涌《わ》」いてくる。病だれをつけると、「痛」くて踊りあがるのだ。そして、「桶《おけ》」に水や肥《こえ》を入れ、棒の真ん中につるして二人でかついで運ぶと、「桶」の中の水や肥《こえ》がピシャピシャと踊りだすのである。「通」りには肥担ぎをはじめ、いろいろなものが通過していく。現在では自動車が激しく往来しているから、肥担ぎのような牧歌的な動きからは程遠いのだが。

4 内翅類《ないし》と外翅類《がいし》

昆虫が活動する上で重要なのは、翅《はね》である。翅をもつことは成虫であることの証《しるし》だ。有翅昆虫が成虫になることを「羽化《うか》」という。翅があれば、ゾウリムシより小さくても(十九頁、図1・1参照)何々虫の「子供」ではなく、別の種のりっぱな「大人」である。不完全変

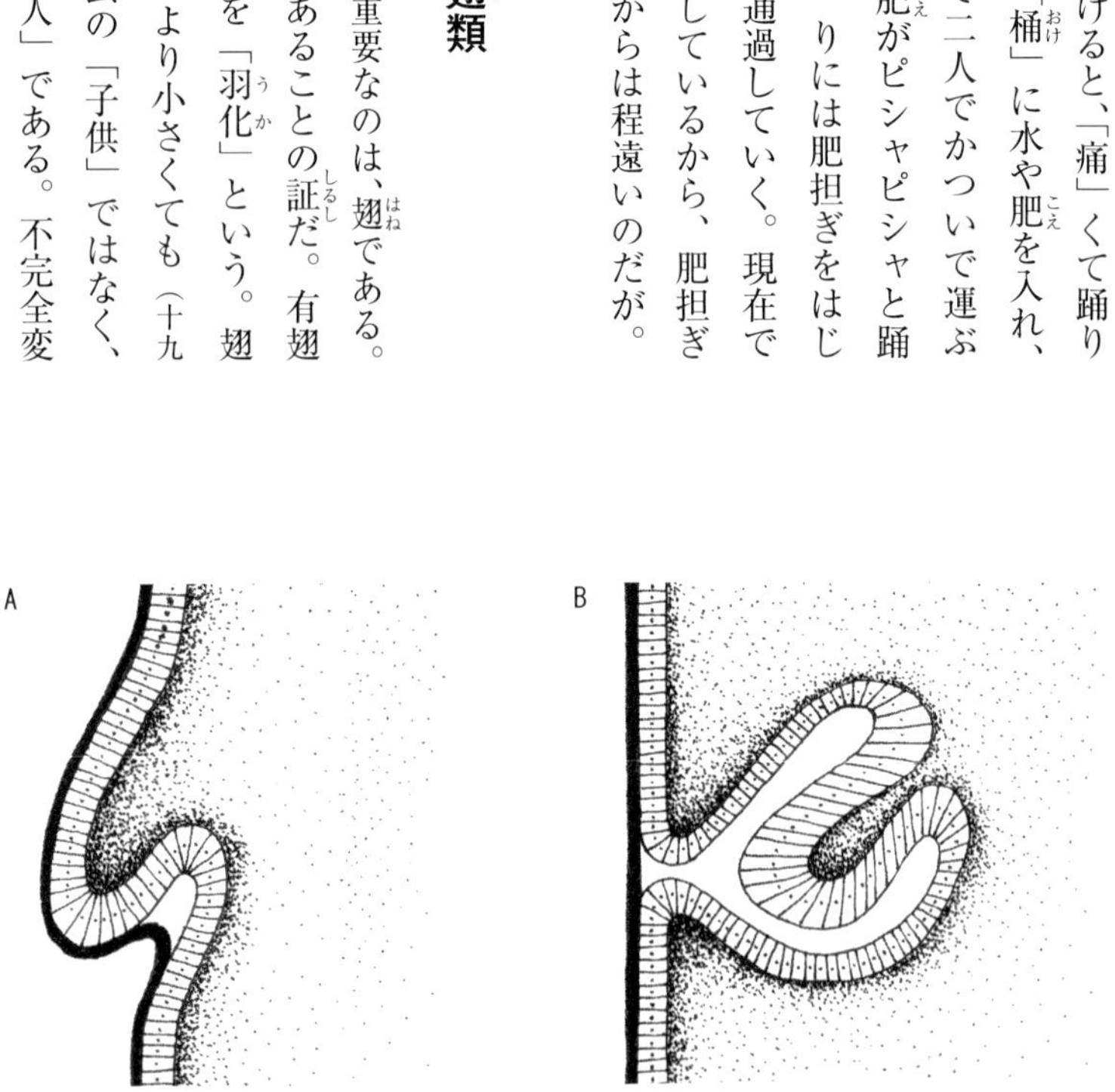

図2・4——昆虫の翅芽。翅芽が幼虫(若虫)時代に見える仲間を「外翅類」(A)、外からは見えずに体内で発達のときを待っている翅芽をもっている仲間を「内翅類」(B)という。(『岩波生物学辞典』の「成虫芽」の図を改写)

態の昆虫では、幼虫のある時期に翅のもとになる翅芽《しが》という袋が、中胸と後胸のところに現れる。外から翅芽が見えるので、不完全変態の昆虫を「外翅類」と呼ぶことがある。

これに対し、完全変態の昆虫は幼虫のとき、翅はどこにも見当たらない。しかし、幼虫の体内には翅芽が反転した袋状になってひそかに存在している。蛹になったとき翅芽は反転して初めて外に出てくる（図2・4）。だから、完全変態昆虫を別名「内翅類」という。

二七頁の図1・7の系統樹に沿って、外翅類と内翅類を紹介しよう。昆虫の系統樹の根元のところには翅のない無翅類が出てくる。ここには六脚に至った初期の昆虫の生き残りがかつては無翅亜綱としてひとくくりにされていたのだが、最近の研究では、トビムシ目やカマアシムシ目の側昆虫綱、かつてはコムシ目として一緒だったナガコムシ綱、ハサミコムシ綱、それとは別個に外顎綱《がいがくこう》という真正昆虫が六脚上綱としてまとめられている。外顎綱の中のイシノミ目が旧顎亜綱として分けられ、もう一つの枝である双丘亜綱からはシミ目が無翅下綱として分けられて、かつての無翅亜綱はバラバラの所属になっている。単系統としてまとまっている有翅下綱と比較して、見事な「多系統」ぶりといえよう。「無翅昆虫」の唯一の共通点は成虫でも脱皮することで、この点については後述する。ここでは主に森本（一九九六）に沿って作図したが、石川（一九九六）の意見も入れて、六脚上綱はコムシ類を細分して二綱とした。

有翅下綱のうち、内翅類はもっとも新しいグループの完全変態上目で、ネジレバネ目、コウチュウ目、アミメカゲロウ目、シリアゲムシ目、ノミ目、ハエ目、トビケラ目、チョウ目、ハチ目の九目が入る。これで日本産昆虫の八四・七%を占める。

外翅類のほうはもう少し複雑だ。まず、旧翅節のカゲロウ目とトンボ目。そして新翅節のカワゲラ上目（カワゲラ目）、バッタ上目（シロアリモドキ目、バッタ目、ナナフシ目）。ゴキブリ上目（ガロアムシ目、ジュズヒゲムシ目、ハサミムシ目、シロアリ目、ゴキブリ目、カマキリ目）、カメムシ上目（チャタテムシ目、ハジラミ目、シラミ目、アザミウマ目、カメムシ目）の一七目と多彩だが、全部で四四九八種（一四・〇%）なのである（三六頁、表2・1参照）。

5 ベルレーゼの仮説

『岩波生物学辞典』の初版は、一九六〇年に出版された。その九二八頁に「ベルレーゼの説」[✦4]という項目がある。これまで述べてきた考えのもとはここにあるが、私がこの説に触れたのは、この記述が最初でなく、『現代生物学体系2、無脊椎動物B』（中山書店、一九八〇）の図一三七で知ったのである（図2・5）。「卵が早くかえって胚が生活する」という斬新な仮説にびっくりし、感動した。そのときはびっくりしたままで終わったのだが、その後、数年して第1章で記したような「大きくなれない」ことに考えが及ぶようになると、「卵黄の不足」のところで、しっかりと結びついた。片っ端から食われれば、産卵数を増やさなければならない。増やせば卵一個当たりの卵黄が減るのが当然というわけである。

一見何の関係もなさそうなことが突然結びつくと、両者の確からしさも倍増するのだが、そんな効果よりも単純にうれしいものである。「大きくなれないこと」が昆虫の繁栄につながる「完全変態の出現」に結びつくことに気付いたときは、一週間ほど顔がどこか笑

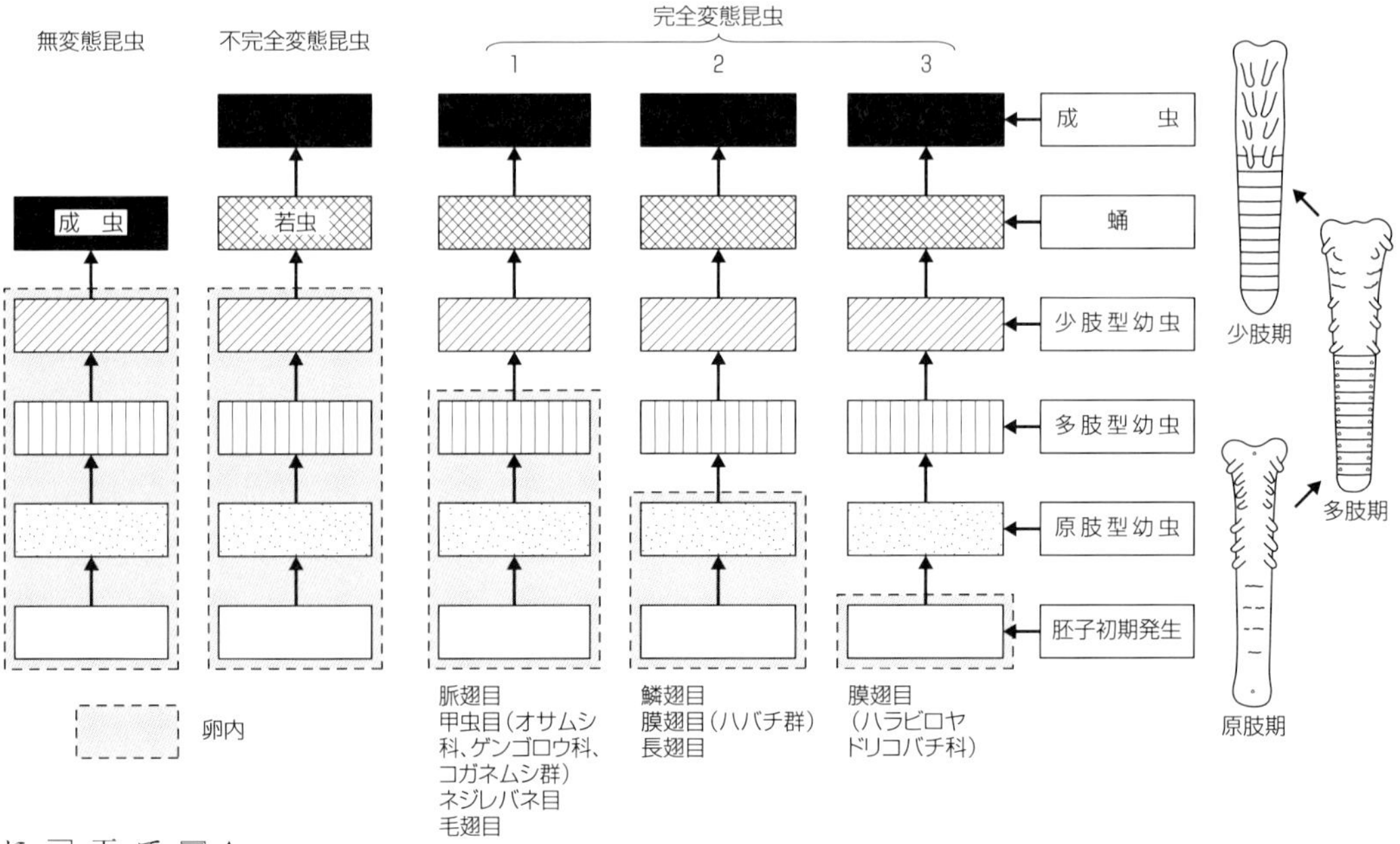

図2·5―― ノヴァクが紹介したベルレーゼの説。ハラビロヤドリコバチ科のハチは右端のイラストのような三つの幼虫期に分かれる「過変態」を経過するが、他の昆虫はそういう幼虫期を卵内で過ごす。（Novakの図を基にさらに改図）

✦4 『岩波生物学事典』（初版）に記載されている「ベルレーゼの説」の全文は以下の通り。傍点は大谷による。「昆虫の種々な幼虫型の存在を統一的に説明するために、Antonio Berlese

っていた。権威ある『岩波生物学辞典』でも「卵黄の不足そのほか未知の理由により」といっているではないか。「卵黄の不足」そのものが「激しい捕食圧」からくるものなのだ。鬼の首でも取った気分でいたのだが、『岩波生物学辞典』の第二版（一九七七）では、「ベルレーゼの説」の最後が少し変更になった。「非常によく理解させるので、広く採用されるに至った」の最後のところが省かれ、「非常によく理解させる」になったのである。これ以後（第三版・一九八三、第四版・一九九六）は変更なしである。これはあまり流行《はや》らなくなったという意味なのだろうか。確かに、『現代生物学体系2、無脊椎動物B』の一九八〇年以降、昆虫の変態の記述のある本で、ベルレーゼの説を紹介しているものは見当たらなくなってしまった。

　次節で出てくるトルーマンとリディフォードの論文（一九九九）を読むと、事情がわかってきた。イギリスのヒントンという研究者がベルレーゼの説に反するデータを示して、幼虫も若虫[✦5]も等価値の幼体だと主張し、それを支持する研究者が現れたため、ヒントン説が優勢になったらしい。ベルレーゼにはチェコスロバキアのノヴァクの支持があったのだが、劣勢のまま二〇世紀とともに消え去ろうとしていた。

6 最近の再評価

　二〇世紀の最後の年、今は廃刊となった『インセクタリウム』（二〇〇〇年一〇月号）に日高敏隆さんの「昆虫の変態……その起源は？」が掲載された。そこでベルレーゼが簡単に紹介され、一九九九年の九月にベルレーゼの説を内分泌学から支持する論文「昆虫変態の起源」がイギリスの国際科学雑誌『ネイチャー』に載ったことを報じていた。九回裏の逆転ホームランを見たような気分になって、さっそくトルーマンとリディフォードの論文を手に入れる。

　彼らは不完全変態昆虫に見られる「前若虫（前幼虫）」に目をつけ、この形態と内分泌の様子が完全変態昆虫の幼虫に類似していることから、前若虫時代が引き延ばされて「幼虫」がつくり出されたとする。三四頁図2・3で紹介した「新変態」は不完全変態と完全変態をつなぐものとされているが、彼らの結論の

（一九一三）が提出した説。昆虫の胚を比較的に研究すると、分節と付属肢の発達の点で三つの時期すなわち原肢期・多肢期・少肢期が区別される。不完全変態昆虫では、胚は少肢期を経てさらに個体発生の過程を卵内で過ごしたのち、十分に成虫に近い構造をもった若虫として孵化する。しかし、完全変態類では、卵黄の不足そのほかの未知の理由により胚はこれらの途中からかえるので、成虫と比べて種々の程度に未発達な構造を有する。その孵化の時期がどの時期に相当するかによって、幼虫には原肢型、多肢型、少肢型幼虫、および少肢型からさらに特殊化したものとして無肢型幼虫という四群が区別されるという。この説はシミ型、イモムシ型幼虫というような分類と比べて実際の幼虫の型をよく説明し、さらに過変態昆虫が二つ以上（例えば六脚をもつ第一幼虫と無肢の第二幼虫）の幼虫型を経過するので、広く採用されるに至った。」

✦5
完全変態の幼虫はlarvaの訳で、不完全変態の幼虫はnymphとして区別しているので、ちゃんと区別したいときは不完全変態の幼虫を「若虫」と呼ぶ。

図を見ると、かなり新変態を意識しているように感じられる。注目度がかなり落ちていたベルレーゼの説の復活だ。次に『岩波生物学事典』が改訂されるとき、どんな記述変更になるだろうか。

7 成虫の寿命は細胞の寿命

朝に羽化して夕方には死ぬという「はかない」命で有名なのは、カゲロウ目の昆虫である。確かにカゲロウ目の昆虫は、成虫の寿命が数時間から数日という短命さである。これほど短くなくとも、ほとんどの昆虫の成虫の寿命は一カ月から二カ月程度である。

二〜三年も生きるというクワガタムシの仲間や、数年生きるミツバチの女王バチ、シロアリの女王などは一〇年という記録があるらしいが、こういうのは例外中の例外である。大多数の昆虫の寿命は一〜二カ月に収まってしまうのである。

普通そんな短い命だとは思っていないので、ミツバチに個体番号をつけて研究していると、「その83とついたミツバチは何歳ですか」などと聞いてくる人がいる。「四〇日ぐらい」と答えると、「そんなに短いの！」と驚く。昆虫では「何歳」ではなく「何日齢」と聞かねばならない。なぜ一〜二カ月かというと、細胞の寿命がそのぐらいだからである。

私たちの赤血球や皮膚などの細胞は一〜二カ月で入れ替わっている。翅《はね》のある昆虫たちは、成虫になると脱皮をしなくなる。脱皮をしなければ、古い外骨格のままで基本的には細胞分裂はない。つまり羽化したときの細胞のままどんどん古くなり、傷つけば傷の修復はなしで、細胞の死亡がそのまま成虫の死亡となる。したがって、成虫の行動も日齢でどんどん変わっていく。ある刺激に対して生理的に反応することが多いからといって、どの成虫をとっても（何日齢の個体を取り上げても）同じ反応しかしないと思うのは間違いである。

さて、脱皮というのは、前胸腺《ぜんきょうせん》から出るエクダイソンというホルモンとアラタ体から出る幼若ホルモンが同時に働くと起こる仕組みである。成虫で脱皮を起こして若返っても構わないではないか。実際にトビムシ目、カマアシムシ目、ナガコムシ目、ハサミコムシ目、イシノミ目、シミ目といった無翅《むし》昆虫たちは成虫脱皮をしているのだ（三四頁、図2・

3参照)。なぜ有翅昆虫たちの成虫は脱皮をしないのだろうか。脱皮をしないといっても、実はカゲロウ目では例外として一度だけ脱皮をする。脱皮をする成虫を「亜成虫」と名付けてごまかしているが、翅があってもちゃんと脱皮はできるではないか。仕組みがあるのにそれを使わないということは、「使わない理由」があるに違いない。

前章から見てきた「昆虫が大きくなれない」特徴を考えると、成虫が長生きする意義は見出せない。ゆっくり成虫の生活を楽しむ余裕など残されていない。とにかく捕食者に見つかれば片っ端からどんどん食べられていく。さっさと交尾して次世代を残さねばならない。だらだらと生きていて、だらだらと産卵している間に、おなかに残った卵ごと食べられてしまっては不利なのだ。細胞の命がつきる間に交尾・産卵をすませて、あとは捕食者に体を提供すれば、まだ交尾・産卵をすませていない若い個体の「楯《たて》」となって合理的である。だから成虫の脱皮はない、というのが私の推測である。

それでは何の楽しみがあって生きているのかという質問は、いかにも人間サイドの質問だ。「生きる目的」「生き甲斐」などというのは、余裕のある生物の「贅沢《ぜいたく》な」発想である。この推測が正しいなら、成虫になっても脱皮を続ける無翅昆虫たちは余裕のある昆虫ということになるのだが、おそらく鳥類が入り込めない土中生態系の捕食圧はまったく違っていて、有翅昆虫ほどせっぱつまってはいないということなのだろう。

この章では、昆虫の変態が生きるためのぎりぎりの選択から生まれた「苦肉の策」であることを見てきた。それが結果として繁栄につながったのであるが、昆虫は繁栄しても余裕などまったくないことも見えてくる。昆虫の変態の最終点は成虫であり、成虫が脱皮をして長生きする余裕もなく、最後の細胞の命が尽きないうちに、あたふたと交尾相手を見つけて、交尾をし、その時点で雄の役割は終わりで、雌はそのあと産卵場所を探して、さっさと産卵をすませて死んでいく。それもただ死ぬのではなく、激しい捕食圧の下では若い個体の代わりに食われることが重要となる。これが「大きくなれない」昆虫の運命なのである。

第3章 鳥とともに進化した昆虫

1 羽ばたく脊椎《せきつい》動物は飛翔《ひしょう》昆虫を狙《ねら》った

昆虫が四足動物の激しい捕食圧のもとで、翅《はね》を発明し、最初の空飛ぶ動物になったらしいことは、第1章で見てきた。幼虫は翅をもたないから、何とか捕まえられるが、成虫になるとみんな空中へ飛んでいってしまう。地上で地団駄《じだんだ》を踏む捕食者を尻目に、ゆうゆうと空中を滑空する昆虫……。最初の飛行する脊椎動物が出てくるまでは文字通り昆虫の天下だったに違いない。

最初に飛んだ四足動物は、中世代三畳紀（二〜二・五億年前）の中ごろに登場した翼竜たちである。スズメぐらいの大きさから、翼の開長一二メートルという巨大なケツァルコアトルスやハツェゴプテリクスが実在した。口がくちばし状だったり、歯が生えていたり、長いしっぽがあったり、なかったり、いろいろである。

この飛翔爬虫類《はちゅうるい》の一番の特徴は、薬指の骨が異常に伸びて、後肢との間にコウモリのような皮膜があることで、それで羽ばたいた。いくつかの化石では毛が生えていた証拠がある。後肢はコウモリよりは発達していたが、かかとをつけて歩いた証拠があり、鳥類のような素早い走行は無理であったと考えられている。✦1 翼竜の食性については、魚食、種子食、昆虫食があげられているが、翼竜が羽ばたけ

✦1 ヴェルンホファー（一九九三）、平凡社『動物大百科・別巻2・翼竜』二一五頁参照

るようになったのは、空中にいくらでも飛翔していた昆虫を餌《えさ》にしようとしたことに始まると推測される。

翼竜類の進化からかなり遅れてジュラ紀（二・四〜二億年前）の後半に鳥類が進化してきた。翼竜は白亜紀末期（七〇〇〇万年前）に絶滅したが、鳥は現在でも主に昆虫を食べる捕食者として繁栄している。現在までの繁栄は、鳥が一万種弱ほどに分化して、他の四足動物を凌駕《りょうが》していることからもわかる。恐竜の生き残りとみなす研究者もいるものの、鳥綱として独立の綱が認められている。

この鳥類の繁栄の基礎は、今まであまり強調されてこなかったのだが、後肢の発達にあると考えられる。二足歩行だった獣脚類恐竜が祖先だという有力な説を支持すると、前肢なしでも歩行できるという基礎にたって前肢を翼につくり変えながら、生活の基盤を後肢に置いて今日まで進化してきた、と見ることができる。

鳥は翼なしでも生活が可能だ。鳥の飛翔に関する諸説はのちに述べるが、飛翔のきっかけは、空中を縦横に飛び交う昆虫を餌にしようとしたところにあると推測される。現生の鳥類の食性はかなり昆虫食に傾いている（図3・1）。

翼竜と鳥類にかなり遅れて、翼竜が絶滅したころに、翼手《よくしゅ》類が飛翔動物に加わった。最古の化石は五〇〇〇万年前だが、コウモリとして完成されていたので、起源はもっと古いはずである。

この化石には昆虫食を示す残骸が見つかっている。コウモリ類は昼行性の鳥類の勢力が及ばない夜行性のニッチを獲得した（翼竜が夜行性で、そのニッチに入った可能性もある）。もともと夜行性の滑空哺乳類から進化したと考えられている。指の骨の伸び方に違いがあるが、翼竜の「哺乳類版」である。

コウモリ類は一〇〇〇種近くに分化し、四五〇〇〇種いる哺乳類の五分の一強を占める大勢力だが、滑空動物からくる退化ぎみの後肢が活動範囲を狭めている。鳥類には翼が退化した飛べない鳥が存在するが、翼が退化したコウモリは存在し得ない（おそらく翼竜も存在しなかった）。現生のコウモリの食性はかなり多様であるものの、昆虫食が一番多く（七〇・六％）、飛翔昆虫を餌に求めて進化してきたことをうかがわせる（図3・2）。

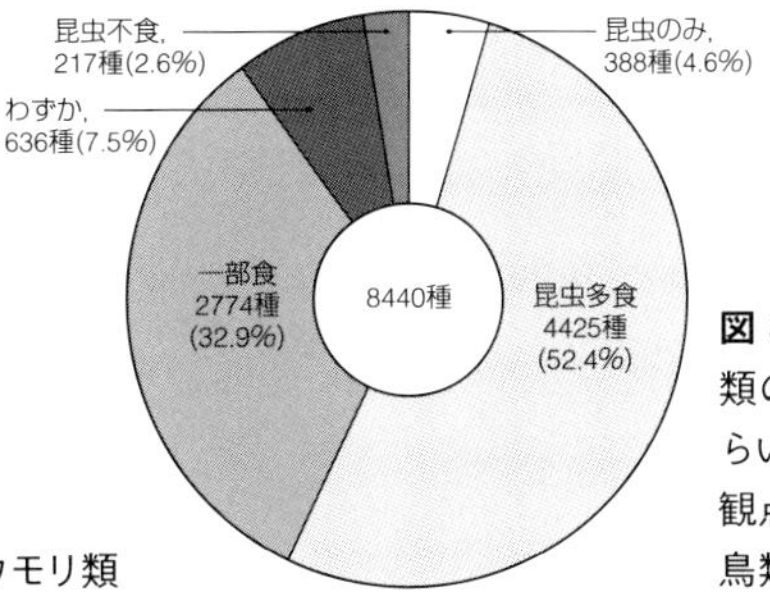

図3・1――現生の鳥類の食性。昆虫をどのくらい食べているかという観点で、『大図説・世界の鳥類』（小学館、1979）に載っていた8440種のデータを用いて作成。

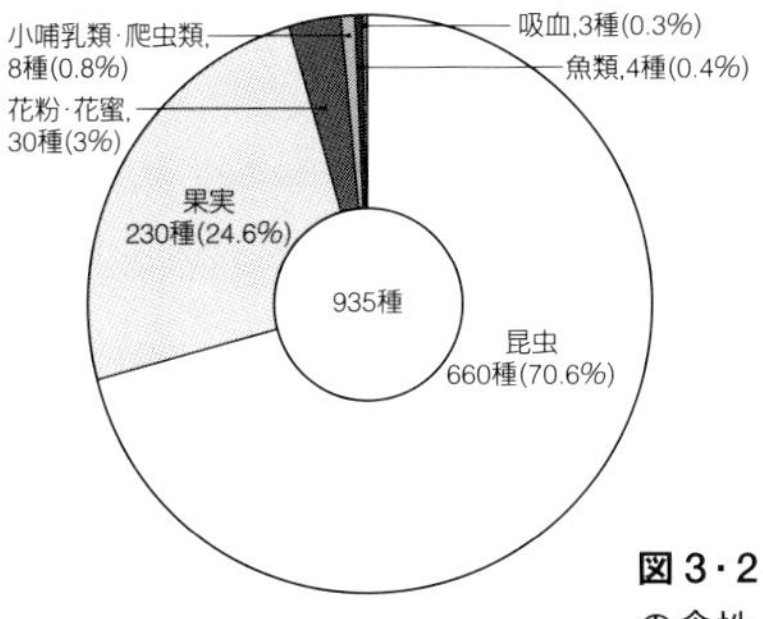

図3・2――コウモリ類の食性。リーキー（1982）を参考に作成。

2 鳥類はどのようにして飛べるようになったのか

翼竜とコウモリは、前肢の指骨を発達させて皮膜を張るという構造から推測すると、滑空動物から進化してきたと考えられる。前肢を中心にした体のつくり変えを行なえば、いきおい後肢は退化ぎみとなり、休息するときは後肢のかぎ爪《つめ》でぶら下がるしかなくなる。翼竜はコウモリより後肢が発達していたようだが、鳥に比べるとかなり発達度は落ちる。

この翼竜とコウモリの進化戦略に対し、鳥は二足歩行の恐竜出身である。鳥の飛翔仮説は一九七〇年以降に限っても五七論文もあり、大別すると、「樹上降下説」(Tree down hypothesis、三二論文) と「地上飛び上がり説」(Ground up hypothesis、二五論文) に分かれるが[3]、始祖鳥の後肢の羽毛や最近中国で発見された翼状の後肢をもつ化石などから、前者が優勢に見える。

しかし、自説を主張するときはどうしても有利な面だけ強調し、不利な面への釈明をおこたることが多い。「樹上降下説」だけをとると、なぜ後肢が翼竜やコウモリのように退化ぎみにならなかったのか、という疑問が残る。「地上飛び上がり説」では、初期の翼は地上走者が飛翔昆虫を叩き落とすところから進化したとするアイデアが有力で、二足歩行出身という見方とも合致する。ただし、最大の欠点は二足走行から羽ばたいて離陸する困難性にある。

鳥がどのようにして飛べるようになったのかに関する二つのシナリオは、対立することが多かったが、結びつける試みがなかったわけではない。樹上生活をしていても枝から枝への飛び移りはあるはずで、それが後肢の退化を妨げたのではないかという説や、強風のときは地上走者でも滑空が可能という説、強風でなくとも尾根や急な傾斜地なら滑空可能という説もあるが、結局は、地上走者から樹上生活者が出てきてもおかしくはないのである。始祖鳥の足は樹上にも地上にも使えるという意見も含め、初期の鳥類は両者の適応があるというのだから、ありうるシナリオとしては、次の二段階で進化したというのが私の考えである (図3・3)。

一、昆虫食の地上走者が飛翔昆虫の飛び始めを押さえるために、前肢を団扇《うちわ》状の小翼につくり変えた。

[3] Paul, G. S. (2002) *Dinosaurs of the air: the evolution and loss of flight in dinodaus and birds*. 460 pp. The Johns Hopkins University Press, Baltimore and London.

樹上降下説
Tree Down

T.H.Huxley (1860)に始まる。

説の根拠 1
始祖鳥には後肢にも羽毛があった。→地上を走るには不利。→離陸のスピードが得られない。

説の根拠 2
肢が枝を握るタイプである。

説の根拠 3
現生の鳥は普通枝から枝への飛び移り・下降・上昇する。地上から離陸するよりエネルギー効率がいい。

説の欠点 1
鳥の祖先に近縁と思われる恐竜で樹上生活者がいない。

説の欠点 2
森のないところでは進化できない。

説の欠点 3
現生の滑空者はすべて後肢が退化ぎみである。

地上飛び上がり説
Ground Up

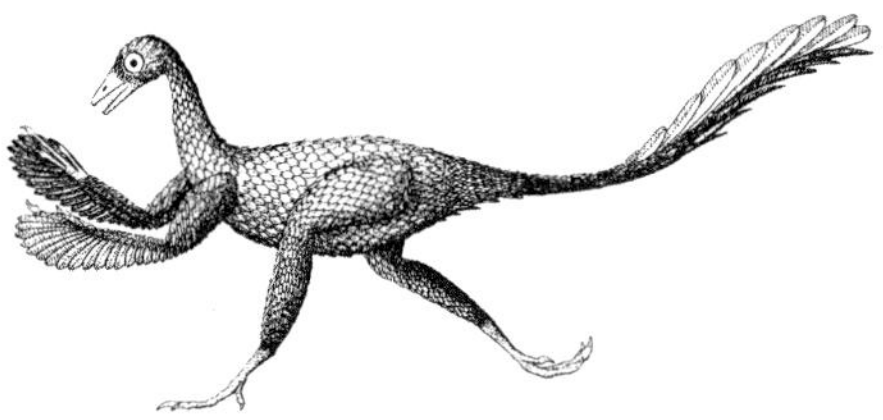

Beebe(1915)に始まる。

説の根拠 1
昆虫食者が走りながらジャンプして昆虫を捕獲。→未熟な翼が発達できる。(Burgera & Chiappe 1999、Eaaley 1999)

説の根拠 2
大半の現生の鳥は蹴りで離陸。(Earla 2000)

説の欠点 1
翼と羽ばたきを同時に進化。

説の欠点 2
離陸のスピードをつくる二足走行と両翼の羽ばたきが矛盾。

二つのシナリオを結びつける試み

- ◆樹上生活でも枝から高い枝に飛び移ったりするはずである。(Pennycuick 1986、Paul 1988)
- ◆ground runner から climber が進化してきてもよい。(Homberger & Silva 2000)
- ◆飛翔の初期に滑空は重要だが、走者でも強風の中では滑空ができる。(Rayner 1991)
- ◆尾根や急な傾斜地なら滑空が可能。(Petera 1985、Petera & Gorgner 1992)
- ◆始祖鳥の肢は樹上にも地上にも使える。(Hopaon & Chiappe 1998)
- ◆初期の鳥は両者の適応がある。(Sereno 1997、Paul 1998)

1　昆虫食者の地上走者→翼が出現、後肢が発達

2　未熟な翼の樹上昆虫食者→翼が発達、後肢で飛び移り

図3・3―― 鳥類の進化の諸説と折衷案。下の囲みが昆虫食を意識した新説。引用はすべてPaul(2002)より。

二、花の咲く植物の発達に伴って、樹木の花に昆虫が多く集まるようになり、この樹上の昆虫をねらって、未熟な翼の鳥類が樹上生活に移行する。昆虫を捕食するための後肢による枝への飛び移りや滑空が前肢の発達につながり、羽ばたいて飛翔できるまでになった。

地上走者が樹上で翼を発達させたという、この折衷《せっちゅう》案は今までの二つの説の対立を解消し、それぞれの欠点を雲散霧消させる。すでに述べた「被子植物と昆虫の関係」ともつながる。他の脊椎動物が昆虫を餌として進化していったと同様に、鳥類も昆虫を、それも空中に逃避した昆虫を餌にしたために、翼を進化させることになったのである。

3 捕食圧としての鳥類

鳥綱は翼手目の約一〇倍の種数をもつ大勢力である。それも大半は昆虫を食べる。種子食の鳥も育雛《いくすう》時期には昆虫を集めてくる。飛翔は重力に逆らう行為である。大型化して体重が増加することは飛翔に不利に働く。現生の鳥では、オオハクチョウ、コンドル、タン

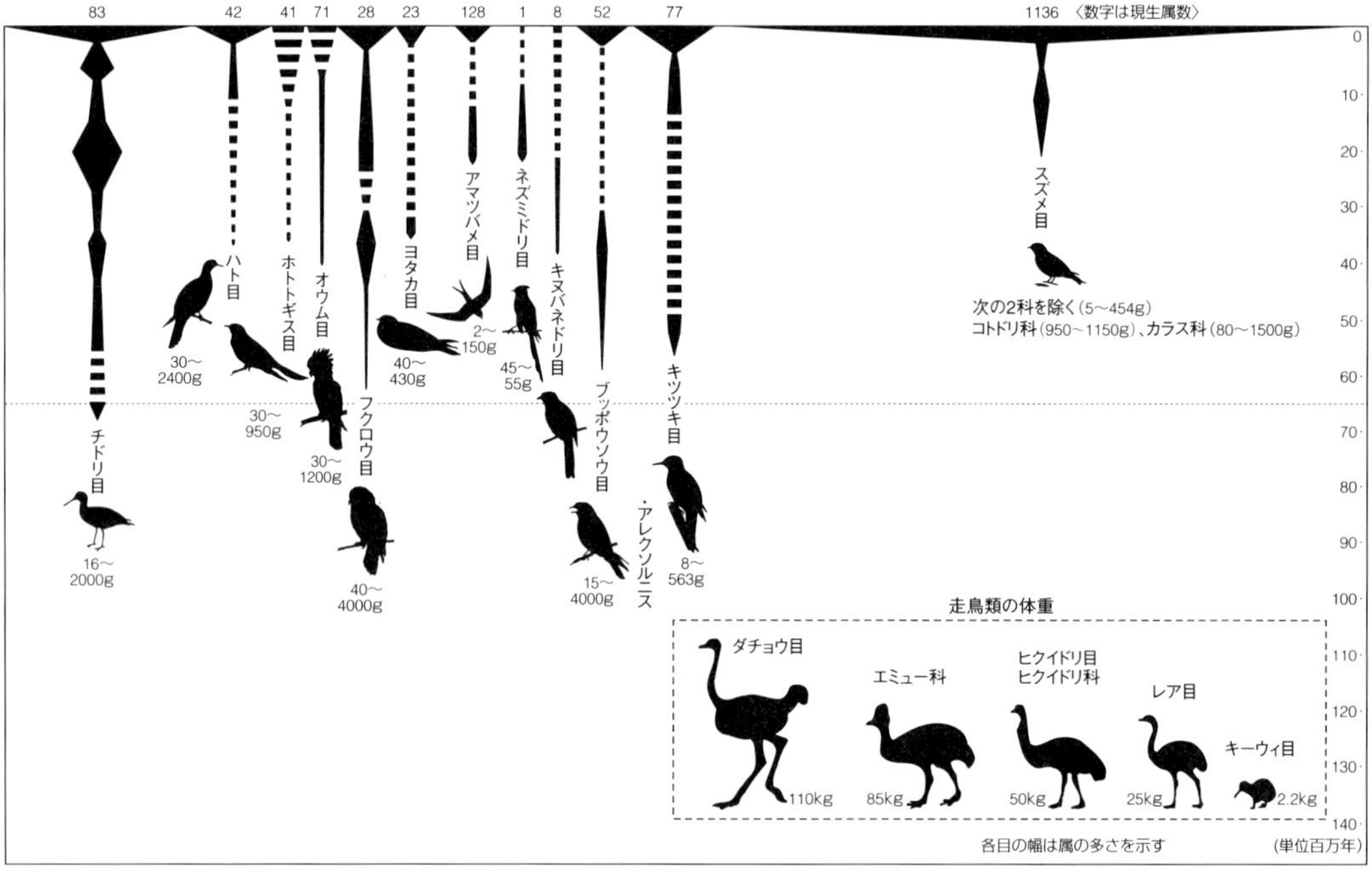

チョウあたりが飛べる鳥の限界で、一八キログラム程度で頭打ちになる。白亜紀にいた翼開長一二メートル、体重七五～八六キログラムというケツァルコアトルスは滑空しかできなかったのではないかと考えられている。✦4 コウテイペンギン（三〇～三八キログラム）、エミュー（八五キログラム）、ヒクイドリ（五〇キログラム）、ダチョウ（一一〇キログラム）はもはや飛ぶことができない（飛ぶことを捨てたのでそこまで大きく重くなれた）。すなわち、昆虫を餌にすることによって飛べるようになった鳥類は、飛翔のために大きさに制限を受け、それならば小型のままにとどまり、昆虫をほぼ専門に食することによって繁栄を続けたのである（とくにスズメ目）（図3・4）。

こうなると、飛翔によって捕食圧を軽減したはずの昆虫たちは、また大きな捕食圧を受けることになる。古生代の終わりごろ進化してきたと考えられている完全変態の昆虫たちが中生代の間に四大昆虫として繁栄してきたのも、鳥類の激しい捕食圧に耐えられたからと見ることができる。

今から二〇年前、『昆虫のふしぎ……色と形のひみつ』（あかね書房、一九八八）という本

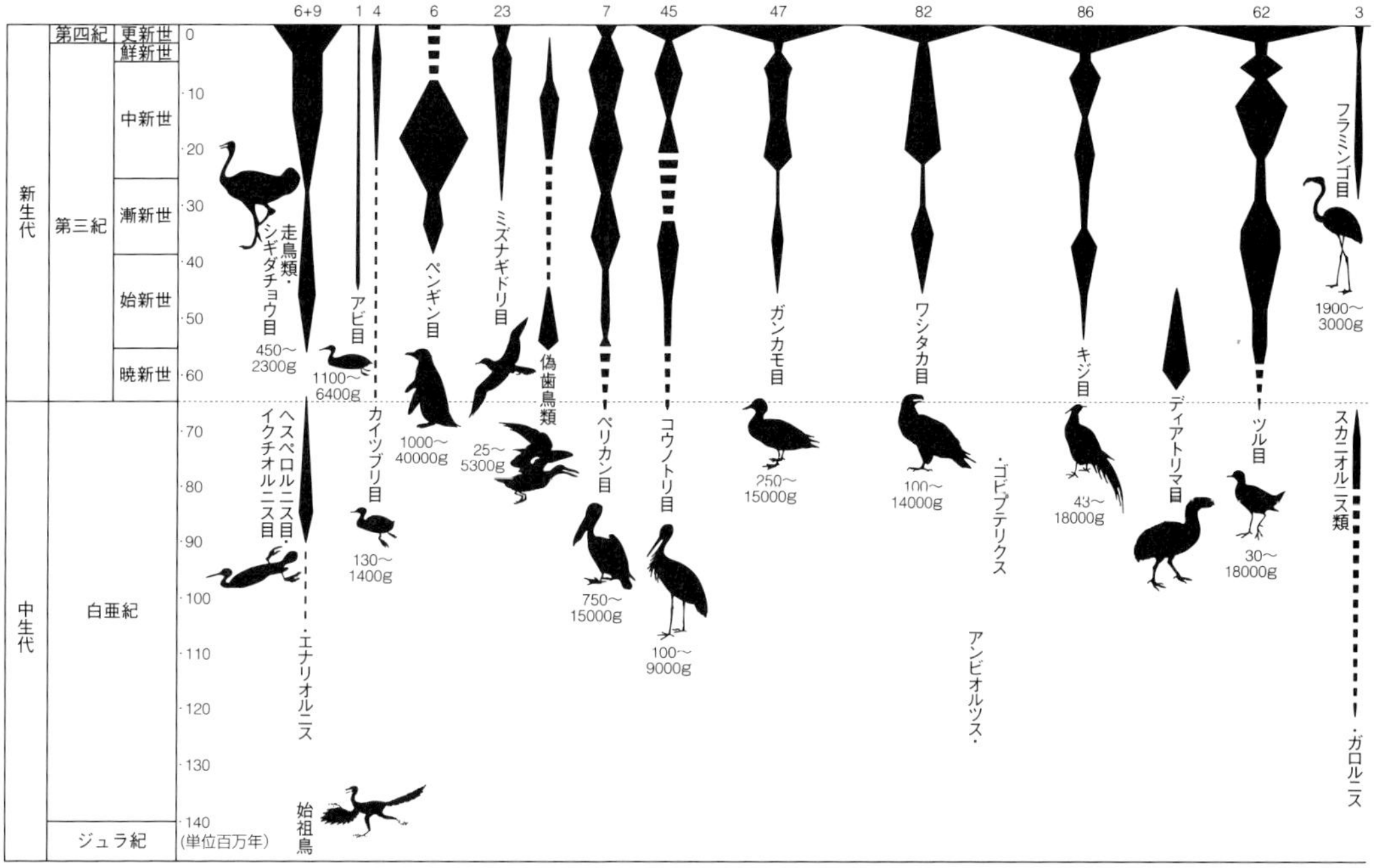

図3・4―― 鳥類各目の現在までの栄華盛衰と体重範囲。（浦本、1986より改図）

✦4 ヴェルンホファー（一九九三）

をつくったとき、小鳥がどのぐらい昆虫を食べるのか、簡単なデータをとってみた（図3・5）。ホオジロが午前九時から午後五時までの八時間労働で、キリギリス系の幼虫三五匹、ガの幼虫を一三匹捕獲した（一九八四・四・一九）。シジュウカラは午前九～一一時の二時間でキリギリス系の幼虫四匹、ガの幼虫を八匹獲ってきた（一九八四・四・二七）。

4　昆虫の保護色と擬態《ぎたい》は鳥がつくった

大きくなることをやめて昆虫食に徹した小鳥たちは、片っ端から昆虫を食べていく。昆虫を見つけたら、うむをいわさずつついばみ食べる。いい換えると、見つかりやすい昆虫、目立つ昆虫は食われるのだ。食べ残されるのは、より目立たない個体である。残った個体同士が子孫を残すと、「目立たない」という特徴が強調されていく。鳥が昆虫を捕食すると、この過程が繰り返され、「保護色」や「隠れる擬態」は自動的につくられていく。鳥が目につく昆虫を食べていくことが、目につきにくい「保護色」や昆虫とは見えないものに似ている「隠れる擬態」をつくってしま

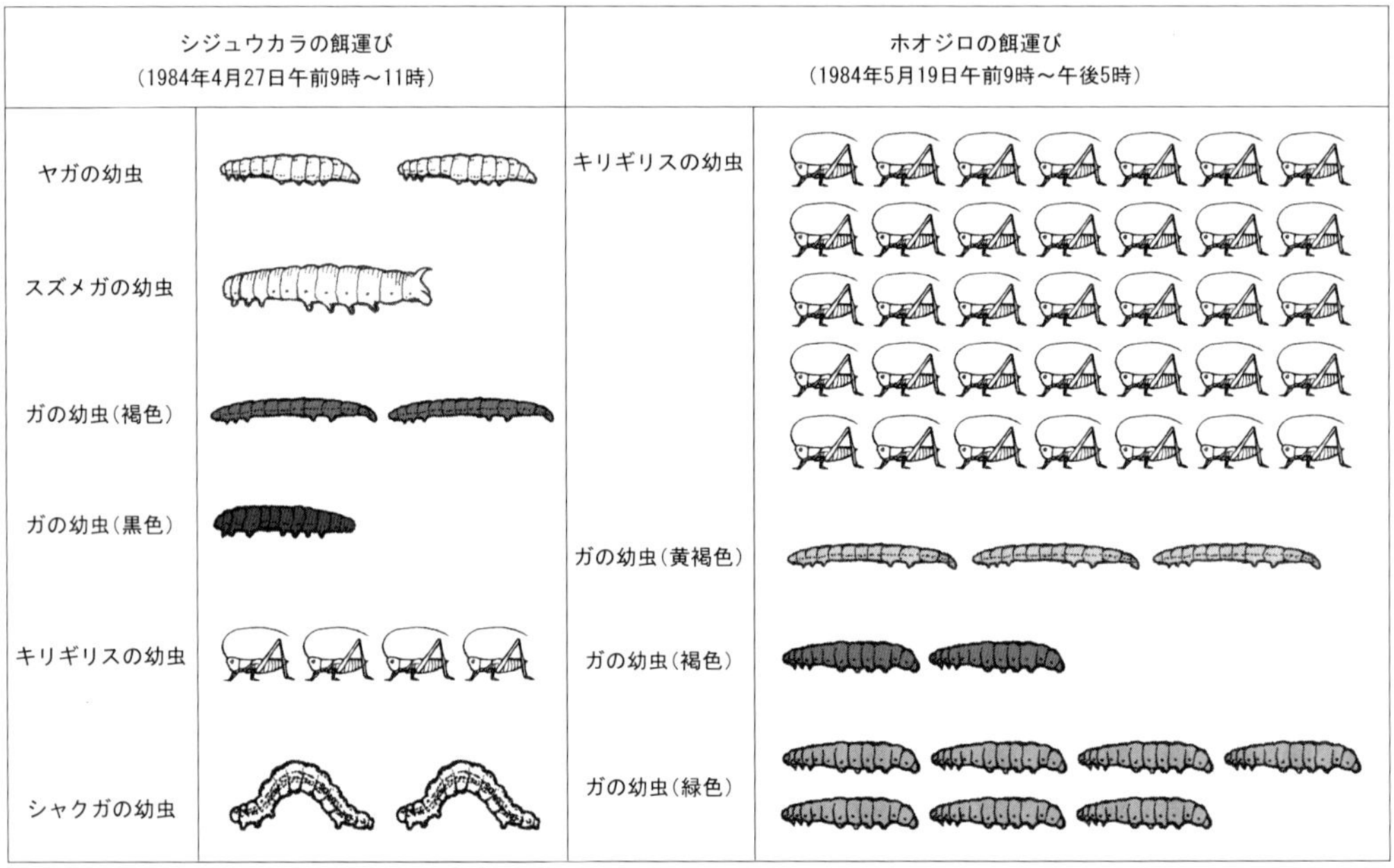

図3・5―― 小鳥の餌の運び込み。長崎県北松浦郡田平町の野生のホオジロとシジュウカラの巣を双眼鏡で観察し、どんな虫を運んでいるかをチェックした。図中に記したキリギリスはキリギリス科の昆虫を意味しているが、大半はキリギリスとヤブキリの幼虫である。（大谷・栗林、1988 より改図）

うのである（図3・6）。

この逆説的な「保護色・隠れる擬態作製過程」を、兵庫県立人と自然の博物館では、「スーパーモスバード」というゲーム展示につくり上げている。少々「お勉強的な」展示の多い中で、小鳥が自分の雛《ひな》を育てるためにたくさんのガの幼虫を捕《とら》えてくるという、子供たちに人気のシューティング・ゲームだ。

「警告色」と「目立つ擬態」は、「保護色・隠れる擬態作製過程」とまったく逆の過程でつくられていく。

昆虫の大半はおいしく、栄養価値の高い餌だ。しかし、中にはまずかったり、毒があったり、捕まえにくかったり、鳥の捕食者に似ていたりする場合がある。鳥はそういうものを食べ残す。目立つ特徴がないと、うっかり食べてしまうので、何か特徴が強調される。例えば、赤い部分をもっていたり、黄色と黒の段だら模様だったりすると、「避けるべきもの」として食べ残すのに都合がいい。この都合のいい「目立つ色」を「警告色」と呼ぶ。食べ残すのに都合はいいのだが、自分が避けたものに似ていて非なるものも避けてしまう傾向にある。この「似て非なるもの」を「目

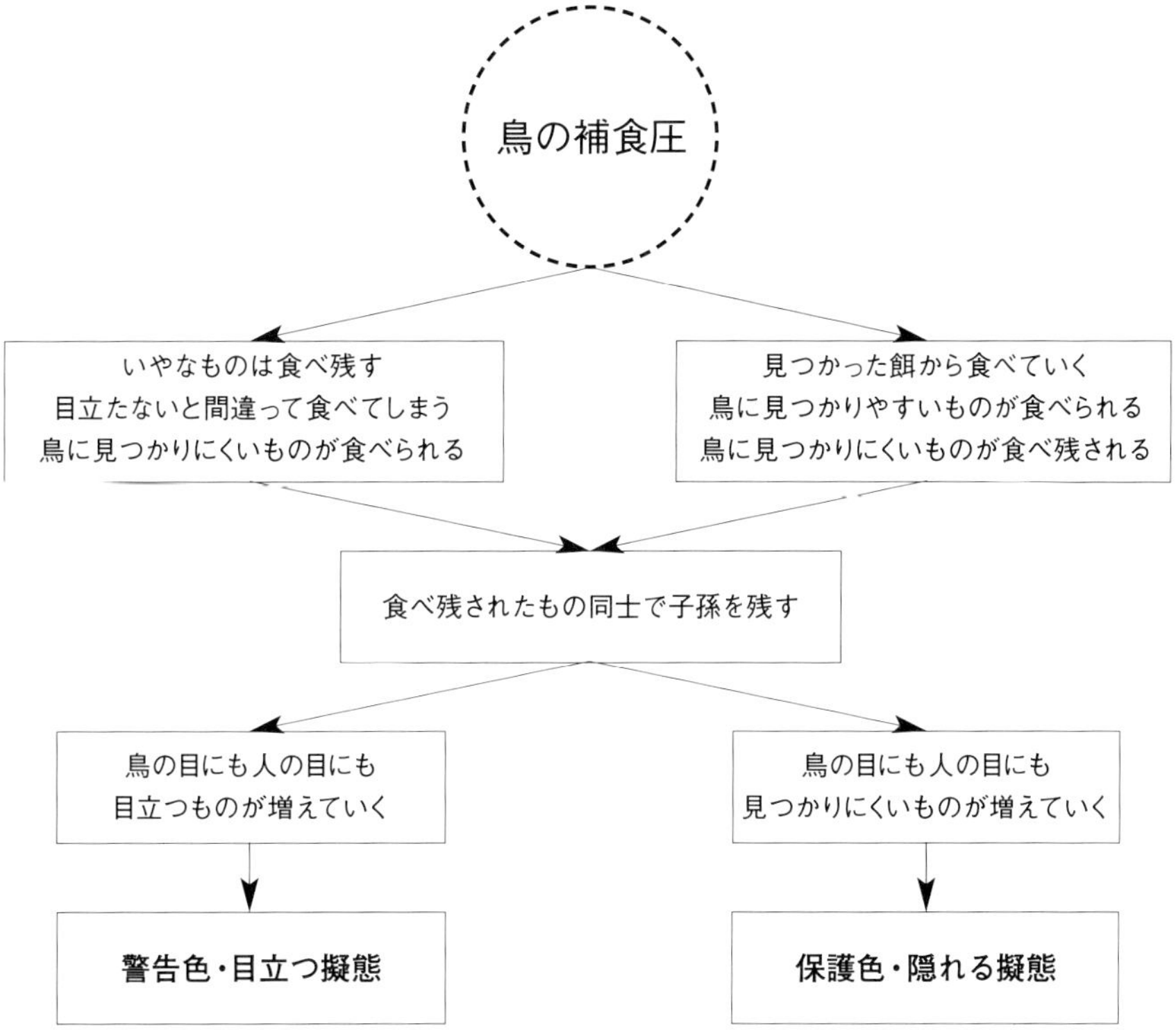

鳥の補食圧
いやなものは食べ残す
目立たないと間違って食べてしまう
鳥に見つかりにくいものが食べられる
見つかった餌から食べていく
鳥に見つかりやすいものが食べられる
鳥に見つかりにくいものが食べ残される
食べ残されたもの同士で子孫を残す
鳥の目にも人の目にも
目立つものが増えていく
鳥の目にも人の目にも
見つかりにくいものが増えていく
警告色・目立つ擬態
保護色・隠れる擬態

図3・6——「警告色・目立つ擬態」の成立過程（左）と「保護色・隠れる擬態」の成立過程（右）。目立つ擬態は、鳥がいやなもの（例えば、かたい、つかまえにくい、にがい、いたい、吐き気がする）を食べ残すことでできあがっていく。目立つ擬態は、鳥が警告色を連想したり、誤解したりすることで成立する。「怖いもの」は、猛禽類やヘビなどの鳥の捕食者を連想する（目玉模様など）。一方、隠れる擬態の場合、鳥は片っ端から食べていくので、背景の色に似ていたり、虫らしくないものに似ているものは食べ残され、保護色・隠れる擬態は自動的につくられていく。

立つ擬態（ミミクリー）」と呼ぶ（図3・7）。

警告色をモデルとした目立つ擬態を「ベイツ型擬態」と呼ぶこともある。鳥たちは小さい目のような「二点」があると、つついてみるが、もっと大きな目、例えば鳥の捕食者の猛禽《もうきん》類やヘビ類の目を連想させるような目玉模様があると、怖がってつつかないという。この目玉模様は特定の警告色モデルがあるわけではない。鳥たちが勝手に捕食者を連想しているだけである。したがって、目立つ擬態ではあるが、ベイツ型擬態ではない。

5 トリノフンダマシ——鳥も自分の糞《ふん》は食べない

「隠れる擬態」はミメシス（mimesis）というが、昆虫らしくないもので、鳥が棲《す》んでいる環境の中でありふれたものに似ている場合をいう。例えば、鳥が食べない木の葉や木の枝はそこらじゅうにあるので、鳥は関心を示さない。似ていれば捕食を免れる。だから、「捕食を避ける戦略として」進化したというのが従来の考え方だった。しかし、鳥が昆虫らしいものに関心を示し、片っ端から食べてきたという圧力が「昆虫らしくない、関心の

クロアゲハの幼虫
（写真提供／薄井純子・晶子）

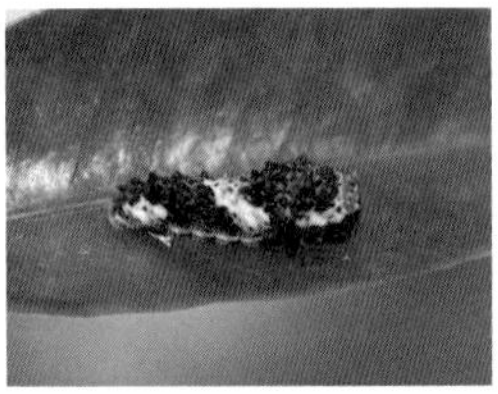
ナミアゲハの幼虫

オジロアシナガゾウムシ
（写真提供／山名眞達）

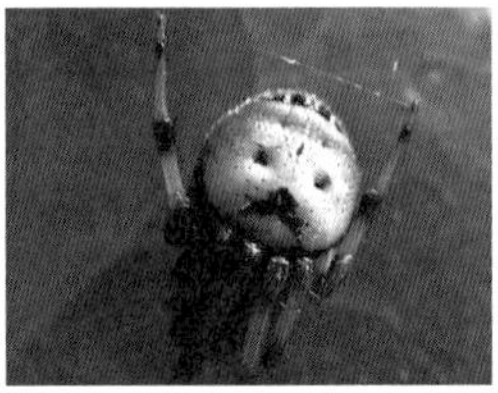
ビジョオニグモ
（写真提供／川邊透）

イラガの繭
（写真提供／福富文雄）

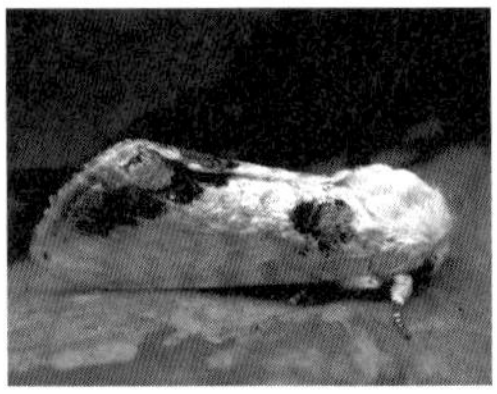
モンクロシャチホコ
（写真提供／山名眞達）

ユウマダラエダシャク
（写真提供／山名眞達）

クロフタオ
（写真提供／中尾健一郎、
協力／鈴木隆之）

ヒトツメカギバ
（写真提供／中尾健一郎、
協力／鈴木隆之）

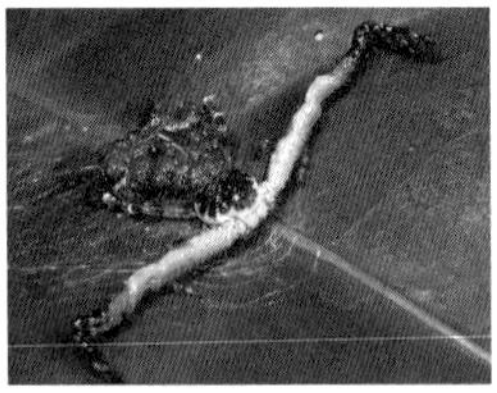
ヘリジロツケオグモ
（写真提供／谷川明男）

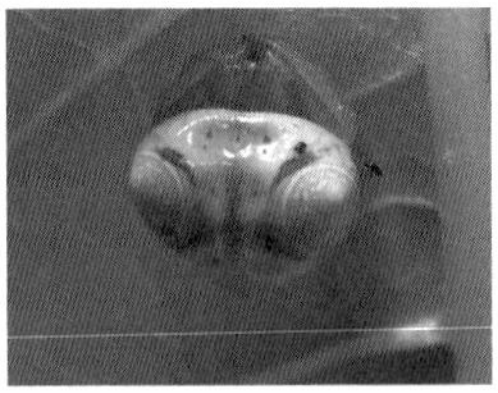
オオトリノフンダマシ
（写真提供／川邊 透）

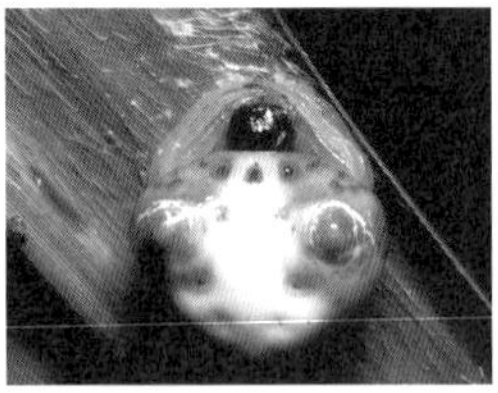
トリノフンダマシ
（写真提供／増原啓一）

写真3・1—— いろいろな昆虫やクモに見られる「鳥の糞」の形と模様。
鳥の糞は白黒の不規則模様だけでなく、液状便や未消化物も排泄される。

ないもの」を生み出す原動力、と考えるほうが自然ではないだろうか。

そして、鳥にとってもっとも関心のないものといえば、自分の糞である。いらないものとして排泄したのだから、関心がないのは当然だが、鳥は体重を軽くするために少したまったらすぐ排泄する。飛翔する鳥にとって自分の体より低いところはすべて「トイレ」といってもよい。つまりそこかしこに糞が落ちている状態となる。

鳥の糞は哺乳類の糞とは違い、おしっことの混合物である。鳥の糞には必ず白いどろっとした部分があるが、あれがおしっこに当たる「尿酸」だ。鳥は卵の中で発生するときに、殻の中に閉じ込められた状態だから、尿を捨てられず、水に溶ける「尿素」の形では体に有害である。したがって、水に溶けない「尿酸」の形にする必要があった。この尿酸システムが完成すると、哺乳類のように血液から尿素を濾《こ》しとって膀胱《ぼうこう》に捨て、糞とは別ルートで体外に出す、という面倒な方式はとらなくてもいい。糞に混ぜて同じ穴（総排泄口）から捨てればそれでOK。ここに黒っぽいところに白っぽい部分が適当に混じっている「鳥の糞」が完成する。しかも、この白黒まだらの小物体は、緑の葉の上にごく普通に落ちているのだ。そして、それに鳥はまったく関心を示さない。

そういう状況では、鳥の糞の印象をもったものは鳥の捕食を免れやすいことになる。鳥はそこら中に自分の糞を振りまくことにより、鳥の糞に似た小動物をつくり出しているのだ（写真3・1）。まずアゲハチョウ科のチョウたちの幼虫は、四齢まではほとんど鳥の糞に見えることでよく知られている。典型的な「白黒まだらの小物体」である。ところが、最終の五齢幼虫になると、突然色彩と模様が変わり、小さな蛇に見えてくる（九頁、口絵参照）。

アゲハチョウ以外の鱗翅《りんし》目の幼虫にも鳥の糞に似ているものはいる。鳥に限らず腸は一般に細長いチューブなので、出てくる糞は細長い棒状になる。これが鱗翅目の幼虫の形にぴったりである。例えば、マダラエグリバ（ヤガ科）とかスカシカギバ（カギバガ科）の幼虫など。後者は体の曲がり具合、突起物、濡れた感じが絶妙である。ゾウムシでは、クズを食害するオジロアシナガゾウムシやホソアナアキゾウムシなどが鳥の糞のイメージである。アカスジキンカメムシの幼虫やビジョオニグモ、イラガの繭《まゆ》なども白黒まだらタイプの鳥の糞である。白っぽいところが多い糞としてモンクロシャチホコもきっちり翅をたたむと円筒形の糞となる。

ガの多くはあまり円筒形にはならず、むしろ翅を開いたまま、水分の多い糞が葉の上で広がっている状態を表現する。ユウマダラエダシャク、シロオビヒメエダシャクをはじめ、クロフタオ、ヒトツメカギバ・モンウスギヌカギバ・マダラカギバなどがその例である。

少し変わったところでは、ヘリジロツケオグモが鳥の糞の匂いも分泌したり、ヒメカマキリの幼虫のように、未消化で排出された虫のイメージのものもいる。ビジョオニグモの頭胸部の部分も未消化の部分かもしれない。

そのものずばりに命名されている「トリノフンダマシ」というクモの仲間。確かに鳥の糞に見えるが、オオトリノフンダマシなどは今まで説明した「白黒まだらの小物体」とは少々印象が違う。これは果実食の鳥たちがする軟便だ。次節で果実食の鳥の話をするが、果実食の場合、たいていは水分の多い液果である。糞にも水分が多くなり、白い尿酸も均等に分散してしまう。すると黄土色のぬるっとした糞となる。オオトリノフンダマシはこちらに似ている。幼鳥や雛のする糞も「黄土色ぬるっと」タイプである。

6 昆虫が果実食・種子食の鳥をつくった

鳥の糞は当然のように食べるもので違ってくる。鳥は飛ぶ昆虫を餌にしてきたことにより前肢を翼に変えてきたのだが、現在の鳥類の食べ物は昆虫だけではない。種子食・果実食の鳥もかなりいる（約四〇％）。この鳥たちの出現に昆虫が大いに関わったはず、というのがこの節のテーマである。昆虫は飛翔力を生かして、地上からはるかに高いところで、花との共生関係をつくり上げてきた。他の動物の介入なしにといいたいところだが、飛翔できる鳥類は、餌として昆虫を追いかけてくる。つまり、花と昆虫の密接な関係のところに、鳥が招かれざる捕食者として登場してくるのだ。

植物は花粉と花蜜を提供して、昆虫に花粉の移動を依頼する。受粉の結果、種子が形成

- 種子散布
  - 自発的散布
  - 風散布
  - 水散布
  - 重力散布
  - **動物散布**
    - 付着型
    - 食べ残し型
    - **周食型**

図3・7――種子散布のいろいろ。動けない植物は、植物体の弾性を利用した自発的散布以外は、風の力、水の流れ、万有引力、動物などの力を借りなければならない。動物の食欲を利用した「動物散布」は効率がよく、その中で「周食型」は積極的に食べられて種子を糞として出してもらう作戦である。（湯本、1999より作図）

される。種子散布には、風散布・水散布・重力散布・自発的散布などいろいろあるが、効率的には動物に運んでもらうのが一番である（図3・7）。動物は食べなければ生きていけないのだから、必ず摂食行動をする。これを利用すれば確実に種子を運んでくれるはずだ。昆虫より大型で飛翔力のある動物が昆虫を食べようとしてうろうろしているではないか。種子の運び手としてはぴったりの動物である。種子に少し甘い糖分を加えた柔らかい果肉で包んで食べていただこう。鳥は歯がなく丸呑みだから、種子のまわりをつるつるした物質でくるめば、つるりと胃に入ってくれる。鳥のほうも、素早く逃げる昆虫より、甘くて逃げない、そしてたくさんある果物のほうが食物として適している（ただし、雛を育てるには少々タンパク質が足りない）。

鳥の立場で昆虫食から果実・種子食への移行を考えると、餌としての昆虫がうまく手に入らない状況を想定する必要がある。昆虫を追いかけてきて、結局逃げられてしまった場合、空腹と欲求不満を満たすために、植物の実に目が向いたのではないか。最初は風散布とか重力散布なので目立つ色はないが、結実部は必ず存在していたはずである。さらに季節関連で重要なことがある。昆虫は変温動物だから、熱帯域以外では寒い季節を冬眠の形で乗り越えなければならない。鳥は定温動物で冬も活動するとなれば、虫が見当たらなくなる冬をどうするかが問題になってくる。ここで秋に結実する植物は鳥にとってありがたい存在となるのだ。鳥の注目度が増せば、鳥にとって目立つ色の実ががぜん有利になる。

昆虫にとっても、鳥が果実に食物転換してくれれば、それだけ捕食圧は下がる。そのうえ種子を消化せずに糞と一緒にばら撒《ま》いてくれれば（鳥は体重を減らしたいので、すぐ糞をする）、花粉と花蜜の供給源が増えることになり、「正のフィードバック」の流れとなる（図3・8）。つまり、植物も昆虫も鳥もどんどん繁栄していく、という仕組みである。

こうして昆虫を狙《ねら》って樹上にやってきた小鳥たちは、昆虫食から果実食・種子食に変わっていき、新たな繁栄と生物多様性につながる生態的な関係がつくられていったのではないだろうか。

このように鳥と昆虫と植物の関係はかなり早い時期、中生代の白亜紀には形成されてい

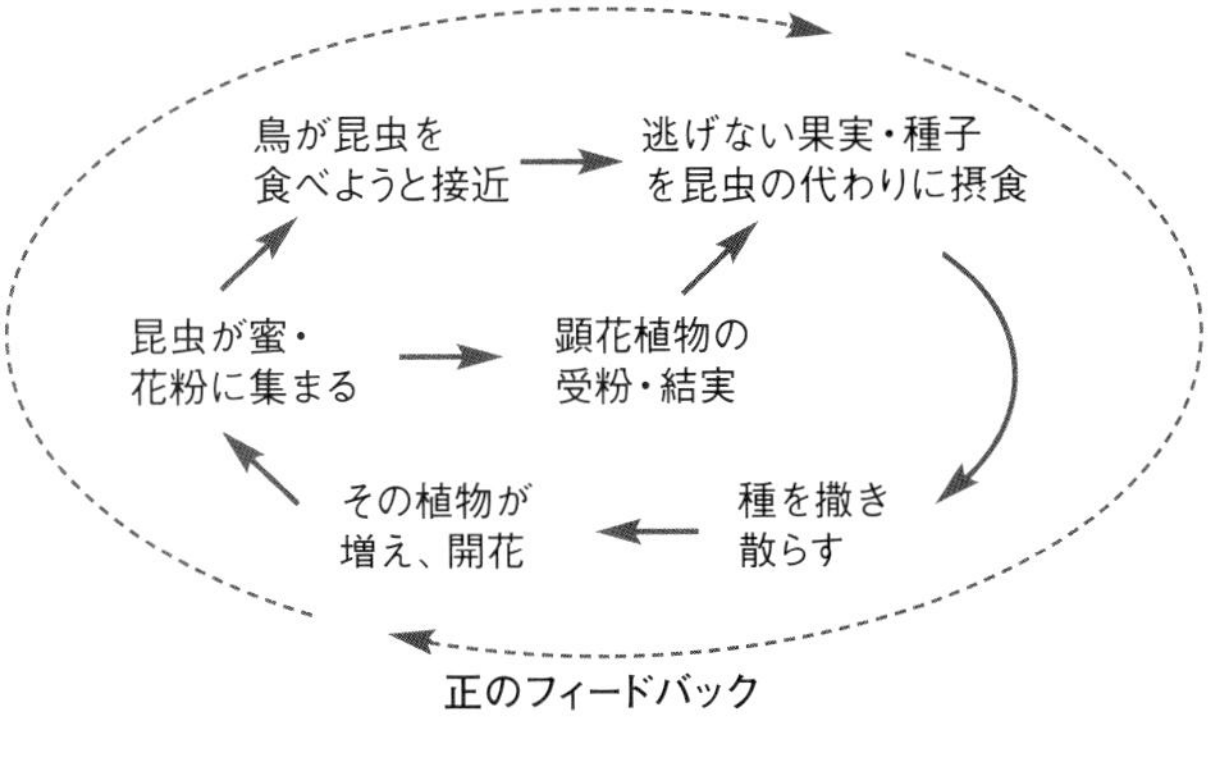

図3・8—— 果実食の鳥の参入と昆虫との関係。昆虫も鳥も飛翔するので、樹上での関係は、他の動物から独立する。
昆虫を追いかけてきた鳥は、時期が悪かったり、逃がしたりして昆虫が手に入らなかったとき、仕方なく植物の果実・種子を狙う。植物側は初めは食べられないようにするが、そのうち諦めて鳥の「丸飲み、すぐ排泄」という性質を利用して積極的に食べられる作戦に出る。すると、そこに鳥・昆虫・植物の協力的な三者の関係が成立し、結果が次の結果につながる「正のフィードバック」となる。

たと考えられ、一部の翼竜も参入していたかもしれない。しかし、白亜紀末に直径一〇キロメートルの小惑星がユカタン半島に衝突して、生物の大量絶滅が起こり、中・大型の動物がいなくなると（アルヴァレズ、一九九七）、生き残った植物と昆虫と鳥が（もちろん、構成種は違えて）共生関係を再度結ぶことになる。全滅した翼竜に代わって果物食のオオコウモリ類が参入し、第三紀も中新生になると、霊長類が参入してきて、果実食をめぐる進化は複雑になってくる。そして、この霊長類の参入は後に森林から離れたホモ・サピエンスの進化の母体となる（図3・9）、というふうに考えると、果実食の鳥類の進化も別な方向で意義深くなる（第8章第4節参照）。

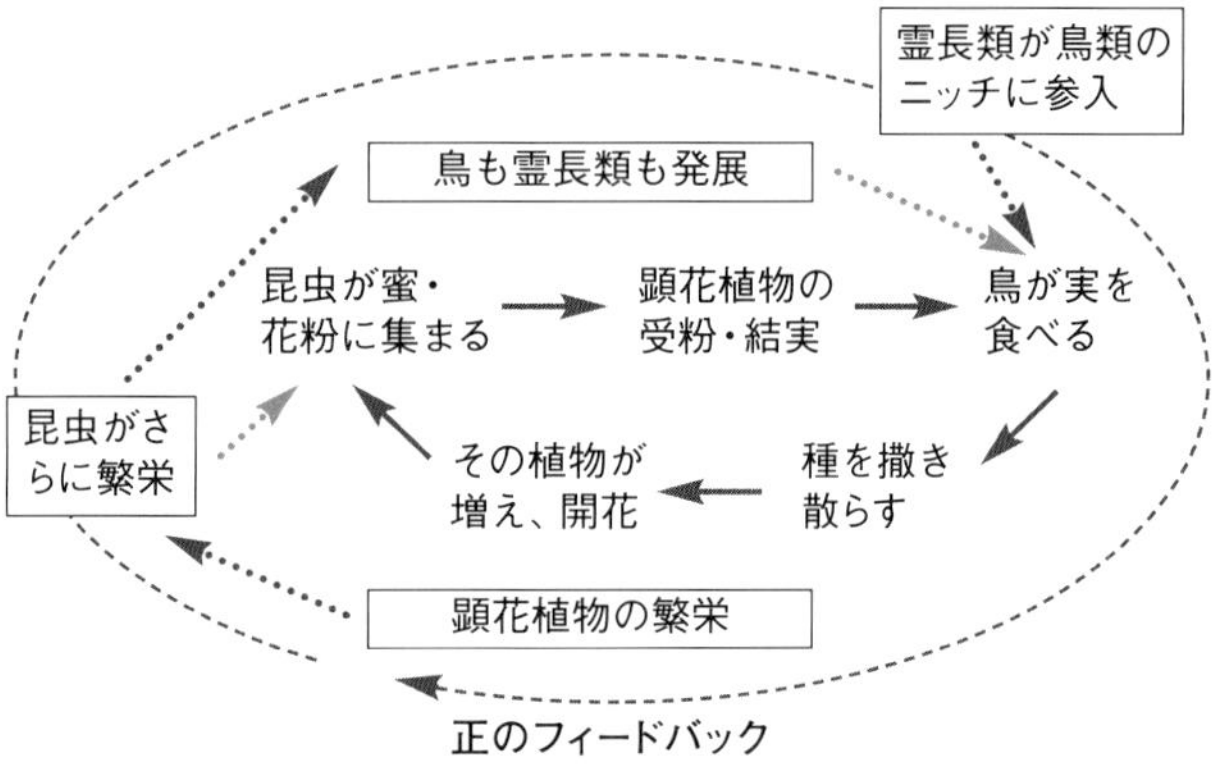

図3・9—— 樹上の生態系に参入してきた霊長類との関係。樹上の果実・種子を独占していた鳥類のニッチ（生態的地位）に霊長類が割り込んできたが、植物側に余裕があったためか、鳥・昆虫・植物の三者関係にとってマイナス要因にはならなかった。

第2部

ハチ擬態と四大昆虫

第4章 ハチ擬態が生じる理由

ハチ目とハエ目

1 ハチは「刺す虫」

ハチという昆虫は、誰でもイメージできるのだが、ほとんど実像は知られていない。理由ははっきりしている。ハチは「刺す虫」としてイメージが強すぎるのだ。小さいときから、「危険だから触っちゃダメ」といわれ続け、親になればそういい続けてきたのである。ハチらしきものを見たら、もう刺すものだと決め付けている。たまたま自分のほうに飛んでこようものなら、たとえ三〇度ほどずれていても、「ものすごい勢いで攻撃してきました」と真剣に訴えるのだ。この状態で一度でも刺されたら、もう大変である。危険な昆虫のイメージは一〇倍ほど増幅される。

そのうえ、「二回目に刺されたら、なんちゃら反応で死ぬ」という話が出てくる。全身性アナフィラキシーショック反応は何万人に一人といった比率でしか起こらないのだが、誰でもがその反応で死ぬと思っている人はかなり多い。確かに毎年三五人前後の死者が出る（図4・1）ので、相当に危険なのだが、過度に恐怖してパニックに陥《おちい》り、それがハチを逆に刺激して、危険な方向に向かわせていることも多いに違いない。

ハチ毒の成分はかなり複雑で、ハチの種類によって組成は異なるが、死亡する人はハチ毒そのものでなく、自分の過剰な生理反応で

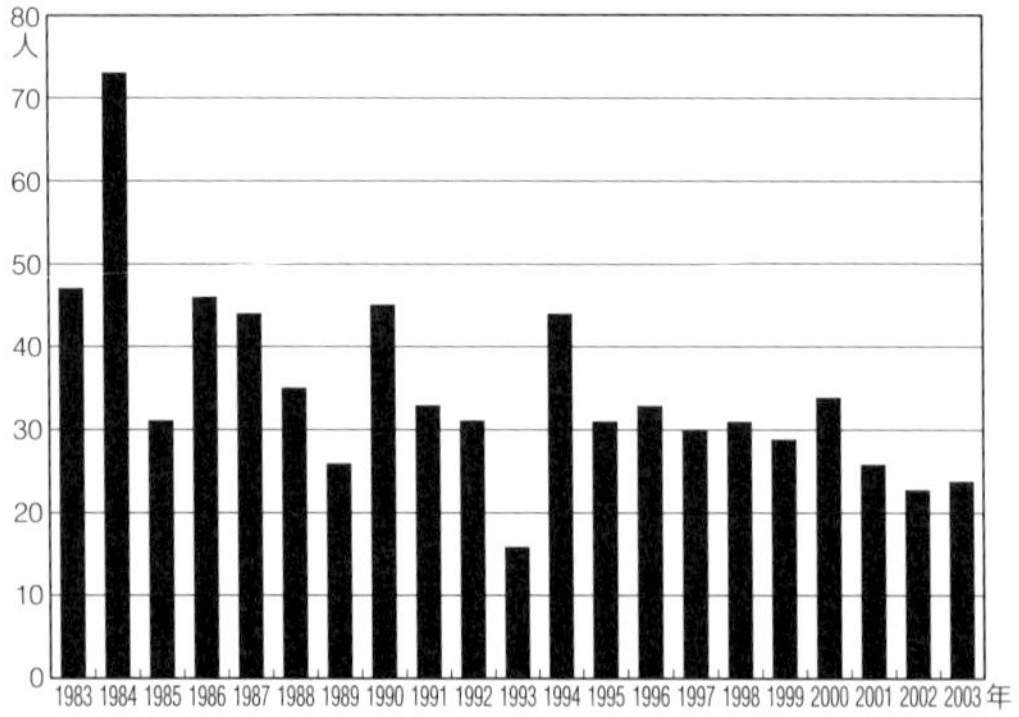

図4・1――最近の20年間にハチに刺されて死亡した人数。総数は732名で年平均36.6名が亡くなっている。（「厚生労働省人口動態統計」より作図）

死ぬことに注目する必要がある。例えば、青酸カリなら爪《つめ》の隙間に入るほどの量で飲んだすべての人が確実に死ぬが、ハチ毒が注入されても死に至るのはアレルギー反応を起こすごく一部の人だけである。第4節で詳述するように、ハチ毒は麻酔薬からの転用である。もともと殺さないように眠らせるのが目的だったので、毒液に転用しても死に至らしめるほどの激烈さは備えていないのだ。「痛さ」で警告を発すれば、目的は十分に達せられる。

確かにハチに刺されたら強烈に痛い。私はセイヨウミツバチの行動を研究テーマの中心においてきたから、三五年間に何百回も刺されている。それでも刺されるたびに、何でこんな小さい奴がこんなに痛いのだ、と腹がたつほど痛い。しかし、それで腹を立てたり、怖がったりしていたのでは仕事にならない。これを越えてこそプロだと痛みに耐えていると、いつしか乗り越えられるものなのだ。そのうち次第にミツバチの行動が読めてくる。ミツバチが何万匹いようと、ミツバチの行動がある程度読めるようになると、さすがに刺される回数は減ってくる。

「私はミツバチを研究しています」というと、たいていの人には「ハチのことなら何でも知っています」というふうに聞こえてしまうらしい。「ミツバチは花の蜜と花粉を集めるので、肉食のスズメバチやアシナガバチとはまったく違い、ミツバチしか研究したことがありません」という断りなど、まったく無駄な抵抗なのである。一時間ほど講演したあと、「これだけ説明したのだから、ミツバチとスズメバチの違いをわかってくれたはず」という自信は、「ミツバチのお話は面白かったのですが、うちの屋根裏に巣をつくっているスズメバチはどうしたらいいのでしょうか」という質問で、もろくも砕かれるのである。

2　寄生蜂《きせいほう》と「刺すハチ」

それでは、「ハチ」とはどんな昆虫なのだろうか。少々実態をお話ししよう。ハチの仲間は「ハチ目」というグループに分けられる。三六頁の表2・1「昆虫の目ごとの種類とその率」で四番目に出てきたように、かなり大きな目《もく》である。一九七五年ごろ文部省がつくった「学術用語集」で、従来使っていた「膜《まく》翅《し》目」が「ハチ目」になった。多くの人が使い始めて「ハチ目」が定着しつつある。膜翅目で育った私は、ハチ目に抵抗があるが、右のような事情からは「ハチ目」のほうが当然のようにわかりやすいのだ。膜翅目というのは「Hymenoptera」の直訳である。Hymenというラテン語の意味は「膜」で、「ヒーメン」という女性特有の「膜」に解剖学用語として使われているので覚えやすい。Pteraは「翅《はね》」という意味である。ヒメノプテラという言葉を最初に聞いたときは、「姫の婦寺」という当て字が頭に浮かんでしまった。膜翅目の昆虫では、雄は非常に影が薄いからだが、これだと何か駆け込み寺のような……。

ハチ目は二つの亜目に大別される（図4・2）。胸と腹の境目が細くくびれているのがハチらしい特徴なのだが、その特徴をもつグループが細腰亜目、くびれていないグループが広腰亜目である。後者は植物に産卵し、かえった幼虫はその植物の葉を食べる。チョウ・ガの幼虫によく似た芋虫だが、「腹脚《ふくきゃく》」と呼ぶ幼虫専用の足が四対以上あり（四対ならチョウ・ガの幼虫）、たいてい尻近くの腹部を巻いている。成虫は腰にくびれがないので、一見ハエのように見えるが、翅は二枚でなくちゃんと四枚ある。さらに、じっくり観察していただくと、頭・触角・翅脈《しみゃく》・前後翅の連結・足などハチそのものだ。

植物食の広腰亜目の一部から昆虫食の仲間が進化してきた。「昆虫食」といってもカマキリのように、他の昆虫を頭からバリバリ食べるわけではない。幼虫は木の葉や幹を食べるのをやめて、他の昆虫の生き血を吸って生きるのだ。そこで成虫を「寄生蜂」と呼ぶ。それまで、植物の茎や幹に産卵していた親は、他の昆虫の体内に卵を産み込むのである。つまり、不動の植物から動き回る昆虫に産卵場所が変わったということになる。腰の部分が太いと、産卵管の動きに制限がある。細くくびれさすと、あらゆる方向に向けることができる。人間の場合でも、腰から腹にかけての「くびれ」を埋める脂肪の量は、軽快・自在な体の動きと相関する。ハチの腰のくびれは寄生蜂の産卵行動と関連している。そして、「刺す」というハチ特有の行動は、この産卵行動の変形なのだ。

寄生蜂の幼虫は、初めは小さくて、寄主✦1の体液をかすめ取る寄生虫そのものだが、最終齢になると、急に成長して寄主の体を内側か

✦1 寄生された昆虫のことを寄主（きしゅ）または宿主（やどぬし）という。

ら一気に食べてしまう。これは単なる「寄生」ではないので、「捕食寄生」と呼ばれる。

ハチ目の中で種数は寄生蜂の仲間が一番多い。幼虫の餌《えさ》が生物界で種数が最多の「昆虫」だからである。ハチ目の半数の種、六万種を超えるだろう。まだまだ新種は発見されるはずだ。寄生蜂は他の昆虫の体内に卵を産み込むのだが、産み込まれた昆虫のほうは当然のように異物に対して、体液の免疫反応をはじめとする様々な排除反応を起こす。その寄生種特有の排除反応をくぐりぬけなければならないので、いくつもの種には対応できず、反応が似通った近縁種が寄主となる。

寄主にさせられる昆虫にとって寄生蜂は天敵である。いくつもの防御線をいくら張っても必ず乗り越えてくる。鳥類をはじめとする脊椎《せきつい》動物の激しい捕食圧の上、さらに天敵の攻撃にさらされるのではたまったものではないというところだが、ふつう寄生蜂は生活の表面に出てこない。活躍する前に、寄主と一緒に食べられてしまうからだ。ここに第1章で述べた「大きくなれない昆虫の運命」が深く関係している。細々と捕食寄生の生活を送っている寄生蜂が活躍するのは、何らかの原

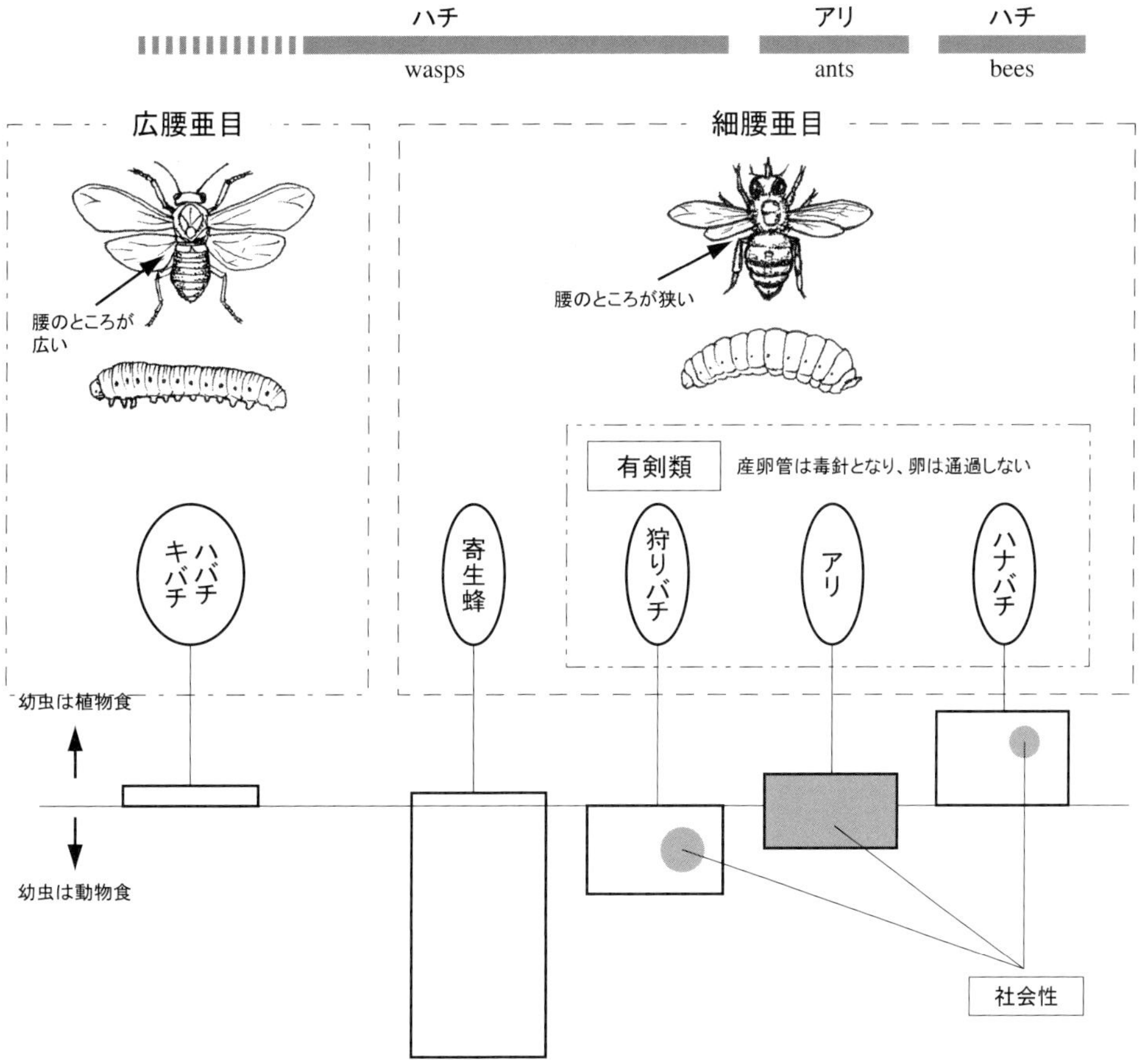

図4・2―― ハチのグループ分け。大きく広腰亜目と細腰亜目に分かれ、後者は有錐《ゆうすい》類（寄生蜂類）と有剣類に分かれる。下部の四角は相対的な種数の大きさを表している。また四角の中のグレー部分は社会性のあるハチの種類の割合を表している。つまり、狩りバチの一部、ハナバチの一部、そしてアリは全種が社会性昆虫であることを示している。坂上（1992）の図を改造して作成。

因で脊椎動物の捕食圧が弱まったときである。いつも激しい捕食を受けているから、その圧力が弱まると、昆虫はものすごい勢いで増えてしまう。放っておくと、食べ物を食い尽くして自滅する。しかし、今まで寄主とともに食べられていた天敵がいれば、「急増↓食い尽くし↓自滅」の路線は回避され、天敵によって個体数は低レベルに抑えられる。実にうまい仕組みではないか。

生態系における、この裏方的な役割は、いくら強調しても強調しすぎることはないぐらい重要なのだが、裏方に徹さざるをえない実態は当然のように人の目も引かず、種数も膨大であるところから、研究はすぐ役に立ちそうなごく少数の種に限られている。寄主にそっと忍者のように近づき、さっと素早く産卵していくので、色彩も黒っぽい色で目立たないことが多い。これらは膨大な種数の割には知られていない理由の一つだが、最大の理由はごく一部を除いてほとんど刺さないことである。刺さなくて色彩が地味なら、誰も注目しない。「現役」の産卵管はたいてい寄主に対応してうまく産卵できるように特殊化しているので、人の皮膚を突き破るのはなかなか難しいのだ。例外はアメバチのグループ。つい最近刺されてみたが、結構痛かった。だから、アメバチに擬態しているアブが存在する（写真4・1）。

刺すハチの仲間は、寄生蜂の仲間から進化した「有剣類」である。おそらく寄主のうち肉食の強力なものは、こっそり近づいて産卵することが難しく、激しい反撃の前に麻酔薬で眠らせる必要が出てきた。麻酔薬には産卵するとき滑らかにする分泌液を転用する。麻酔薬を注入する注射針には産卵管を転用する。この注射針を「剣」に見立てて、それを所有するグループを「有剣類」と名付けた。麻酔薬と注射針が手に入ったら、あとは少ない麻酔薬で眠らせることができる部位に注射する技術の開発である。この技術を人類の狩猟になぞらえて、「狩り」と呼んでいる。日本ではなぜか有名な『ファーブル昆虫記』のハイライトは、「狩りバチ」（昔は「狩人《かりうど》バチ」と呼んだ）の多彩な行動の記載である（ファーブルにまつわる話は第8節参照）。

さて、狩りをして獲物を眠らせると、非常に便利なことがある。昆虫は小さいので、死ぬとたちまち乾燥する。昆虫の標本をつくる

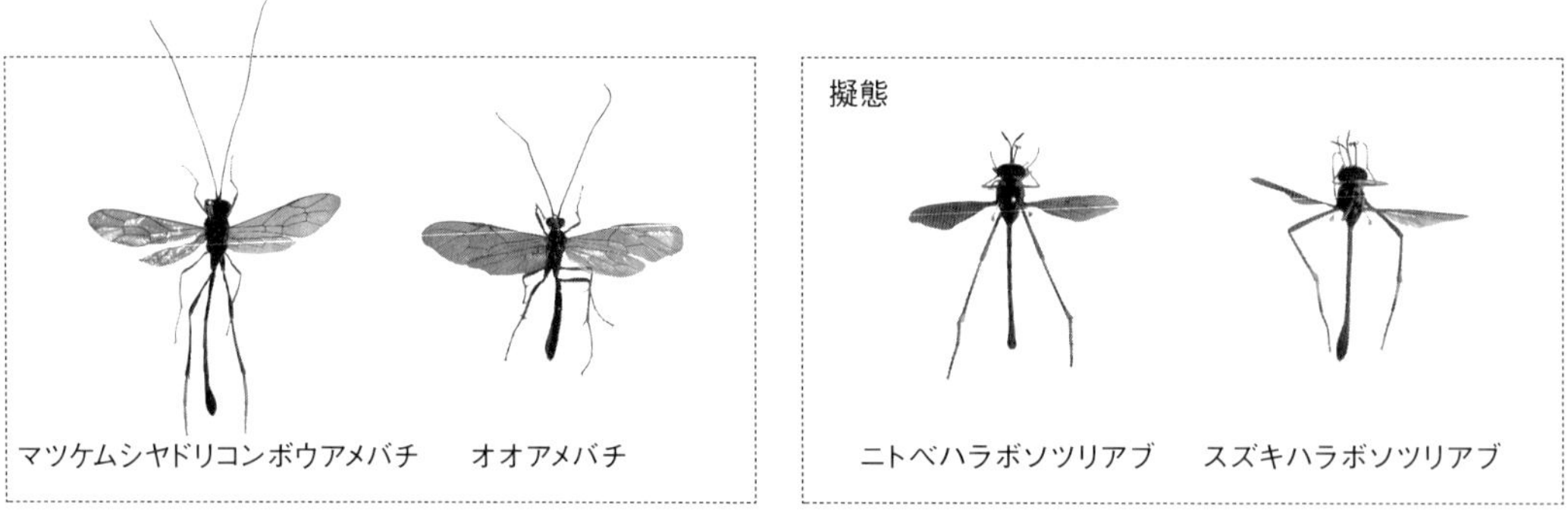

写真4・1―― アメバチ類とその擬態者

ときは、昔の「昆虫セット」のような「防腐剤」の注射はまったく必要なく、形を整えてそのまま放置すれば、乾燥標本ができあがる（第9章参照）。干物は日持ちがするが、食べるとき酒か水がないと、うまく喉を通過してくれない。狩りバチの幼虫も事情は同じだろう。それではと湿ったところにおけば、常温ではたんぱく質は腐る。防腐剤か冷蔵庫がほしくなる。そこで麻酔薬の登場だ。こんこんと眠っていれば、衰弱はするものの、乾燥も腐りもしない。素晴らしい技術開発だが、問題が一つある。そのまま何の対策もなしにほうっておくと、アリにもっていかれるのだ。次節でもう少し詳しく言及するアリの捕食圧は想像以上に大きく、昆虫の生活には「アリ対策」が散見される。狩りバチたちはアリ対策に「巣」をつくらざるをえなかったのである。

狩りバチたちの巣づくりについては、ベッコウバチを中心とする狩りバチの生態を研究している遠藤彰さん、遠藤知二さんとともにベッコウバチの観察をしたことがある。狩りバチたちは巣づくりに多大なエネルギーを費やす。巣ができると、次は産卵である。産みたくなってから、狩り—造巣とかなりの時間

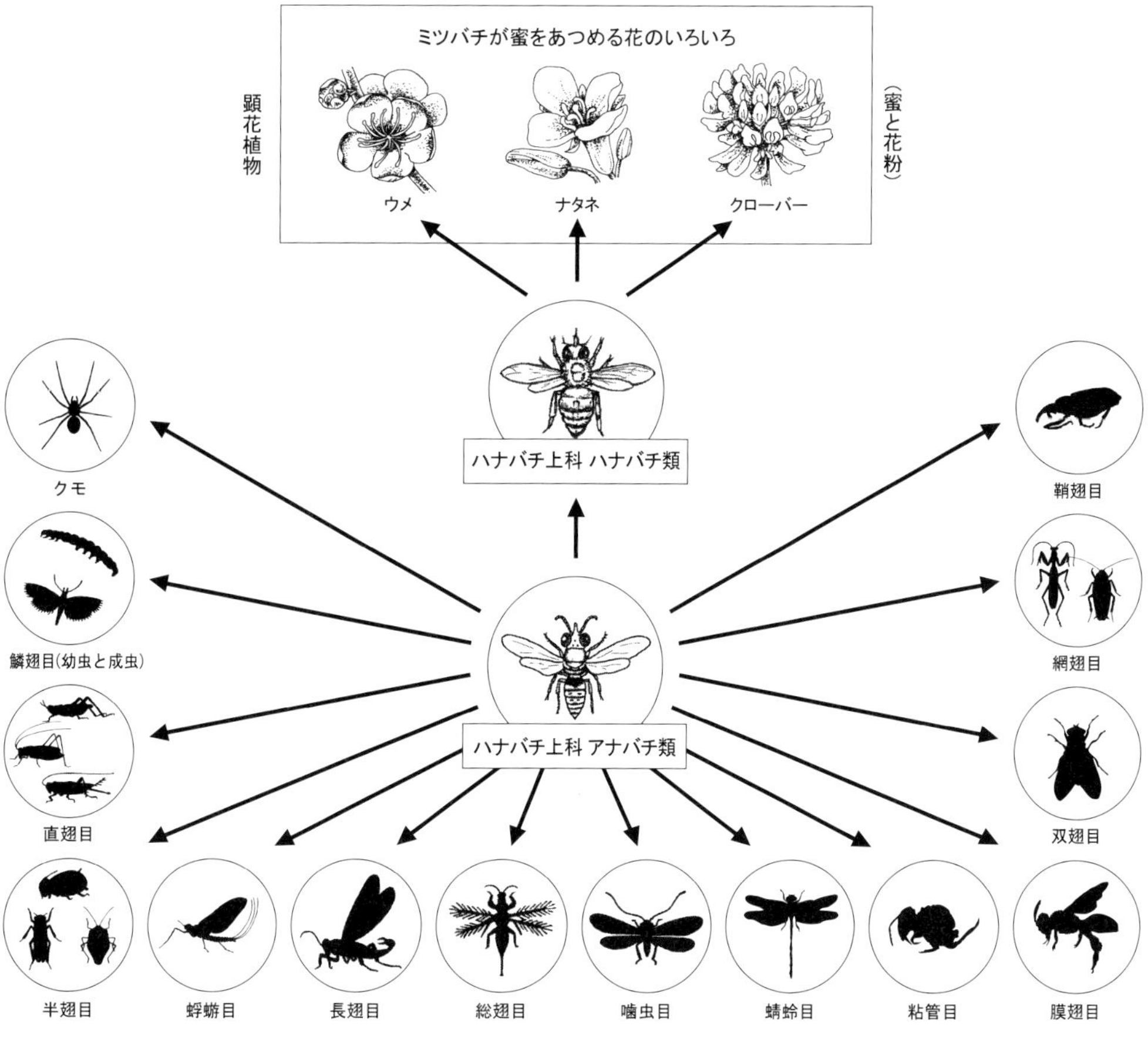

図4・3——ハナバチ上科の「狩り」の対象。アナバチ類は様々な昆虫を餌として開拓した。しかし、「蜜と花粉」という対象はまったく別物であり、ハチ自身の改造も必要とした。改造の結果がハナバチ類である。岩田（1974）の図を基に作図。

が経っている。卵は卵巣小管の中で十分に育っている。完全変態昆虫にしてはかなり大きい。注射器として特化した毒針の穴を通過するには大きすぎる。しかたなく、毒針を持ち上げて根元からぽろりと産み落とす。巣の中は比較的安全で、やっかいなアリもやってこない。

卵から孵《かえ》った幼虫の食べ方は、寄生蜂のときと基本的には同じである。麻酔された獲物を殺さないように、神経球など大事なところを避けて少しずつ食べていき、最後に一気に食べて長い食事を終わりにする。

狩りバチの中のアナバチの仲間はあらゆる昆虫に手を出し、繁栄していったように見える（図4・3）が、本当の繁栄は花粉と蜜に手を出したグループにある。「変わった・動かない」昆虫のつもりで手を出したかもしれないが、植物にとってこのグループは天敵ではなく、逆に有効に花粉を運んでくれる運び屋である。それまでの訪花者は自分の腹を満たすだけだったのに、このアナバチの一派（＝ハナバチ類）は幼虫のために次々と花を訪れるのだ。素晴らしい運び屋ではないか。ここに第1章第7節で述べた「植物との共進化」が展開する。

図4・4に狩りバチ各グループとハナバチ類の種数をあげる。ハナバチの優勢は明らかだ。グーレとフウバーは一九九三年に分岐分類学の立場で、細腰亜目の構成を大きく変え、従来のハナバチ上科をハナバチ型ハチ類に格下げした。そして、アナバチ型ハチ類に格下げされた従来のジガバチ（アナバチ）上科と一緒にハナバチ上科とする。それだけハナバチ類はアナバチ類に形態的に近いということだろうが、私は従来のハナバチ上科のままのほうがいいのではないかと思う。それは鳥の仲間がいくら恐竜と共通項があったとしても恐竜綱に含めるより鳥綱としたほうが落ち着きがいいと感じるのと同じである。

3 アリもハチの仲間

アリもハチの仲間だというと、たいていの人はびっくりする。飛ばないし、刺さないし、ずっと小さいし、ハチのイメージからかなり離れている。外国でも多くはハチと違う呼び名を与えている。アリは土と密着した生活をしているので、普段は飛ばないが、結婚飛行

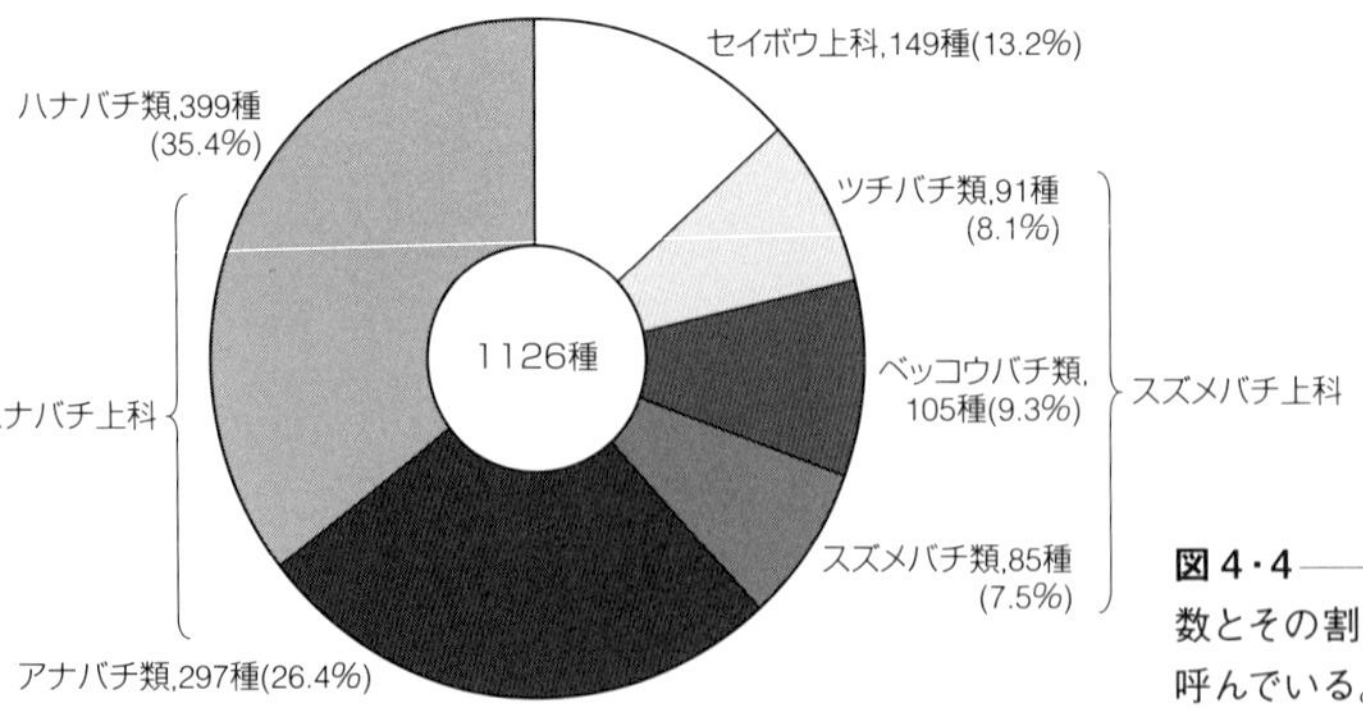

図4・4——アリ類を除く日本産有剣類の種数とその割合。ハナバチ類以外を狩りバチと呼んでいる。多田内修（1998）を参考に作図。

のときは女王アリと雄アリは空中で交尾する。また、人間の近辺に住むアリの大半（ヤマアリ亜科）は毒針が完全に退化し、代わりに蟻酸《ぎさん》を噴霧するが、種数でいけば、半数以上が退化ぎみながら刺せる毒針をもっている。ハリアリ亜科のアリたちはほとんどハチと同様に毒針を使用している。生活の仕方は大いに異なるが、形態的な差異は小さく、グーレとフウバーは、やはり従来のアリ上科アリ科という見解をとりやめて、スズメバチ上科の中にアリ科を含めてしまった。アリの生態的特異性を考慮すれば、アリ上科という古典的見解のほうに同意したいと思う。

アリは飛ぶことをやめて地上を歩き回ることで、落ちている有機物をすべて確保することにより繁栄を築いた。鳥は葉の上にいれば割合よく虫をみつけるが、草むらに落ちた死体はなかなか拾い出せない。そこでアリの出番である。鳥や獣の大きな死体でも切り刻んで巣に運び込む。木の実や果物もＯＫ。栄養価の高い有機物、たんぱく質なら好き嫌いなし、甘いものも大好き。地上をすべてカバーするなら、個体数が多いほうがいい。土の中の巣には造巣空間の制限がほとんどない。掘り進んで部屋を追加していけばいいから、個体数も増やせる。アリの中には数百万の働きアリを擁《よう》する種も存在する。アリの現在までの記載種は約九〇〇〇だが、未記載種はその数倍に上るだろう。アマゾン熱帯雨林の全動物生体量のうち、アリはその五分の一を占め、熱帯域以外でもアリの優位性は保たれており、地球はまさに東正剛さんのいうように[2]、「アリの惑星」と呼ぶにふさわしい。アリはハチ類の得意な飛翔を捨てることにより、広大な地上を手に入れたのだ。

4　毒針の進化とハチの雄

産卵管はいろいろな昆虫の雌《めす》に発達した「卵を産み込むための管」である。それを攻撃・反撃の武器にまでしたのはハチ目の昆虫だけだ。ハチの毒針がどのように進化してきたか、その歴史はいろいろなハチの体に残されている。第2節を読めば、毒針の歴史と進化がある程度わかるのだが、第1節で述べた「ハチの特殊事情」を考えると、ここで改めて毒針に焦点を合わせて再述する価値がありそうである。

✦2　東正剛（一九九五）『地球はアリの惑星』平凡社

広腰亜目のハチたちは、植物に卵を産み込むため産卵管が必要だった。これは土の中に産卵するコオロギや木の幹に産卵するセミの仲間と事情は同じである。人間が穴を効率的に深く掘るときは、ボーリングの機械を用いる。先端が錐《きり》状になったものを回転させて穴を穿《うが》つ（図4・5A）。生物は分子構造を利用しない限り、体に回転させる部分をもつことは不可能なので、何かうまい仕組みを考案する必要がある。

広腰亜目のハチたちの産卵管は、のこぎり状のギザギザがある第一産卵弁片の上部に第二産卵弁片がくっついて一つの管になり、さらに第三産卵弁片が鞘《さや》の役目をしている（図4・5B）。産卵管は尻の先から突出しているので、傷つきやすく、鞘がいるのだ。どの産卵弁片も左右から同形のものが合わさって管をつくる。第一産卵弁片のギザギザはドリルの歯の役目を担う。葉・茎・幹に切り込んでいくのだ。産卵弁片は左右の組み合わせだから、別々に動かすことができる。まずどちらか一方のギザギザで植物の組織を切り裂《さ》き、中に入り込んだところで、ギザギザのひっかかりでいったん止めておき（ここがドリルと違

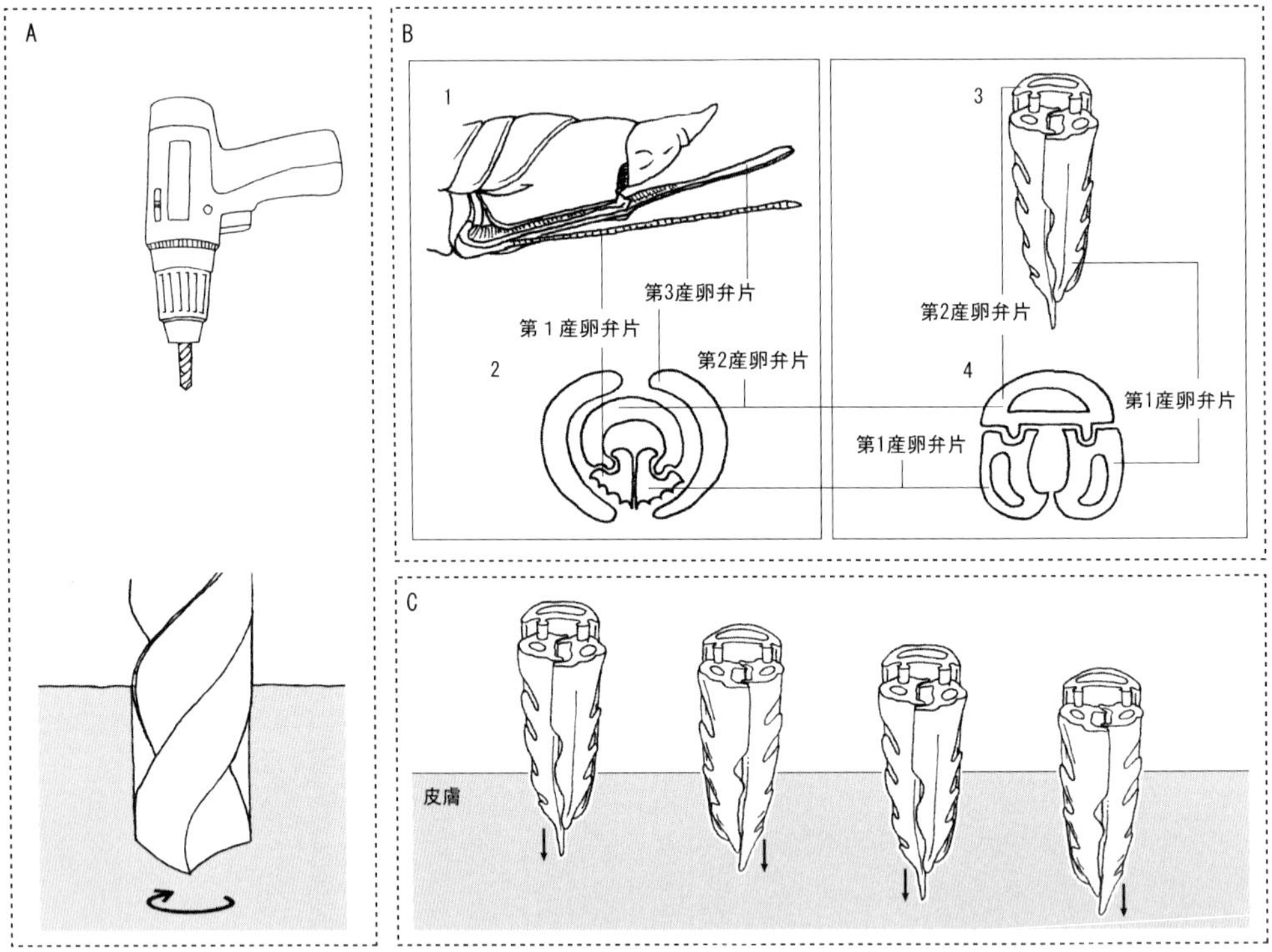

図4・5――ドリルとハチの毒針との違い。ドリル（A）では先端の刃が回転して対象物に穴をあけていくが、ハチの毒針（B）の場合、毒針を構成する第一産卵弁片に付いている逆鉤が皮膚にひっかかり、そこを固定して反対側の弁片を押し込んでいく（C）。Bは石川（1996）の図から。B1:キバチの腹部側面、B2:キバチの産卵管の断面、B3:有剣類の毒針の先端、B4:有剣類の毒針の断面。

う、うまい仕組み）、もう片方を同じように切り裂き、挿入する。初めのほうより深く入ったところで、ギザギザのひっかかりで止める。この過程を交互に繰り返して、産卵管全体を深く植物体に差し込んでいく[3]（図４・５Ｃ）。

　広腰亜目のハチたちの産卵管は、丈夫な植物の組織を切り開くために太く頑丈にできているが、産卵するのが生きた昆虫の細腰亜目になると、皮膚を貫通すればいいので細くしなやかになる。基本的な構造・仕組みは広腰亜目のハチたちと同じだ。ただし、木の幹に深く潜行するシロスジカミキリムシの幼虫を狙うウマノオバチ（体長二二ミリ）などは、産卵管の長さが一七〇ミリもあり、体長の八倍である（写真４・２）。生きているときは産卵管の鞘（第三産卵弁片）がきちっとくっついているので、一本にしか見えないが、標本になると、鞘がはずれて、産卵管は三本に見える。産卵管が差し込まれていく仕組みは広腰亜目のハチたちと同じなので、いくら長くても大丈夫だが、硬い木の幹を通過したときは、第一産卵弁片の逆鉤（ギザギザ）がひっかかって抜けなくなることもある。体長より少し長いぐらいの産卵管をもつオナガバチの仲間では抜けなくなって死んでいるのがしばしば観察される。多くの人の疑問は、この長い産卵管を卵がどのように通過していくのかである。仕組みは産卵管の挿入とほぼ同じだ。産卵管の内側には外側と逆向きの逆鉤がついている。挿入のときと同じ左右交互の動きにより、卵は先のほうへどんどん動いていくのだ。ハチの卵は小さいので、卵の動きが見にくいが、コオロギなどの産卵を見ていると、確かに産卵管の左右の交互振動で卵が送り出されていくのが確認できる。

　寄生蜂までの産卵管は、獲物に「刺す」ものの、産卵管として卵が通過している。ところが有剣類になると、産卵管をやめて麻酔薬の注射針に進化する。寄生蜂はそっと忍び寄って相手が気付く前に産卵していたので、産卵管は出しっぱなしだったのだが、獲物に正面から立ち向かう有剣類の場合、獲物を攻撃する「武器」は最後まで「抜かない」ほうが有利である。そこで、尻先の毒針をおなかの中にしまう。そうすると、防護の鞘もいらなくなる。有剣類では第三産卵弁片は退化してしまった。

　産卵管から麻酔薬用の毒針に進化したのだ

✦3　大谷（二〇〇三）「蜂は毒針、蚊は口器」（『ふしぎの博物誌』、中公新書）を参照。

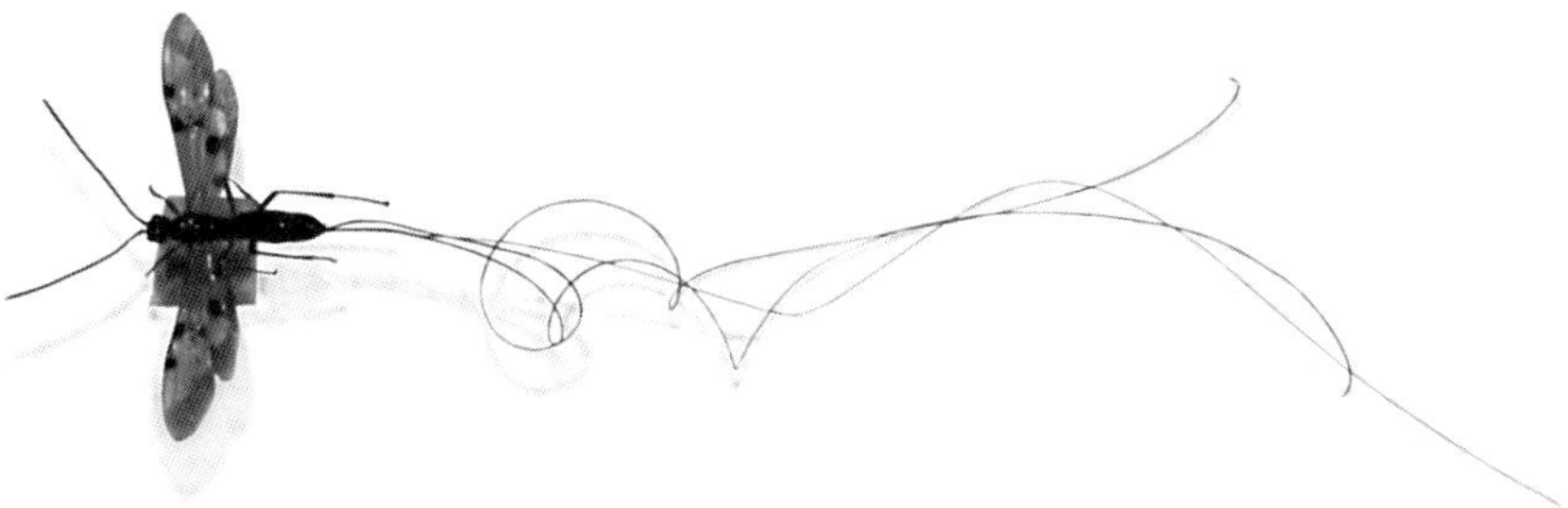

写真４・２――ウマノオバチ。産卵管が３本に見えるが、細い真ん中の１本が産卵管であとの２本は鞘（第３産卵弁片）である。体長は22ミリだが、産卵管の長さは170ミリに達する。

が、注入されるのは麻酔薬だから強い毒ではない。獲物を殺してしまっては元も子もない。本当の意味で毒針になるのは、単独生活のハチから社会性（集団性）のハチになったときである。社会性のハチの巣は幼虫がぎっしりつまった「食物」である（ハナバチ類では蜜と花粉の蓄えもある）。餌として狙う動物が出てきて当然である。この対抗策として麻酔薬を毒薬に変えればよい。獲物の神経球をピンポイントで狙う技術は、そのまま敵の体に乱暴に「毒針をつきたてる行動」に転用できる。

アナバチの一派から進化したハナバチ類では、麻酔針は不要になったのだが、退化させずに「護身用」（?）に残しておいた。ミツバチやマルハナバチのように社会生活を送るようになると、たちまち毒針としての需要が出てくる。ミツバチは大量の蜂蜜を貯めるので、種々の動物にねらわれる。そこで、もともとあった第一産卵弁片の逆鉤を発達させ、毒針・毒嚢《どくのう》などを支える筋肉をか細くした。そうすると、毒針は大型動物の筋肉にひっかかり、毒嚢付きでその動物の体に残されるのだ。人間以外の動物は指で器用に毒針を引き抜けないので、ハチの本体がなくとも毒嚢の周りの筋肉とそれをコントロールする神経はそのまま効果的に働き、ハチ毒は最後の一滴まで巣を破壊した動物の体に送り込まれる。毒針をなくしたミツバチの働きバチは、傷口から体液がどんどん漏れていって[✦4]数時間で死んでしまう。「ハチの一刺し」はここから生まれた。「女王バチの一刺し」と思っている人もいるが、女王バチは毒嚢を支える筋肉が丈夫だし、毒針の逆鉤も発達が悪いので、何度も刺せるのだ。もちろん、スズメバチやアシナガバチでは働きバチも何度でも刺すことができる。刺されている人はもうパニックだから、「ハチの一刺し」は思い出さない。

さて、毒針の話にはおまけとして、雄バチは刺せないという話がついてくる。産卵管からの転用なのだから、すべて雌の話なのである。雄バチは刺すための道具立てはいっさいないのだ。ただし、刺す行動は擬態として進化した（次節参照）。ファーブルによって有名になった狩りバチの多彩な行動は、すべて雌の産卵行動の延長上にある。雄はまったく蚊《か》帳《や》の外である。染色体も半分しかない。[✦5]

空中の結婚飛行で唯一活躍する雄バチは巣の中で何もしない、と文献に書いてあるが、

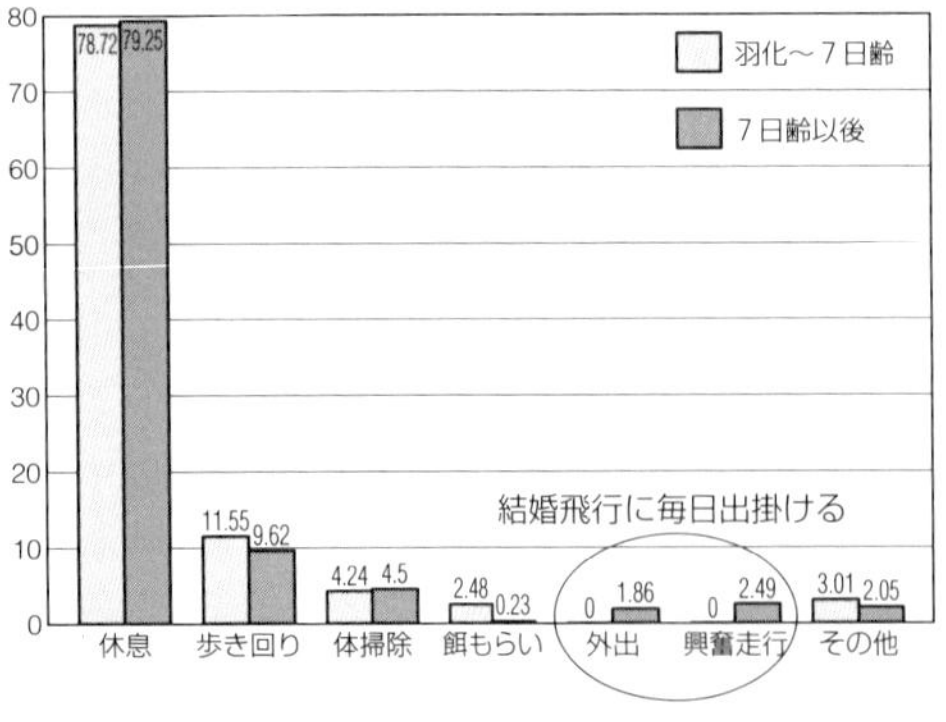

図４·６――観察巣箱内の雄バチの行動。羽化後１週間ぐらいから毎日、交尾飛行に出かける。巣箱内では仕事らしいことはいっさいしない。北海道大学修士論文のデータより作図。

✦4 昆虫の体液には血球や血小板がないので、体液は凝固しない。脊椎動物の血液と区別して「血リンパ」という。

本当に何もしないのか。データはほとんどない。「何もしない」データをとるのはつらいから、研究者は研究対象から外す。それなら、私がデータをとってやろう。私の北海道大学理学部での修士論文のテーマは「雄ミツバチの巣内行動」。確かに雄のミツバチは何もしなかった（図4・6）。巣の中では七〜八割は呼吸運動しかしないのである。一挙手一投足を記録する「一個体追跡法」（第6節参照）の練習で始めた観察だが、動かないものをじっと見続けるのは、想像以上につらいものである。すぐに眠くなるし、投げ出したくなる。タイムスケールをつけた記録紙（七〇頁、写真4・3）を考案していなかったら、とうにやめていたに違いない。

5 「ハチ擬態」と双翅目《そうし》（ハエ目）

■「ハチ擬態」は鳥がつくる

第1節で人間がいかにハチを恐れているかを述べた。鳥類もまったく同じでハチに刺されたくないようである。刺されたくない気持ちがハチを捕食対象から外す。鳥の捕食対象から外されれば、生き延びる確率が高まるから、ハチによく似た昆虫が進化してくることになる。擬態と鳥の関係については第3章第4節ですでに述べたが、ここでは「ハチ擬態」（上田・有田一九九九）ということで、少々反芻《はんすう》してみよう。

人は昆虫との関わりが少ないので、窓から入ってきたハチに大騒ぎする程度だが、多くの鳥にとって昆虫は日々の食べ物だから、痛い目にあうかどうかは深刻な問題となる。また、食べられる側の昆虫にとっては、まさに死活問題で、どういう個体が生き残りやすいかということになり、「ハチの警告色」やハチによく似た「ハチ擬態」が進化してくることになる。

「ハチの警告色」は、たいていの人がすぐにイメージする「黄色と黒の虎縞《とらしま》模様」または「オレンジ色と黒のだんだら模様」である。同じ模様の看板だと覚えやすいので、この模様をもつハチが多い。

擬態の話になると、「だます」「だまされる」という表現が飛び交うことになるが、実態は「刺されたくない側」が「勝手にだまされている」のだ。刺されたくない鳥は、ハチに似

◆5
ニワトリの無精卵のように、動物の卵はふつう受精しないと発生しない。しかし、ハチ目の昆虫だけは特別で、未受精卵でも発生し、雄になる。未受精卵は減数分裂を経てきているので、染色体は半分になっている。

ていると、手を、否、くちばしを出さない。似ていなければ食べる。この過程が「自然淘《とう》汰《た》」または「自然選択」であり、「鳥の捕食圧」という原動力が「ハチ擬態」を進化させる。おそらく「擬態者」は「だまそう」などとはさらさら思っていないだろうし、「捕食者」たる鳥たちは毎日「選択圧」をかけつづけ、人間は勝手に「ハチ擬態」と名付ける。

■双翅目のハチ擬態

双翅目のうち、ハナアブの仲間は花の蜜と花粉を食べる。昼間活動するから、ほぼハチ類と活動空間が一致する。大きさも体形もあまり違わない。明確に違うのは翅の数だ。双翅目といわれるのは、後ろ翅が退化して棍棒状になり、二枚の翅で飛ぶからである。しかし、飛んでいるときは二枚か四枚か見分けられないし、止まっているときでも背中にたたんでいるから、やはり枚数はわからない。

二〇〇四年二月一四日から五月一六日まで、兵庫県立人と自然の博物館で、企画展「ワンダフル・デザイン」が開催された。そこで私は「だまされるかたち」というコーナーを担当した。いわゆる擬態の話だが、私は「ハチ擬態」に絞った。双翅《そうし》目（ハエ目）、鱗《りん》翅《し》目（チョウ目）、鞘翅《しょうし》目（甲虫目）のハチ擬態をそれぞれ標本箱二つずつを用意した。ここでは双翅目の標本展示について解説する（一〇頁、口絵参照）。

標本箱1にはハナアブ科を主に集めた。アカウシアブはアブ科、キンホソイシアブとオオイシアブはムシヒキアブ科である。真下にモデルと考えられるハチ類を並べた。生態的なチェックをして並べたわけではない。標本箱2には、ツリアブ科（四種）、ムシヒキアブ科（四種）、ミズアブ科（三種）、メバエ科（二種）、あとはハナアブ科、アブ科、デガシラバエ科が一種ずつといろいろな双翅類を集めた。この場合、モデルを「警告色」、似ているほうを「ベイツ型擬態[6]」と呼ぶ（五二頁参照）。

一つのモデルに対し、何種かの擬態種が見つかることがあるが、逆にモデルと考えられるハチも似かよった種がいくつか見つかる場合がある。似かよったハチが二種いれば「痛いぞ」という警告のサインとしては効果が倍加する。このような警告色の似かよりは「ベイツ型擬態」とはまったく違うため、報告者の名を冠して「ミュラー型擬態」と呼んでい

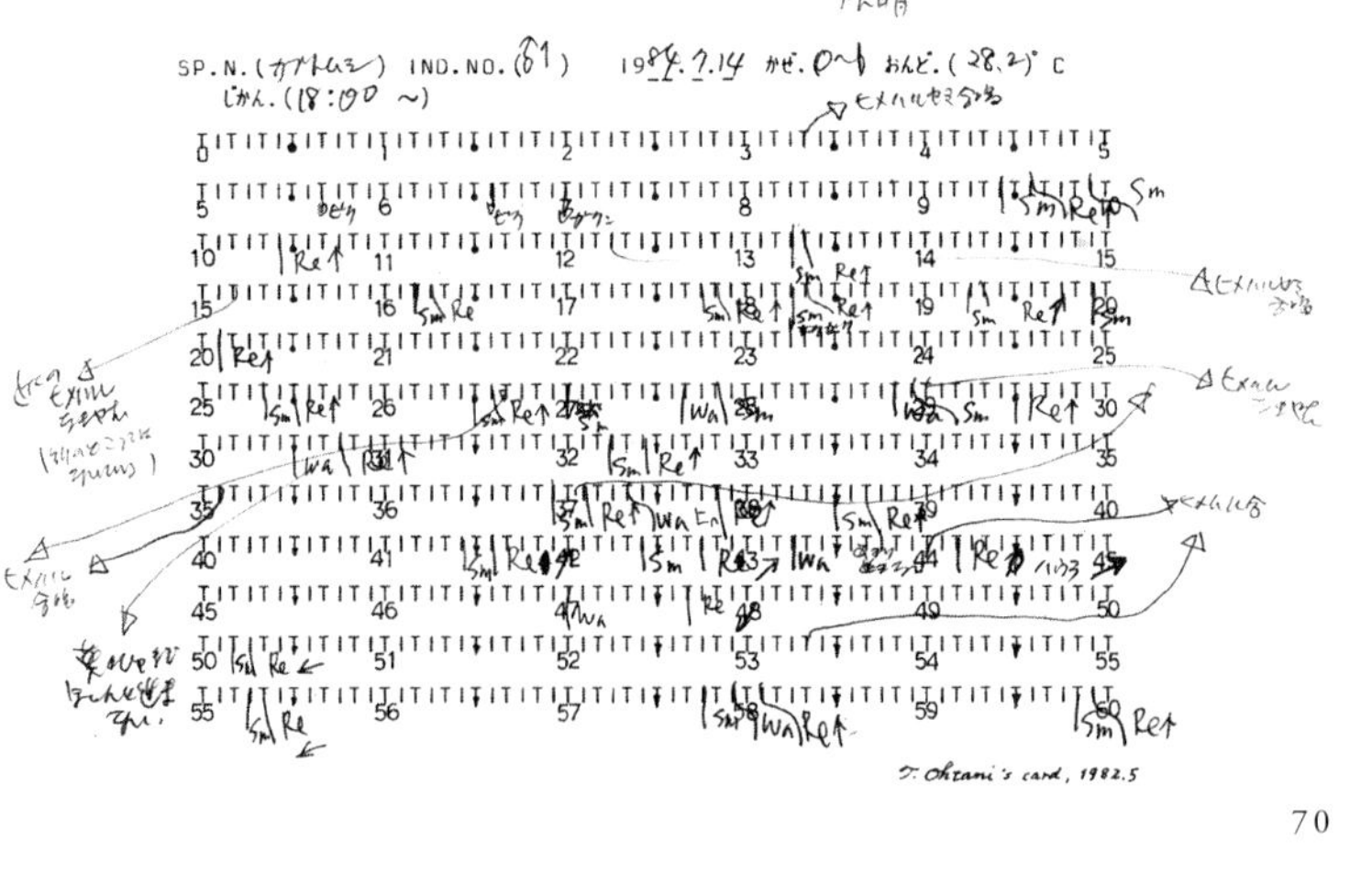

写真4・3——オリジナル記録紙。1個体追跡法で用いているタイムスケールの付いた記録紙。あらゆる行動を確実に記録するのに、今のところ最適である。

る。クロマルハナバチとコマルハナバチの女王バチがその例だ。

■ユメハッチは翅が二枚

二〇〇〇年に淡路島で「花博」があった。そのときのマスコットキャラクターは永田萌さんデザインの「ユメハッチ」だった（写真4・4）。おそらくミツバチがモデルだと思われるが、妖精のイメージで描かれたために、翅が二枚だった。翅が二枚でハチに似た昆虫がいなければ、二枚でもかまわなかったのだが、ハチに擬態したハナアブにあまりにもぴったりだった。触角もハチにしては短いし、腰のくびれも少々足りない……。ああ、なんと「ユメアップ」……。しかし、その年のうちに発行された切手はちゃんと四枚になっているし、河合雅雄館長（当時）と緊急出版した『ユカの花ものがたり』（小学館、二〇〇〇）でもめでたく四枚に修正された。

■「腰のくびれ」の擬態

第2節で概説したように、刺すハチ類の特徴の一つは、「腰がくびれていること」である。ということは、「腰のくびれ」は擬態の対象となるのだ。ハチモドキハナアブやオオマエグロメバエ、フトハチモドキバエなどはみごとに腰のくびれまで擬態している。腰がくびれていれば、確かにハチらしく見える。アメバチやジガバチのように「くびれ」がさらに伸びて「腹柄《ふくへい》」になっているハチがいるが、ハラボソツリアブ類ではその腹柄を擬態している（六二頁、写真4・1参照）。このように「腰のくびれ」そのものを擬態している場合を「くびれ形擬態」と呼んでおきたい。「腰のくびれ」の擬態にはもう一つ別タイプがあるからだ。

■「くびれ紋」擬態

ハチ擬態のハナアブ類を一つの標本箱に集めていたとき、シロスジナガハナアブを見て、ぎくりとした。腰の両脇が透けていて、真ん中に細い部分が強調されている。これは「腰のくびれ」の擬態ではないか（一二頁、口絵参照）。そういえばコンポストによく発生するアメリカミズアブの腰のところにある「透けた紋」はなぜあるのか、ずっと疑問だった。この「くびれ紋」を意識してハナアブ類を見直してみると、ハナアブやシマハナアブ、そ

✦6 警告すべき特徴（例えば、味が悪い、棘がある、くさい匂いがする、毒針で刺す、など）をもたないにもかかわらず、警告色をもつ動物をモデルとして、その警告色の特徴をもつこと。H.W.Batesが擬態の例を多数報告したので、「ベイツ型」という名が残った。

写真4・4——ハナアブからハナバチへ「進化した」ユメハッチ。右はマスコットキャラクターとして出回ったもの。左はその後に発行された切手のデザイン。

して多数のヒラタアブに、「くびれ紋」とおぼしき模様がぞろぞろと認められた。実際にくびれさせるのは時間もエネルギーもいるが、紋や模様ならば比較的手軽に「加工」できるというものである。捕食圧たる鳥にとっても、ちらりと「腰のくびれのようなもの」が見えたら、「ハチと判定する」材料となる。徳島県立博物館の大原賢二さんからお借りしたデンマークのハナアブの図鑑（写真4・5）で「くびれ形擬態」と「くびれ紋擬態」にあたるものの比率を出してみると、一〇・八％と三七・三％だった。やはり、くびれ紋のほうがお手軽な擬態といえそうである（図4・7）。

6　「虻《あぶ》蜂取らず」の新解釈

「虻蜂取らず」といえば、『広辞苑』には「あれもこれもと狙って一物も得られない。欲を深くして失敗するのにいう」とある。つまり、普通は「二兎を追うもの一兎も得ず」という意味で使っている。そして、国文学者の金子武雄さんによれば、アブやハチを取ろうとしているのはクモで、クモの巣にアブがかかって、クモが捕らえようと出てきたところ、ハチも網にかかったので、アブをそのままにしてハチのところへ行き、その間にアブは逃げ出し、ハチにも逃げられたとする。しかし、アブがハチ擬態だとすると、違う解釈のほうがいいような気がする。

小鳥がアブを見つけて食べようとしたが、前に刺されたハチによく似ている。ハチだったら刺されると、食べるのを躊躇《ちゅうちょ》しているうちに、アブに逃げられてしまった。判断が遅いと、または判断が甘いと、得るものも得ることはできない。憶測すると、初めはこういう意味だったのが、「得るものも得ることができない」が強調されて用いられているうち、「アブとハチの二種類がいるのにどちらも得ることができなかった」という意味に解釈されるようになってしまったのではないか。しかも、フレーズが短い分、使い勝手がよく、多用された結果、アブがハチ擬態であるという点が忘れ去られてしまい、「二兎を追うもの一兎も得ず」と同じ意味になってしまったと解釈する。

「虻蜂取らず」の主格が小鳥ではなく、金子さんのいうようにクモだとしたら、ストーリ

写真4・5――デンマークのハナアブ図鑑、Danmarks Svirrefluer (Torp, 1994)

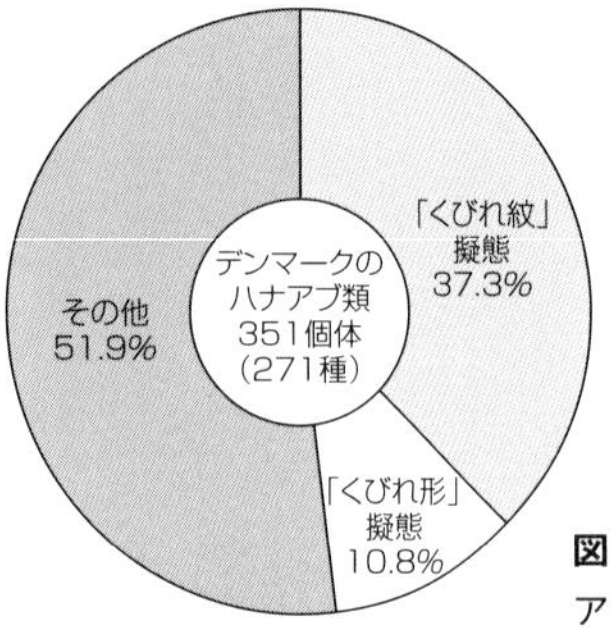

図4・7――デンマークのハナアブ図鑑の中に記録された351個体の「腰のくびれ」擬態の割合。

ーは次のように変える。まず、アブがクモの巣にかかる。クモが出てきて糸でぐるぐる巻きにしようとアブに触れると、アブが突然翅を震わせてブーンと音を出す。クモは天敵のベッコウバチが襲ってきたと勘違いして、糸を繰り出すのを中止する。この間にアブはクモの糸を振りほどいて逃げおおせる。アブかハチかよくわからないが、躊躇している間に獲物は手に入らなかった。手に入らずとも危険が伴うなら手を出さないほうが賢明だ……。アブとハチが出てくる「虻蜂取らず」は、どうしても擬態の話を盛り込みたいのである。

7　雄バチは雌バチに擬態している

ある種の雄が同じ種の雌に似ているのは当たり前と思うかもしれないが、「性的二形」といって雌雄でまったく色・模様・形が違う場合が多数知られているように、雌雄とは異なる選択圧がかかれば異なる色・模様・形になれる存在である。現に、ミツバチでは雄バチはかなり違っている（図4・8）。第4節で触れたように、雄バチはまったく刺せないので、雌バチに似ている雄バチのすべては警告色ではなく、ベイツ型の擬態になる。トラマルハナバチなどの雄バチは自種のメスの色・模様に似ている。擬態しているのだ。

ところが、クロマルハナバチの雄バチはエゾオオマルハナバチの女王と働きバチに、コマルハナバチの雄バチはトラマルハナバチの女王と働きバチに似ている（一二三頁、口絵参照）。自分の種の女王と働きバチに似るのがもっともてっとり早いと思われるが、これはいったいどういうことなのか。これは、詳しくその地域のマルハナバチ相を調べて各種の蜂群数や各群の構成個体数が明らかにならないと憶測にすぎないのだが、可能性を述べておこう。

弱小のマルハナバチの擬態者が増えると、捕食者は痛い目に会うまでずっと擬態者を食べ続けることになる。警告色のモデルがたくさんいて、すぐに懲《こ》りてもらう必要があるのだ。働きバチの個体数が少ないとき、擬態者をつくる余裕がないのかもしれない。寄らば大樹の陰、個体数の多い別種がそばにいるなら、自種に擬態する必要がないといえる。

企画展「ワンダフル・デザイン」の準備をしているとき、ツチバチの雄の腹部末端にある「にせの毒針」に気が付いた。ツチバチは

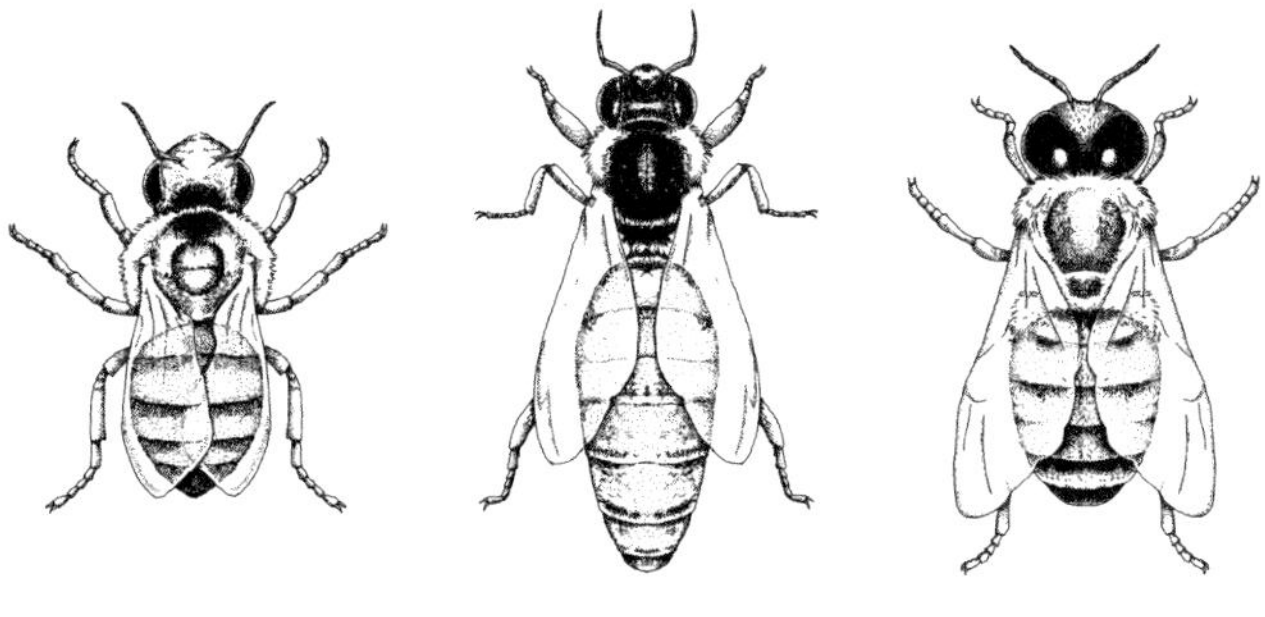

図4・8——ミツバチでは雄バチは働きバチや女王バチに似ておらず、むしろハナアブに似ている。刺すような行動もしない。

養分の多い土を食べて育つコガネムシ科甲虫の幼虫を自分の幼虫の餌とする単独性のハチのグループである。雄は当然毒針をもたない。ところが、ツチバチの雄バチの標本を見ると、尻の先端にとがったものが三本も見えるではないか（一三頁、口絵参照）。雌バチと間違ったかと思ってもう一度よく見ると、触角の長さや複眼の大きさは雄であることを示している。改めてツチバチの雄を見ると、どれも必ずにせの針（一本ではなく三本というところが面白い）がある。雌は本物をもっているから、ちゃんと針はひっこめることができる。雄バチのものは尻先の突起物でひっこめることはできない。

　つまり、雄の尻先の突起物は毒針の擬態なのだが、鋭くとがっているので、尻を曲げて押し付けられると、かなり痛いのだ。これで痛いと思ってあわてて放り出すとすれば、単なる擬態よりも効果的だから、「ベイツ型擬態」というより「ミュラー型擬態」に近いことになる。

　このツチバチほどではないが、スズメバチやアシナガバチの雄たちの尻先は扁平ながら角がとがっていて、刺す仕草をされると、一瞬ちくりとする。これでたいていの人間は放してしまう。雄だとわかっていても、反射神経は脳を無視して反応してしまうのだ。

8　ファーブルとミツバチの「一個体追跡法」

　類まれな観察の才能に恵まれながら、なかなか世に認められなかったジャン・アンリ・ファーブルが注目されだしたのは、一八七九年に出した『昆虫記』からである。日本では地元のフランスより有名になっていて、とくに昆虫少年に影響を与えたのは、いきいきとした表現で記述された狩りバチの多彩な行動ではなかったろうか。二〇世紀の終わり近くに相次いで亡くなったハチ研究の三博士（岩田久二雄、常木勝次、坂上昭一）[✦7]は、間違いなく、ファーブルの狩りバチの記述に感動してハチ研究に引きずり込まれている。

　私も小学校五年生のとき、『ファーブル昆虫記』を夢中になって読んだ記憶がある。図書室で見つけた本を読み続け、気が付くと夕方になっていた。

　『ファーブル昆虫記』の魅力は、個々の昆虫が何をどうするのかが物語風に描かれている

✦7
この三人の先生方の標本と文献は、幸運にも兵庫県立人と自然の博物館で保管している。岩田久二雄先生（一九〇六～一九九四）は「日本のファーブル」といわれ、名著『本能の進化』（一九七一、眞野書店）を著わした。常木勝次先生（一九〇八～一九九四）とは面識のないままに終わったのが残念だが、一四二六種のハチ（亜種も含む）の記載は感動ものである。坂上昭一先生（一九二七～一九九六）は後に述べるが、私が強引に師と仰いだ先生である。先生の突然の死は、私の一カ月後の脳出血として影響した。

ところだ。ケブカジガバチ、アシグロジガバチ、ヨーロッパミカドトックリバチ、アメデトックリバチが巣をつくり、獲物を捕らえてすばやく眠らせて、巣に運びこみ、産卵するという行動が、ハチの種名というよりも一匹の個体名として小学生の心の中に飛び込んできたのだった。

動物の行動を研究する方法はいろいろあるが、もっともわかりやすいのは一匹の行動をずっと追いかけていくことである。その動物の視線と同じになって動きを追っていくと、その動物を中心に繰り広げられる「事件」は理解の範囲内である。人間よりはるかに小さい昆虫の視線まで身を低くするのはなかなか難しいが、ファーブルはかまわず道端に腹ばいになった。どうしても奇人変人に見えてしまうので、ファーブルに続く研究者はほとんどいなかったが、大型哺乳類や大型鳥類では腹ばいにならずとも観察可能なので、一匹の行動をずっと観察していく方法（私は「一個体追跡法」と呼んでいる）は普通に行なわれている。

ファーブルはいろいろな狩りバチを観察したが、社会性のハチには手を出さなかった。たくさんの個体がうじゃうじゃいると、どの一匹に注目していいかわからないし、注目しても他の個体にまぎれてしまうのだ。そこで個体マークをつけるのだが、ファーブルは個体マークを好まなかったように見える。個体マークをするにはどうしても捕まえて異様なペイントや番号札を貼り付けることになるので、自然な行動の妨げになる。また、小さい昆虫に個体マークすることはなかなか難しいことである。

私は東京農業大学の一年のときに、先輩に「ミツバチ研究会」という同好会をつくるので入らないかとすすめられた。ガラス張りの観察巣箱でうじゃうじゃとひしめくセイヨウミツバチの群れに圧倒され、ずるずるとミツバチの研究に引き込まれてしまった。しかし、ミツバチの研究はやりつくされたと思うほど膨大な研究論文がある。何か新しい方法を使わないと学位論文など書けないのではないか。そう思いつつも、卒業論文のテーマはミツバチの分蜂の解明に決めてしまった。

ミツバチの文献を読んでいると、外国の論文に頻繁《ひんぱん》に引用される人がいた。北海道大学理学部の坂上昭一先生である。当時東京農大の講師だった渡辺泰明先生[✦8]に相談にいくと、

✦8 甲虫目ハネカクシ科の分類の権威。二〇〇二年の退官記念論文集『NABESANIA』には、渡辺先生の論文リストが紹介され、先生の名前をつけた新種記載論文を主とする六〇編が収められている。

直接面識がないので、国立科学博物館（当時）の石川良輔[9]さんに紹介してもらうべし、と。あとはあまりよく覚えていないが、とにかく強引に坂上先生のもとに研究生で置いてもらうことに成功する。二年後に大学院の入試の四回目で修士課程に滑り込む。研究テーマは「ミツバチの全行動の把握」。研究法は観察巣箱に入れて全個体にマークをして、特定の一個体の行動をすべて記録する。野外でなく、単独性でないハチでファーブル流の観察をするのだ。そして、行動の記載はファーブルのような文才がないので、ミツバチの体の部分ごとの動きと姿勢を記述して、その組み合わせで客観的に記載するのが、科学的な道ではないかと思った。面白くはないが、中立的・客観的だ。面白くないところを三次元CGアニメで補えないかと考えている。

　以上のような記載法を含む「一個体追跡法」は、「巣の中では何もしない」といわれてきた雄ミツバチの観察で開始された（第4節で既述）。続いて女王バチの観察、働きバチの観察。そのうち、「一個体追跡法」の有効性に気付き始めて、山本道也[10]さんの協力を得て、モンシロチョウの観察にも手を出す。このときタイムスケール付きのオリジナル記録紙（七〇頁、写真4・3）が大いに役に立った。北大を離れて昆虫写真家の栗林慧《さとし》[11]さんのところで食客をしていたときは、ゲンジボタルの幼虫やカブトムシ、ハンミョウの一個体追跡もしてみた（一六九頁以降参照）。兵庫県立人と自然の博物館に勤めてからは、ヤマトシジミとオオゴマダラの一個体追跡をしたが、セイヨウミツバチの一部しか論文にしていない。まさに怠慢！と能力不足の見本だが、本書の執筆の機会に、後の章で一端を紹介することにしよう。

✦9
『昆虫の誕生』（中公新書）の著者。一九八五年に北大で理学博士号をもらったとき、奇しくもご一緒した。

✦10
北大大学院の同期生。現在、流通経済大学教授。長年にわたり、付近のチョウのセンサスを続けている。

✦11
一九三九年中国・瀋陽生まれ。昆虫生態写真家。新しい機器と技術の開発で常に新境地を開いている。著書に『アリの世界』（あかね書房）、『The Moment』（日経サイエンス）、『生態写真集・源氏蛍』（サイエンス社）、『栗林慧全仕事』（学習研究社）など多数。一六九頁たあとる通信「私が栗林さんの食客だった頃」参照。

第5章 誤解される胸
甲虫目

1 カブトムシの「胸」はどの部分？

大多数の人がカブトムシの「胸」[✦1]を誤解している。昆虫は頭・胸・腹の三つの部分にはっきり分かれているという定義に基づき、カブトムシを眺めると、確かに、三つの部分に分かれている。ここで納得してしまっては誤解にまっしぐらだ。納得する前に、ひっくり返して腹側を観察する。何と「胸」に足が二本しかついていないではないか。確か昆虫の足は胸に六本ついているはずだ。一部の人は「カブトムシは例外だ」と考える。しかし、「胸に六本の足」に例外はない。足の生えているところは胸なのだ。すると、「腹」だと思っていたところの上半分は胸だということがわかる。また、ひっくり返して、硬い上翅を無理やり開いてみると、なぜ誤解していたのかがわかる。中胸から生えている翅《はね》が硬くなって鞘《さや》状になり、後胸から生えている後翅をもろとも中胸から腹部までをすっぽり包み込んでいるのだ。中胸と後胸と腹部の境界線を鞘翅《しょうし》が覆《おお》い隠し、一体感をつくり出している。これで前胸の境界線がくっきりと強調されてしまう。前胸を胸部と誤解するのは無理もないのである。専門家もうっかり間違えることがあるくらいだ。

甲虫類はすべてカブトムシの体と基本形が同じである。したがって、カブトムシの「胸」

✦1 昆虫の「胸」というときは「胸部」のことなので、人間の「背中」に当たる部分であっても「胸」という。

の誤解は、そのまま甲虫の胸の誤解となる。甲虫以外でも前翅が後翅と腹部を覆うタイプのゴキブリ類、カマキリ類、直翅類（バッタやコオロギ）などが誤解の対象である。カマキリなどは、前胸が異常に長くなり、前足も歩くのにはほとんど使わずに、捕獲にそなえ、お祈りをしているような感じで前胸に畳んでいるではないか。「胸」と誤解する条件は整っている（図5・1）。

ついでに、ハチの胸の誤解も述べておこう。第4章でハチ類の腰のくびれについて話題にした。刺す動作に必要な腰のくびれだが、一見、胸と腹の境でくびれているように見える。しかし、ハバチが植物に産卵するとき、激しい腹部の動きは第一節ではなく、第二節以降である。第一節の役割は胸部と腹部の接合にあったのではないか。胸部にかなり食い込んだ位置に第一節はある。この事情からいくと、寄生蜂たちのくびれの位置が第二節だというのは頷《うなず》ける。第二節が深くくびれてしまうと、第一節は胸部の後ろにちょこんとついている感じになる。これを前伸腹節と呼んでいる。つまり、ハチの「胸」に見える部分は、「胸部＋腹部第一節（前伸腹節）」なのである（図5・2）。この前伸腹節こそ「トリビア」✦2 そのものではないか。形態学ではハチ類の胸に見えるところを「メソソーマ」（訳せば体中部か）、腹部に見えるところを「メタソーマ」（こちらは体後部）と呼んでいる。学問はあくまでも厳密に。

2 甲虫はなぜ大繁栄したか

話を甲虫へ戻そう。甲虫の胸の誤解は前翅が中胸以降をすっぽり包み隠したためである。ここにこそ、ハチ類で用いた用語を使用すべきではないかという気がする。つまり、甲虫では「メソソーマ＝体中部（前胸）」と「メタソーマ＝体後部（中胸＋後胸＋腹部）」に分かれているわけである（八〇頁、写真5・1）。ハチのメソソーマ・メタソーマと内容は違うが、見かけは同じである。ということは、人間が甲虫の前胸を胸全体と誤解するのと同様に、捕食者の鳥も前胸を胸だとみなしている証拠である。擬態というのは、第3章で見てきたように、鳥が昆虫を片っ端から食べてきた結果、生じているのだ。写真5・1のトラフカミキリは人間が育種したわけではなく、

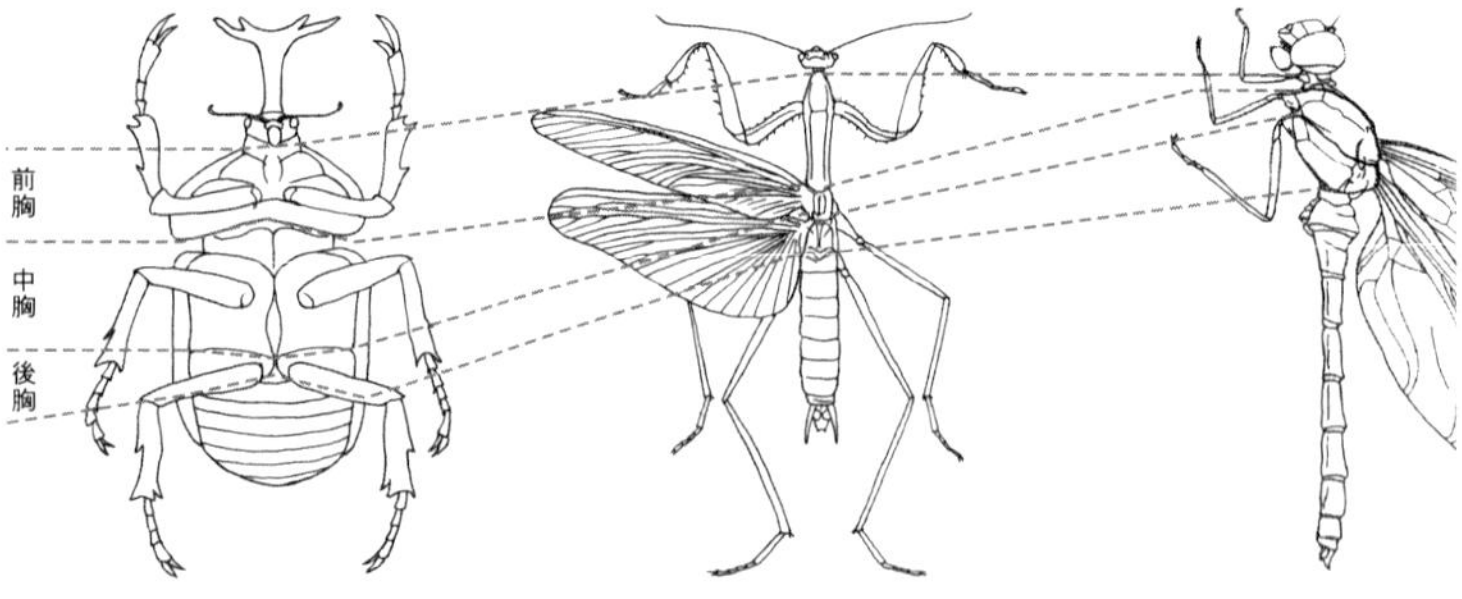

図5・1—— カブトムシ（腹面）とカマキリ（背面）とトンボ（側面）の胸部比較。トンボの前胸はかなり貧弱である。

✦2 人気テレビ番組「トリビアの泉」（フジテレビ）では「トリビア」を「つまらない事柄に関するムダな知識」と定義している。

鳥が長い年月をかけて食べ残してきた結果なのだ。鳥はくびれているところを目安に、「自然に」胸・腹を区別してきたと考えられる。研究者が「ここは前胸」、「ここは前伸腹節」とあばくのは、「不自然な」行為というところだろう。ともあれ、この鞘状前翅の腹部包み隠しにより体後部がつくり出され、このことが三七万の命名種数の大繁栄につながっているのである。かさばる膜状の翅があると、いろんなところへ潜《もぐ》り込むことは不可能になる。つっかえて破れてしまえば、死活問題である。第3章で見たように、飛べるということは逃走の有力な手段なのだ。飛ぶ能力（＝膜状の後翅）を前翅の下に畳み込み、多様な環境にぐんぐん潜り込んでいく。これは素晴らしい「発明」である。

　地面を歩き回るタイプのハンミョウ、ゴミムシ、オサムシなどは、餌を求めて落ち葉の下を這《は》い回り、石の下で休む。このとき飛ぶための下翅は不要で、上翅の下に納まっているから、まったく邪魔にならないし、下翅を傷つけることもない。普段はほとんど飛ばないが、四～五月の晴れた日によく飛んでいる。

　水辺や川で生活するゲンゴロウ、ミズスマ

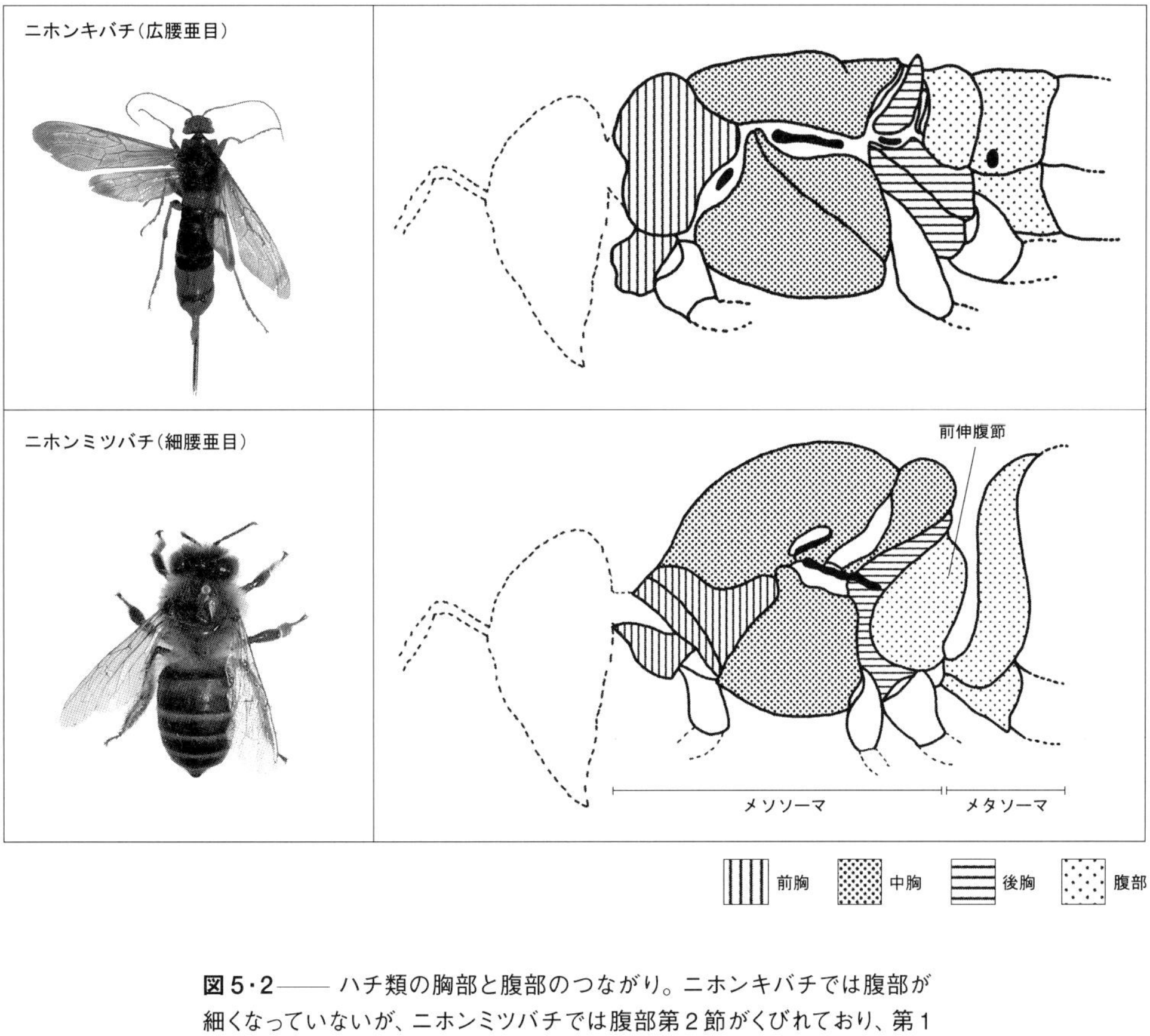

図5・2—— ハチ類の胸部と腹部のつながり。ニホンキバチでは腹部が細くなっていないが、ニホンミツバチでは腹部第2節がくびれており、第1節は胸部の一部になったように見える。そこでこれを前伸腹節と呼び、これと一体になった胸部をメソソーマ、残りの腹部をメタソーマと呼んでいる。

シ、ガムシの仲間は、鞘翅のおかげで下翅が濡れることなく、また水の抵抗も受けずに泳ぎ回ることができる。そして、流線型の体形に鞘翅は貢献しているだけでなく、ゲンゴロウとミズスマシでは、腹部との隙間を空気のタンクとして利用している。

死体に集まるシデムシ、動物の糞《ふん》に集まるセンチコガネ・マグソコガネ・ダイコクコガネなどの糞虫、両方にやってくるハネカクシやエンマムシなども、鞘翅があればこそ汚い粘《ねば》つく汁の中を平気で動き回れるのである。鞘翅には多少粘つくものが付着しても飛ぶのに何の支障もない。水域にはカメムシ類が進出しているが、死体・糞のニッチは甲虫の独《どく》壇場《だんじょう》だ。

クワガタムシ、ヒラタムシ、ケシキスイ、キクイムシなどは、扁平な体形となって木の幹の隙間や樹皮の間に入り込んで生活している。下翅を仕舞い込めなかったら、潜り込むことはかなり制限される。

甲虫にはとくに何かに潜り込むことなく、昼間は葉上・樹皮上・枝上でじっとしているものも結構いる。テントウムシ、ハムシ、カミキリムシ、ホタル、ジョウカイボン、ゾウムシなどだ。これらの鞘翅は当然のように、保護色や擬態の模様がついている。第3章で述べたように、鳥が捕食するからだ。食べ残されたものはじっとしていたから目立たなかった。このじっとしていることに、鞘翅は貢献していると考えられる。腹部が大きく動いても鞘翅に隠されて動きは見えない。足の関節から苦い汁を出すテントウムシでは、鞘翅全体を警告色に使っている。ホタルでは前胸の赤い色が警告色だ。

たいてい夜行性で昼間じっとしている甲虫には得意技がある。振動を感じると、止まっているところから、足を放してポトリと下に落ちるのである。何しろ小さいから、下の草むらに落ち込めば、もう見つからない。この落下作戦を得意技にできるのも、鞘翅に守られた体があるからだ。どこへ落ちようと、怪我はしないし、どんなに入り組んだ藪《やぶ》の中でもひっかからない。どこへもひっかからなければ、またもとの場所へ這い登れる。どこへでも潜り込める体は、どこからでも這い出せる体でもあるのだ。飛ぶための下翅を固い鞘状の上翅に仕舞い込むということが、素晴らしい落下作戦を生み出したのである。

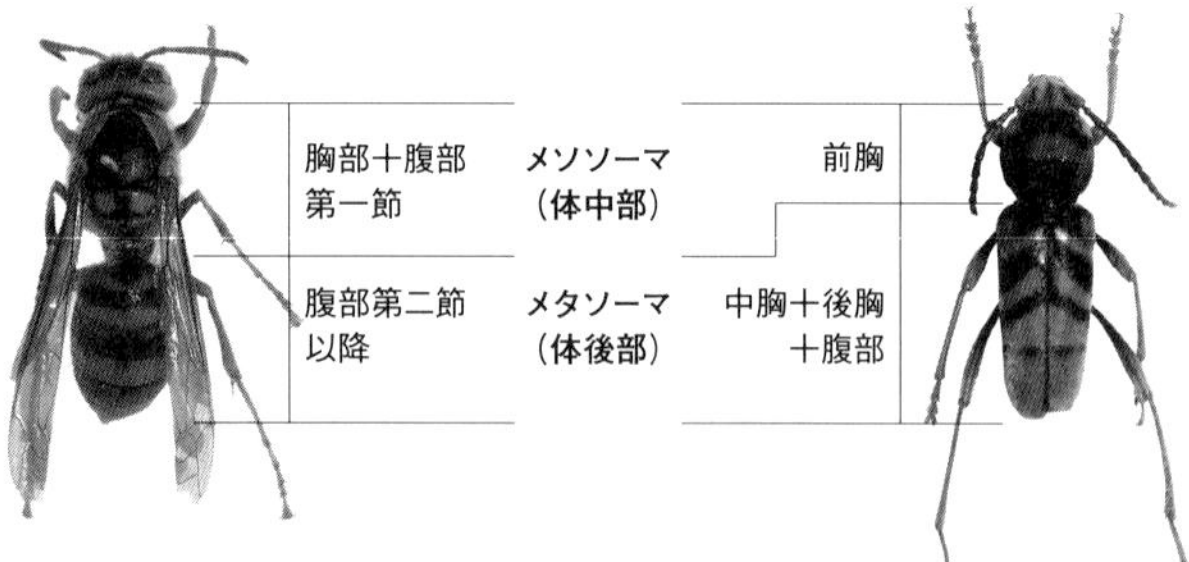

写真5・1――キイロスズメバチ（左）とトラフカミキリ（右）の体の比較。ハチのメソソーマ（体中部）にあたるカミキリの部分は前胸である。

この落下作戦、オトシブミ類の分類をしている兵庫県立人と自然の博物館の沢田佳久研究員に何というか聞いてみたところ、とくに名前はついていないらしい。体が硬直して動かなくなることは「擬死《ぎし》」(thanatosis : freezing)という専門用語があるが、甲虫によく見られる「擬死」の結果としての落下については、特別な言葉は用意していないという。ないなら、「ポトリ落下」とでもしておこうか。新たに命名するだけの価値のある、生存上かなり有効な行動である。

最近は「絶滅危惧種」になっている「昆虫少年」(第9章参照)はクワガタムシをとるのに、この落下作戦を逆手にとり利用したものだ。森のクヌギの木や川辺の柳の木に早朝出かけていって、幹を強く蹴《け》るのである。クワガタはボトボトと落ちてくる。でかいのが数匹落ちてくれれば、眠気はいっぺんに覚めて、昆虫少年にしか味わえない喜びに包まれる。

このように甲虫は鞘翅の利点を最大限に生かして、分布を増やし、種数を増やしてきた。甲虫はどこにでもいるから、昆虫採集に行って、甲虫が一匹もとれないことはほとんどないはずである。なにしろ一つの目《もく》で四〇万に近い種を擁するのだ。何とも気が遠くなるような大繁栄である。

3 けっこう似ている甲虫のハチ擬態

第1節で見たように、甲虫とハチは体形が大いに違うので、一見ハチに似た甲虫はいないのではないかと思ってしまうが、「ハチ擬態」はちゃんと存在する。たいていの甲虫は触角が短いので、ハチ擬態には不向きだが、甲虫では例外的に触角が長いカミキリムシの仲間が要件を満たしている。✦3

■カミキリムシのハチ擬態

カミキリムシの仲間は体が細長く、足のつき方がかなりハチに近いので、長い触角を少し短くすると、すぐにハチに似てくる。あとは鞘になった前翅に模様の工夫をすれば、ハチ擬態が完成する。つまり、ハチのメタソーマと甲虫の「体後部」(第2節参照)は、実質は違うものの、見かけは一緒なので、同じ虎縞模様をつければ、捕食者は同一視してくれる。もし、この前翅の模様が甲虫と見破られてからでも、前翅を開いて後翅をはばたかせ

✦3 とはいってもカミキリの触角は長すぎるので、ハチ擬態種の触角は短めである。

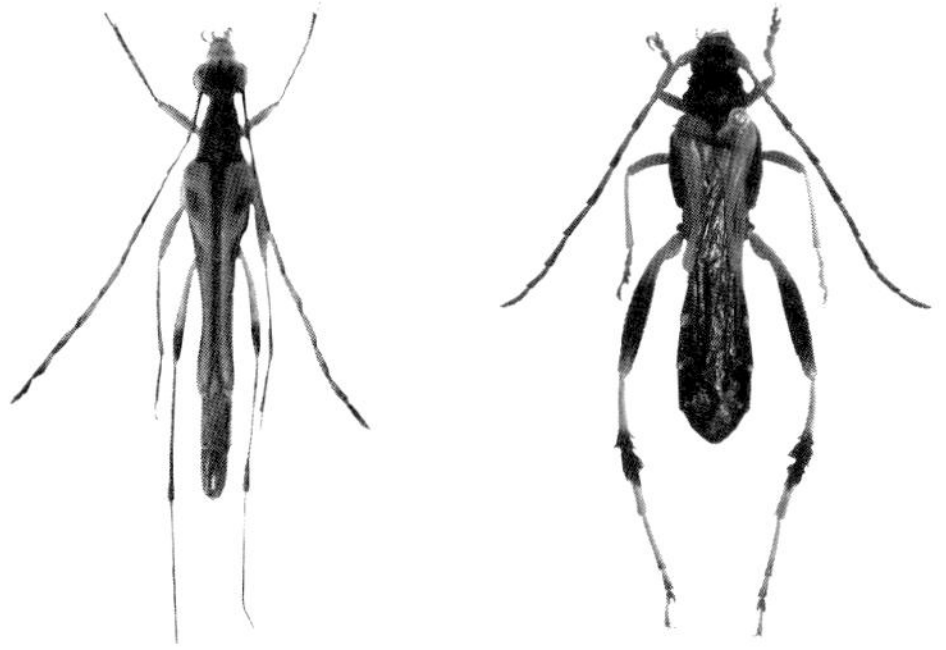

写真5・2——カミキリムシ収集家から「ネキ」と愛称されているホソコバネカミキリの仲間と別属の2種。生きていると、ほとんどアメバチ類と見分けがつかない。

ると、ハチのイメージは強化される。

このいい例がトラフカミキリだ（写真5・1右）。小学生のとき、図鑑で知っていたトラフカミキリをクワの木の上で見つけ、喜んで手づかみしようと、手を伸ばした。トラフはその気配を感じて身構えたあと、突然、翅を開いてブンと飛び立った。カミキリは一瞬でスズメバチに変身、大谷少年は全身の毛を逆立てて、わっと手をひっこめてしまった。トラフカミキリはブーンと飛び去っていく。ここで茫然と見送っては昆虫少年の名が廃《すた》る。気をとりなおして、もっていた捕虫網でさっと掬《すく》い取る。中にはカミキリが動いている。ブンと翅を開くと、やはりハチに変身した。少年の心にハチ擬態の深い印象が刻まれた（おお、四五年前！）。

昆虫の標本収集家で一番多いのは、チョウだと思われるが、カミキリムシの収集家もけっこう多い。彼らが好むグループに「ネキ」と略称するホソコバネカミキリの仲間（ネキダリス *Nechidalis*）がある。この仲間は、甲虫の命ともいうべき前翅を短く退化させてしまい、トラフカミキリのようにはばたかなくてもハチのイメージが出せるまでになっている。モデルのハチは、寄生蜂で唯一刺されると痛いアメバチの仲間だ（六二頁、写真4・1参照）。標本を並べると、まあまあ似ている程度だが、生きて動いていると、ほとんど見分けがつかない。「ネキ」だと喜んでつかみ、アメバチに刺された専門家もいるほどである。アメバチに似ているのはネキだけでなく、ミヤマホソハナカミキリやハチモドキコバネカミキリも擬態種と考えられる（写真5・2）。

■カナブン・ハナムグリの擬態

標本を見たらハチに全然似ていないカナブンやハナムグリだが、このグループだけがあみだした特殊な飛行術がハチ擬態に関連している。✦4 カナブン・ハナムグリは前翅を開かずに、少し持ち上げて、腹部との隙間から後翅を出して羽ばたくことができる。こうすると、もともと体が楕円形なので、マルハナバチかクマバチが飛んでいるように見えるのだ。標本にして並べると、さほど似てるとは思えないのだが、飛んでいるときはあまり細かいところは見えないので、何か丸っこいハチのように見えてしまう。実際、後翅を引き出した標本をつくると、けっこうハチの感じがして

写真5・3――ハナムグリ類2種とモデル種と考えられる丸っこいハチ2種。標本にして並べると細部が見えるので、さほど似ているように見えないが、飛行中は細かいところは見えないので、ハナムグリ類の後翅だけを出して飛ぶ飛行はかなりハチのイメージとなる。

✦4 沢田佳久さんによると、オサゾウムシの仲間が同じような飛び方をする。

写真5・4―― 前翅をせいいっぱいに広げて、夜に飛ぶカブトムシ。飛行中の方向のコントロールは、ほとんどできず、何かにぶつかってから止まる。（撮影／栗林慧）

写真5・5―― 昼間飛翔するカナブン。カナブンやハナムグリの仲間は前翅を開かず、少し持ち上げた隙間から後翅を出して、自在に飛び回る。（撮影／栗林慧）

くる（写真5・3）。野外でこのカナブン・ハナムグリに出会って、ハチだと誤解している人はかなりいるのではないかと思われる（写真5・5）。

4　栗林さんと観察したカブトムシ

二〇年以上前、私は昆虫写真家・栗林 慧《さとし》さんの食客だった。それまで北大理学部でセイヨウミツバチの行動だけを追いかけていたのだが、栗林さんの昆虫全般のアドバイザーということで、高校生までの昆虫少年に戻って、いろいろ観察した（一六九頁以降参照）。カブトムシの幼虫の飼育もその一つ。幼虫が毎日りっぱでしっかりした糞を多量にするので、一匹だけ容器に入れて毎日糞の数とその重さを測定してみることにした。図5・3は今まで公表しなかった数値をグラフにしたものである。約一〇カ月間、幼虫の体重、糞の数、その重さを根気よく測定しつづけると、三つの事実が明らかになった。

一、一日の糞数は孵化直後にピークがあって次第に減ってくるが、三齢になると、三〇個程度で安定した。

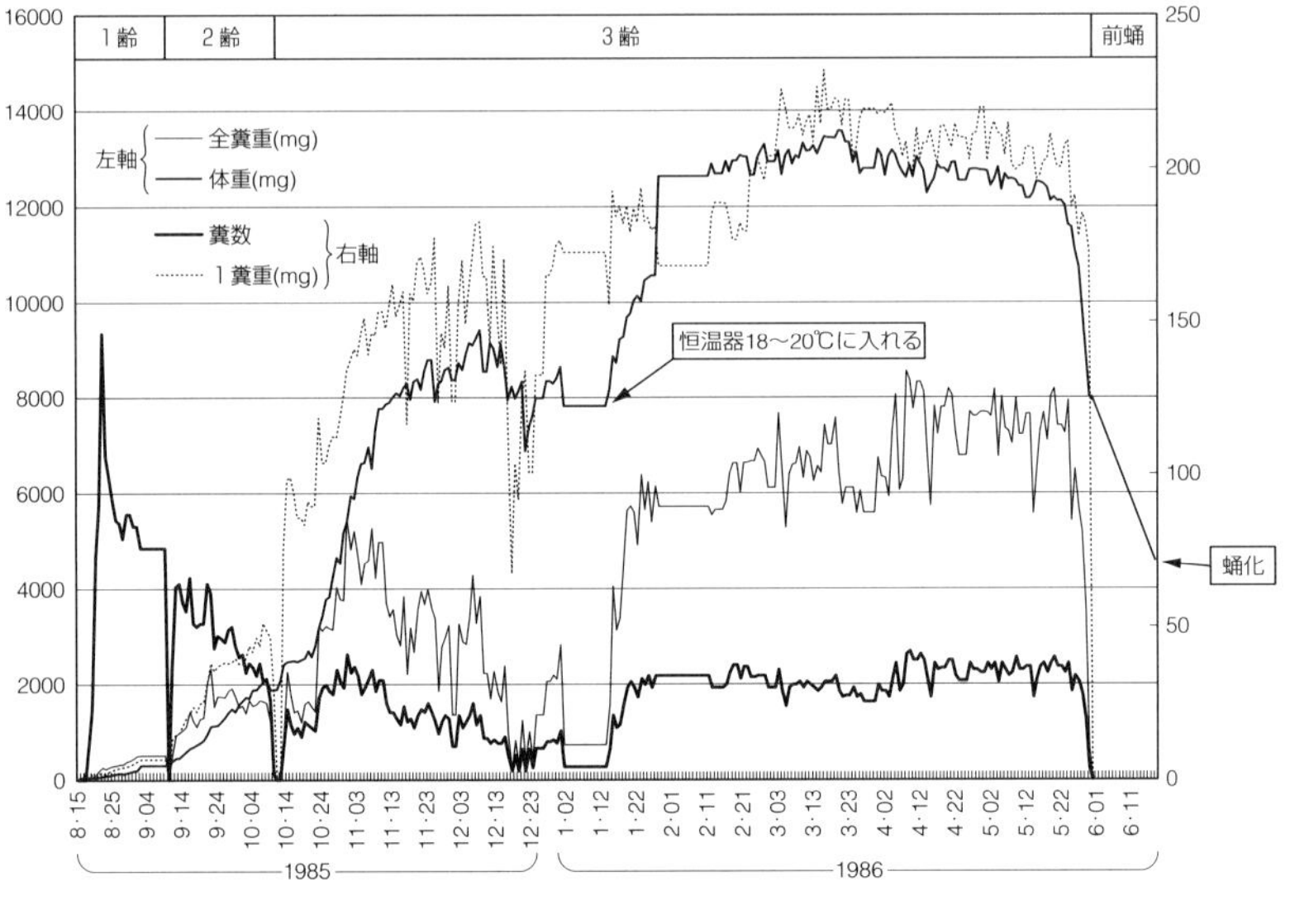

図5・3——カブトムシの幼虫の糞の変化。一日の粒数とその1粒の平均重量の変化（右軸）、および1日の糞の全重量とその日の体重（左軸）。孵化から蛹化まで309日間（1985.8.15～1986.6.18）、毎日糞を飼育容器からふるい出して測定した。

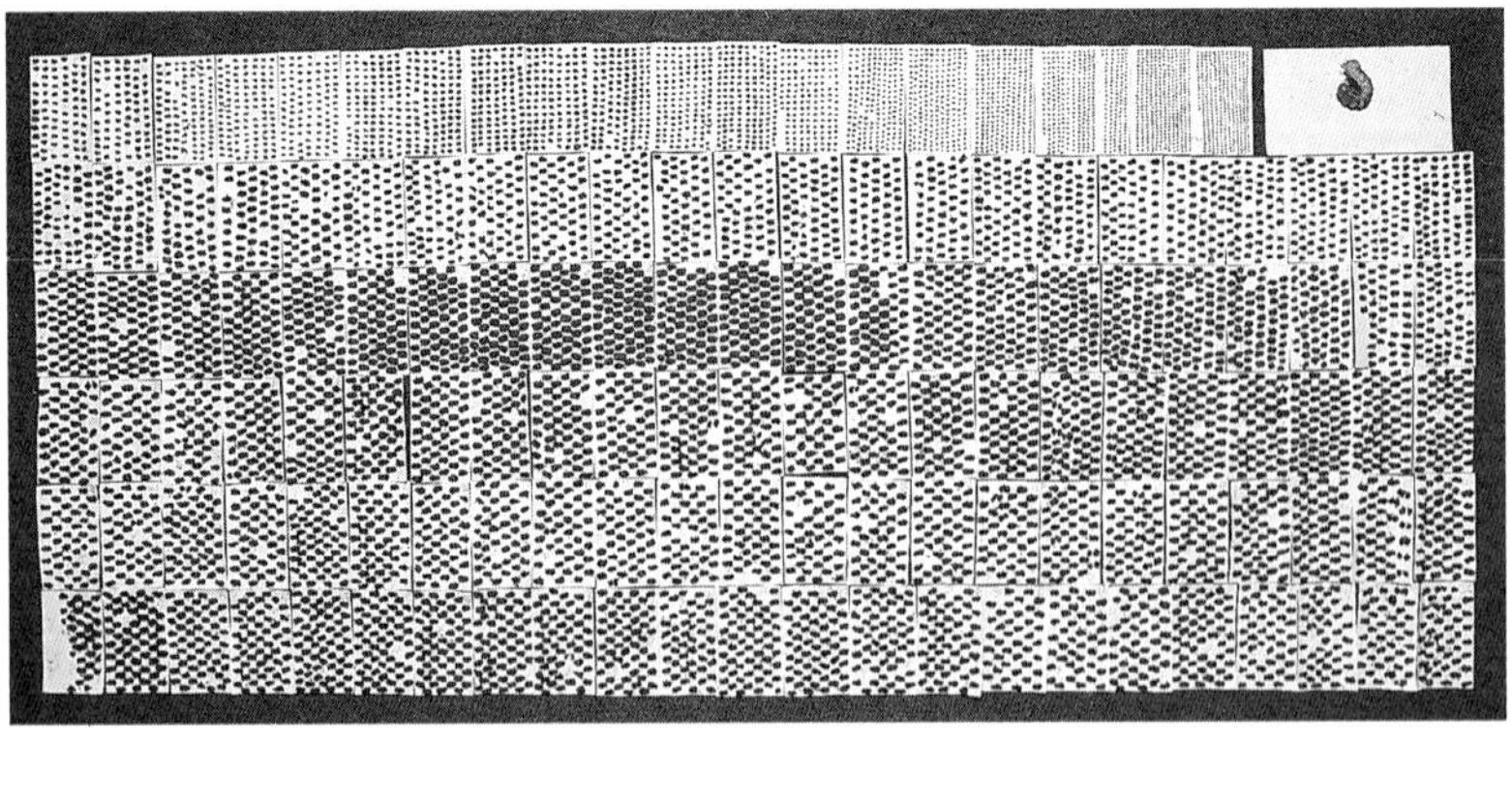

写真5・6——1個体のカブトムシの幼虫が孵化から蛹化までの間にしたすべての糞（9241個）を135枚の名刺の裏に貼り付けたもの。（撮影／栗林慧）

二、一番大きい糞をするのは蛹化よりかなり前である。
三、最終齢（三齢）までの間に一万近い数（九二四二）の糞をする（その総重量は一キログラム以上になる）。

こんなアホなことをするのは私一人かと思いつつ、不用名刺の裏に貼り付けたものを大きな机に並べたら、実に壮観で、私自身も栗林さんも感心してしばらく眺めていた（写真5・6）。このときの写真は『日経サイエンス』（一九八七年九月号）に載り、実物そのものは都立多摩動物公園に寄付したが、まだ昆虫園に展示されているのだろうか。

成虫の観察もした。このときは、福岡市近くの小さな島「能古島《のこの》」に、一人で七〜九日間籠《こ》もり（一九八四年七月二一〜二八日、八月一四〜一九日）、樹液に集まる昆虫と一緒にカブトムシ成虫を観察した。真夜中にいくつかのポイントを回り、樹液に集まる昆虫たちをチェックしていく。目的がはっきりしているときは、まっくらで人気のないところでも、まったく怖いことはない。逆にこういう環境で人に出会うと怖いということを体験した。いつもの観察コースに子供ほどの身長の人が歩いている。まさか真夜中に子供はないだろうと思いながら、追い抜いて振り返ると、何と皺くちゃの老婆！　にたーっと笑うではないか。恐怖に顔が引きつり、立ちすくんでいると、老婆が話しかけてきた。「いま何時？」。割とかわいい声だったが、こちらはかすれた声で「二時……」というのがやっとだった。

カブトムシが樹液を吸っているときは、のんびり観察できるのだが、いったん飛び出したらもうお手上げである。ブーンと低くて大きい翅音で暗闇に吸い込まれていくと、もうまったく追跡不可能だった。電池付の発光ダイオードや夜光塗料の貼付を試みたが、すぐに見失ってしまう。結局、樹液周辺での行動しか追跡できなかった。こんな中で唯一の救いは「片足を上げるおしっこシーン」の発見である。

樹液は水分が多いので、樹液を常食にしている昆虫たちは頻繁《ひんぱん》に水分を肛門から捨てる。いうなれば水様便なのだが、見かけはおしっこである。クワガタムシは平たいお尻をちょっと持ち上げてピューッと飛ばす。フクラスズメというヤガの仲間はドビャッといっぺんに排泄する。カナブンは両者の中間でドピューッと排出する。そして、カブトムシは雄イヌのように片足をヒョイッと持ち上げてから、ピューーッと結構長く飛ばす。左右どちらの足も上げるし、オスもメスも上げる。なぜ片足をあげるのだろうか。樹液の下の観察者が疑問を呈しているうちにも、彼らの糞尿は降り注ぎ、観察者の髪の毛はしっとりとしてくるのだった。

このカブトムシの「片足あげ排尿姿勢」は昆虫学会の学会誌『昆虫』の短報に栗林さんと連名でまとめ、[5]『日経サイエンス』の写真エッセイ「謎の瞬間」の連載トップも飾った。それから二〇年経って、人気テレビ番組「トリビアの泉」に取り上げられ、栗林さんの映像が出て、私も解説で一〇秒ほど出演した。「へぇ」得点が一番多い「金の脳」だったが、「なぜ片足をあげるか」の解説のところはカットされてしまった。

カブトムシは「過太虫」と書きたくなるぐらい昆虫では珍しく太っている。世界共通四センチの昆虫針のもつところがなくなるのは、カブトムシの仲間だけである。肛門の位置を変えずに体を厚くすると、肛門は腹側に寄ってくる。クワガタムシのように、ちょっと上に突き出すぐらいでは、糞尿は遠くに飛ばない。後足の近くを汚してしまう。遠くに飛ばすためには体をひねる必要がある。後足を一本だけ上げると、体はひねられ、肛門が横向きになって、糞尿は遠くに飛ぶというわけだ。

カブトムシにはもう一つ変わった行動がある。やはりこれも「能古島」で見つけたが、オスが深夜になると、肛門付近を後足で擦り続けるのである。この行動については、昆虫学会近畿支部大会で浜西洋さんが発表している。

5 ハンミョウの生活

栗林自然科学写真研究所の食客時代に、もう一種、甲虫に深く関わった。別名ミチオシエともいうハンミョウである。栗林さんが一緒に子供の本[6]をつくりましょうともちかけてきたので、前から一度一個体追跡をしてみたかったハンミョウをテーマに選んだ。まず、フィールド探し。いいフィールドを見つけたら、その研究の半分は成功である。ハンミョウは山間の歩道やお寺・神社の境内に生息し

✦5 大谷・栗林（一九八五）

✦6 大谷・栗林（一九八八）

ていることが多い。栗林研究所から二〇キロメートルほど離れた御橋《おはし》観音寺というお寺に目をつけて探すと、ハンミョウの巣といいたくなるぐらい多数の個体が住んでいた。人の出入りも少ない。素晴らしいフィールドだ。しかし、二〇キロメートルである。

クルマの運転ができない私には二〇キロの距離はなかなか大きい。いつもいつも栗林さんに送ってもらうわけにはいかない。それではと、バイクの免許を取ることにした。五〇ccの原付自転車だから、実技なしのペーパーテストだけである。博士号をもっているのだから軽くパスだね、と栗林さんに圧力をかけられた。ちょうど北海道大学から理学博士をもらいたてだった。冷や汗をかきつつ、何とか一発でパス。博士号に続いて運転免許まで手に入れてしまった。それ以後は何の免許も獲得していない。

甲虫は鞘翅に包まれているから、ちょうど戦国時代の武者が鎧《よろい》を着た感じで、動きに制約がある。しかし、ハンミョウの動きを見ていると、あまり鎧を感じさせず、軽快である。ハンミョウは「斑猫」と書くらしいが、確かに猫を思わせる敏捷《びんしょう》な動きをする。やはり他の昆虫を捕まえて食べる狩人である。獲物を見つけると、さっと身を低くして身構え、するすると近づいていく。そして飛びかかれる距離を測り、バッと飛びつき、強力な大あごで捕らえ、すぐにムシャムシャと食べ始める。

これらの鋭敏な動きをつくり出すのは、長くスマートな足だ。体を高くしたり低くしたり、そろそろ近づいたり、飛び上がり体をひねり、小石の影に隠れる。彼らの素早い行動を見ていると、六本足というのはよくできた

写真5・7―― 産卵中のハンミョウの雌。尻先で土を掘って卵室をつくり、1個ずつ産卵していく。（撮影／栗林慧）

合理的なものという気がしてくる（第8章参照）。体がまったく揺れないで前進できるのだ。足を体にぴったりと寄せると、「伏せ」の感じになるが、そのままの姿勢をまったく崩さずにじりじりと進むことも簡単にできる。人間なら訓練のいる「匍匐《ほふく》前進」である。

■ハンミョウの雄の一日

朝、雄が目覚める前に、バイクで御橋観音寺に出かけ、一匹だけを終日追跡すると、雄の一日の暮らしが見えてくる。ハンミョウは割合寝坊だ。明るくなってすぐ動き出すのではなく、気温がだいぶ上がってきた八時過ぎに、寝ていた潅木《かんぼく》（御橋観音ではツツジが多かった）の葉の上で目覚める。最初は体の掃除。ひととおり身づくろいがすむと、一メートルぐらいのところから、羽ばたいて降りてくる。ハンミョウは甲虫にしてはよく飛ぶ。人が近づくと、さっと飛び上がって数メートル先に着陸する。その人がまた近づくと、また数メートル先に飛ぶ。これを数回繰り返すと、人は勝手に「道を教えてくれている」と誤解する。そこで別名「ミチオシエ」とついた。ハンミョウのほうは、開けた道沿いに逃げているわけで、「何でいつまでも追いかけてくるのだ」と思っているかもしれない。

地上に降りたら、まず腹ごしらえである。あたりを見回しながら、動くものを探す。開けた地面には、たいていクロヤマアリかクロオオアリがいる。少し湿気が多ければダンゴムシも歩いている。ササッと近づいて、巨大な大あごでガシッと捕らえる。そしてムシャムシャ食べる。

朝食が終わると、次は雌を探す。自分と同じぐらいの大きさの動くものが見つかれば、伏せの姿勢で近づいてみる。相手も似たような姿勢で近づいてきたら、雄だ。対象外。逃げるか、こちらを無視しているなら、雌。さらに近づく。雌は産卵場所を探しているか、産卵しているかのどちらかであることが多い。産卵中なら雄がかなり近づいても逃げないで作業を続けている。雄は雌が何をしていようがお構いなしに飛びかかって交尾しようとする。雄は雌の前胸を背後から狙う。そこをがっしりと大あごでくわえ、腹部の先で雌の腹部先端をまさぐる。雌が未交尾だったら、すんなり交尾成立で、めでたしめでたしだが、交尾は一回でいいので、たいてい交尾はすませている。まして産卵中なら、もちろん交尾はすんでいる。雌は必死で腹部を曲げて雄のペニスのまさぐりを避ける。避けながら、前胸の雄のくわえ込みを外そうと身をよじる。雄の力が弱まれば、すぐに振りほどいて逃げる。

　このくわえ込みの姿勢になる前に、雌は雄が飛びかかってきたときに気付くことが多い。気付いたら、さっと雄のほうに向き直り、雄の大あごを大あごで受け止める（一四頁、口絵参照）。雄はこのかみ合いの姿勢では交尾ができないので、背後に回ろうとする。雌は雄の大あごのゆるみを感じたら、さっと振りほどいて、さっさと逃げていく。雄は間違いなく追いかけてくるが、とにかく嫌なら逃げるしかない。雄は追いかけながら、雌のスピードがゆるんだら、すかさず飛びかかって、雌の前胸を押さえるのだ。

　雌に逃げられてしまえば、また別の雌か獲物を探す。気温が高くなり、体温が上がってきたら、日陰を探す。小石の陰でも直射日光は避けることができる。こうして体温を考えながら雌を探していると、太陽は傾き、物の影が長くなってくる。気温も下がってくる。もう、寝床を探す時間となる。ハンミョウは必ず潅木の葉の上で寝る。たいていは一メートル以内の高さを選ぶ。

■雌の産卵生活

　葉の上で寝て、目覚めて降りてきて、腹ごしらえするところまでは雄と同じ。違うのは、雄が交尾のことだけしか考えていないのに対し、雌は産卵しか頭にないことだ。産卵に適した適度に湿った裸地を探す。ハンミョウが近づいてきたら、雄だから即逃げなければならない。雄は強引に交尾をしかけてくるのだ。

　適当な裸地が見つかると、さっそく産卵に入る。尻先で土を掘り、小さな卵室をつくり、卵を一個産み落とす（八七頁、写真5・7）。続いて土をかぶせれば産卵終了。約一五分。すぐに移動していく。雄の影に怯《おび》えながら（?）、次の産卵地を探す。気温が上がってきたら、日陰や涼しい場所を探すのも雄と同じだ。夕方になったら、潅木に飛び上がって、眠る葉を探す。葉上の安定が悪いと、移動したり、枝を大あごでくわえたり、足で抱きかかえたりもする。

　ハンミョウの雄の強引な交尾行動と雌の徹

底した排除行動を見ていると、雄の「無駄な努力」と思えてしまうのだが、ハンミョウの地域個体群の適当な分散に役立っているのだろう。卵も集中して産まれると、待ち伏せ型✦7の幼虫は獲物の実入りが少なくなって飢えてしまう。成虫だって個体が込み合えば、餌不足になり、個体同士の衝突ばかりが目立つようになる。

最近は健康のためにバイクをやめ、自転車に切り替えたので、免許証は単に身分証明書になっているが、ハンミョウを見るとバイクを思い出したり、バイクを見ると御橋観音のハンミョウを思い浮かべたり……。ハンミョウとバイク、私個人としては結構結びつきが強いのである。

6 ホタル幼虫の雨の日の上陸

これも栗林研究所時代の経験である。ホタルというと栗林慧を思い浮かべる人が多いかもしれない。一九七九年に強烈な写真集『源氏螢』を出版したし、二〇〇三年にもその再編集の『ほたる——源氏螢全記録』を出版している（写真5・8）。栗林さんが『源氏螢』の制作のために通った大分県の中津《なかつ》無《む》礼《れ》川《がわ》に何度も連れていってもらった。地元長崎県田平町近隣のポイントにも何度も同行した。それまでホタルとはほとんど縁がなかったので、ゲンジボタルの印象は強烈だった。ゲンジボタルがいると、ヘイケボタルの印象はどうしても薄くなってしまうが、ヒメボタルは光る場所と光り方が違うので、別の印象が残る。

栗林研究所で生活を始めて三年目ぐらいのときに、近くの竹林にヒメボタルが大発生した。それまでも存在はしていたのだろうが、気が付かなかった。あたり一面のフラッシュ！ 不思議な別世界！ この異次元の感覚は六年間のうち、この年だけだった。

不思議な感覚のヒメボタルも優雅な光のゲンジボタルも気に入っているが、私がもっと好ましいと思っているのは、ゲンジボタルの幼虫が光りながら上陸してくるシーンである。

啓蟄《けいちつ》も過ぎ、三月も後半になってくると、生物たちが越冬の眠りから覚めて、わらわらと動き始める。しかし、本格的な活動はまだ先である。人間社会では年度替わりでいろい

✦7
他の虫を食べる捕食性の虫には、トンボのような追跡型だけでなく、獲物が近づいてくるのを待っている待ち伏せ型もいる。待ち伏せ型の典型例は網を張るクモ類だ。クモには網を張らない追跡型も多数いるのだが、網を張ると待ち伏せるしかない。ハンミョウの幼虫は土に掘った竪穴の入り口を頭で蓋をして、近づいた獲物に反転して飛びかかる。

ろ忙しく、しかも雨の夜となると、ほとんど昆虫が頭に浮かばない時節である。ところが、ここにしっかり活動している昆虫がいるのだ。しとしと雨の降る夜に限ってひっそりと上陸してくる。ひっそりだが、ちゃんと光は尻先に二つ灯している。何かの目のようだ（一四頁、口絵参照）。シャクトリムシのようにゆっくりと進む。目的は川岸の土。潜り込んで体より一回り大きい蛹室《ようしつ》をつくる。幼虫の体表から分泌される透明な粘液で壁を固める。そして幼虫の姿のまま動かなくなる。四〇日ほどこの前蛹《ぜんよう》で過ごす。ここまではひどくのんびりしているのだが、脱皮して蛹《さなぎ》になってからは早い。一〇日程度で羽化が始まる。

　幼虫の上陸が地味で目立たないのは、飛べないからだが、さらに人目に触れにくいのは、上陸はほぼいっせいに多数が上がっても、土に潜ったら光は見えなくなってしまうからだ。「昨日上陸を見た」と報告を受けても、次の日にはもう観察できない。五月上旬にホタル観察会を設定してもイベントとして成立するが、幼虫の観察会は三月下旬に設定しても成り立たない。いつ雨が降るかを予測できないのだ。ほとんど一日で終わってしまう。もし、上陸しそこなった個体がいても、次の雨の日に上陸してしまう。したがって、ゲンジボタルの成虫の光を見たことのある人に比べ、幼虫の上陸の光を見たことのある人は、ごくごく一部ということになってしまう。

　一九八三年三月二九日、上陸中の一匹に着目し、追跡してみた。三面張りのコンクリート壁を光りながら登っていく。途中に穴などはないから、どんどん登っていく。壁を上りきっても、土ではなくコンクリートしかない。幼虫は土を求めて光りながら移動していく。雨は降り続いている。観察者も傘をさしてゆっくりとついていく。川岸にはたいていヤナギなどの樹木が植わっている。その周りは小さく土が残されている。幼虫がその土のところにたどりつく。土だ土だ。さっそく土を掘り始める。三〇分ほど土を掘ると、体がすっぽり入るほどの穴ができる。ここからあとの土の中の様子は栗林さんの写真集の世界となる（写真5・8の本を参照）。

　こうしてゲンジボタルの幼虫は、土を求めて冷たい雨の中を光りながら歩き回る。観察者は雨に濡れないようにしながら、筆記に必要な最小限の明かりを確保しなければならな

写真5・8――栗林さんのホタルの本。左『生態写真集・源氏螢』（サイエンス社）、右『ほたる――源氏螢全記録』（学研）

い。かなり「あずましくない」[8]状況だ。しかし、幼虫のほうはマーキングをしなくても光ってくれるので、追跡が容易である。

この幼虫の上陸とか、雌の産卵とかは、華やかに目立つ成虫の光の乱舞が注目される一方で、どうしてもマイナーな事象になってしまうのだが、「ゲンジボタルの生態」の面では同程度に重要な事象である。「ホタルの保護」をいうなら、マイナーに見える部分にも同等の配慮をしないと、毎年成虫や幼虫を放してもその川には定着せず、単なる年中行事に終わることになる。

7 「ホタル擬態」とホタルの光

この本の主人公は「擬態」する昆虫たちである。しかし、筆者がミツバチの研究者ということもあって、「ハチ擬態」にシフトしている。前節でホタルを話題にしたので、甲虫目の最後は「ハチ擬態」に匹敵する「ホタル擬態」の話をしたい。

栗林さんがホタルの本を出すときは、いつもホタル研究の第一人者、横須賀市立博物館の大場義信博士の協力を求めている。その大場さんの最近のテーマは「ホタル擬態」（大場一九九二、一九九七）である。捕食者にとって避けるべき「ハチ」に似た種が多数出てくることを「ハチ擬態」と呼ぶなら、味が悪く捕食者が避けるといわれている「ホタル」に似た種がいろいろな昆虫に現れる事実は、「ホタル擬態」と呼んでいいはずである。

ホタル類はたいてい赤色の前胸であるが、これは「警告色」だといわれていた。大場さんはパプア・ニューギニアに橙《だいだい》色の前胸をもつホタルの調査に出かけて、「クリスマスツリー」と呼ばれているホタルが集合して同時に光る木を調べた。そこにはホタルだけでなく、甲虫目・チョウ目・ハサミムシ目・バッタ目にまたがる様々な系統（九科）の昆虫が集まり、どの昆虫も体に橙色の部分をもち、ホタルのイメージをかもし出していたのである。これはまさに「ホタル擬態」と呼ぶにふさわしい状況だ。

大場さんにこの「ホタル擬態」の話を聞くずっと前から、私は「ホタルの警告色」に注目していた。夜行性のホタルが昼間見つかったときは、前胸の赤い部分を見せて、「おいしくない」という警告を発する。しかし、夜

✦8 「好ましくなく不快な」という意味の北海道弁。

は暗くて警告色がよく見えない。それなら、いっそのこと、積極的に光を発して「おいしくない」という警告を発したらどうか。つまり、ホタルの光は「警告光」ではないか、という考え方である。

私がまだ栗林さんのところにいるころ、ホタルの調査のために九州に来た大場さんが立ち寄ってくれたことがある。私はこの仮説が検証したくて、大場さんに急遽《きゅうきょ》実験をもちかけた。コウモリが飛んでいるところで糸につないだ昆虫を飛ばせて、コウモリが食べようとするとき、発光ダイオードを光らせて、「ホタルの警告光」をまねてみようというものである。しかし、実験的なことは思いつきでやると、いろいろ不備だらけとなり、うまくいかないことが多い。コウモリは飛んでいたが、わざわざ人の近くまできて「あやしげな餌」を食べないのは当然だった。

ホタルというと、雌雄間の光のコミュニケーションという話題となってしまうのだが、暗闇に紛れていればいいものを、わざわざ光るということは、捕食圧をうける昆虫の立場を考えると、やはり「警告光」と考えるのが自然ではないだろうか。パプア・ニューギニアの「クリスマスツリー」では、夜の間はツリーに棲《す》んでいるあらゆる生き物がホタルの警告光に守られているが、昼間は太陽光の下、ホタルは橙色の前胸という普通の「警告色」で身を守り、他の昆虫たちはそれぞれ独自に身を守らねばならず、ホタルをモデルとする擬態者たちになっていくというわけである。

警告光にエネルギーを費やしているなら、普通の昆虫では匂いで行なっている雌雄間のコミュニケーションを光に切り替えることは合理的である。だから、ホタルの光は警告光が発端で、光のコミュニケーションはついでに発達したと見るのである。大場さんが見つけた「ホタル擬態」は、ホタルの光が警告灯になっているという仮説の傍証になる。直接的な証拠を提出するのはなかなか難しい。大場さんが熱っぽく話してくれた二〇〇四年の動物行動学会（福岡、九大、一一月）のポスター発表「熱帯のホタルの大集団にみられる驚異の擬態構造」を聞きながら、私はホタルの光のことを考えていた。

第6章 なぜ鱗《りん》粉《ぶん》は発達したか
チョウ目

1 毒鱗粉はまったくの誤解

　真夏の寝苦しい熱帯夜、汗が全身にまとわりつく。窓を開け放していると、茶色のうす汚いガ（蛾）が飛び込んでくる。開長二五～三〇ミリぐらいで近くに竹林があるから、おそらくタケカレハだ。電灯に狂ったように螺《ら》旋《せん》状に飛び回り、電球・壁・窓枠にぶつかるたびに、鱗粉が盛大に飛び散る。そのまま汗をかいた顔に突き当たろうものなら、みごとに顔は鱗粉まみれだ。助けてー。毒の粉で全身がかぶれてしまう……。

　ちょっと待ってほしい。たいていの人は鱗粉に毒があると思っている。その極めつけが怪獣映画「モスラ」である。あの巨大さは論外でご愛嬌《あいきょう》としてあきらめるとしても、あの毒鱗粉の吹きつけだけはやめてほしい。まったくの誤解である。鱗粉には毒などまったくない。チョウやガの仲間の鱗翅《りんし》類約六二五〇種の中で、毒のある鱗粉はゼロだ。ガが飛び込んで一面に粉が浮いた味噌汁でもそのまま飲んで何ともない。

　鱗粉に毒があると誤解させた原因はわかっている。ドクガとチャドクガの幼虫の毒針毛だ。小さく枝分かれした〇・〇六三～〇・一三七ミリの毛で全体に有毒成分を含み、皮膚についたとき擦《こす》るとさらに食い込んで有毒成分が浸透する。この細かい毒針毛が幼虫から抜けて、蛹《さなぎ》から成虫へと新しい体表面に受け継がれていく。成虫の体表面には毒針毛がたくさんついていて、鱗粉と一緒に毒針毛を撒《ま》き散らしてしまう。つまり、鱗粉のついたところがかぶれるので、そのかぶれの原因は鱗粉にあると誤解されてしまうのだ。他のガではそういうことはいっさいないのだが、ドクガ・チャドクガにやられた人は他のガも同じだと固く信じこんでしまう。私は高校生のとき街灯に飛んできた多数のガを採集して（当時はガールハントならぬガーハントと呼んでいた）、多数のガの標本をつくり、大量の鱗粉に触れているが、一度もかぶれたことはない。

鱗翅類はトビケラの仲間から進化したといわれている。トビケラ類の翅《はね》に生えている細かい毛が瓦状に平たくなり、瓦のように翅に並んだのが鱗粉である。この小さな瓦状の「画素」一つ一つに色をつけていくと、絵を描くことができる。つまり、毛から鱗粉になったとたんに、翅はキャンバスになる。

ガを展翅するようになると、チョウ・ガの「画才」に感心するばかりだ。「うす汚いガ」のイメージはふっとんでしまう。この「美しいガ」をネクタイのデザインにして博物館の企画展示にしてしまったのは八木剛さんだ（写真6・1）。兵庫県立人と自然の博物館のオリジナル・グッズにしたいものである。

2　鱗粉を落としてしまうスカシバガ類と腹部こけおどし組

その「美しい」鱗粉を羽化後すぐに捨ててしまう仲間がいる。その名もスカシバガ類（写真6・2）。翅が透けているのだ。鱗粉のない翅は半透明である。なぜ鱗粉を落とすかというと、ハチの翅が半透明だからだ。鱗翅類の特徴を捨ててまでもハチに似せようとしているハチ擬態。ハチの仲間は鳥に食われることが少ないから、昼間堂々と活動する。スカシバガ類も当然昼行性だ。

ハチの収集家が植物の花の周辺で採集していると、ときどきその捕虫網に引っかかってくる。ハチの研究者であってもなるべく刺されたくないから、ハチの採集には独特のテクニックを用いる。捕虫網の空間を狭めて中の獲物を毒ビンに移し、網の外側から網ごと蓋《ふた》をする。ハチが動かなくなるのを待って蓋を外し、毒ビンを捕虫網から出して、蓋をし直すのだ。

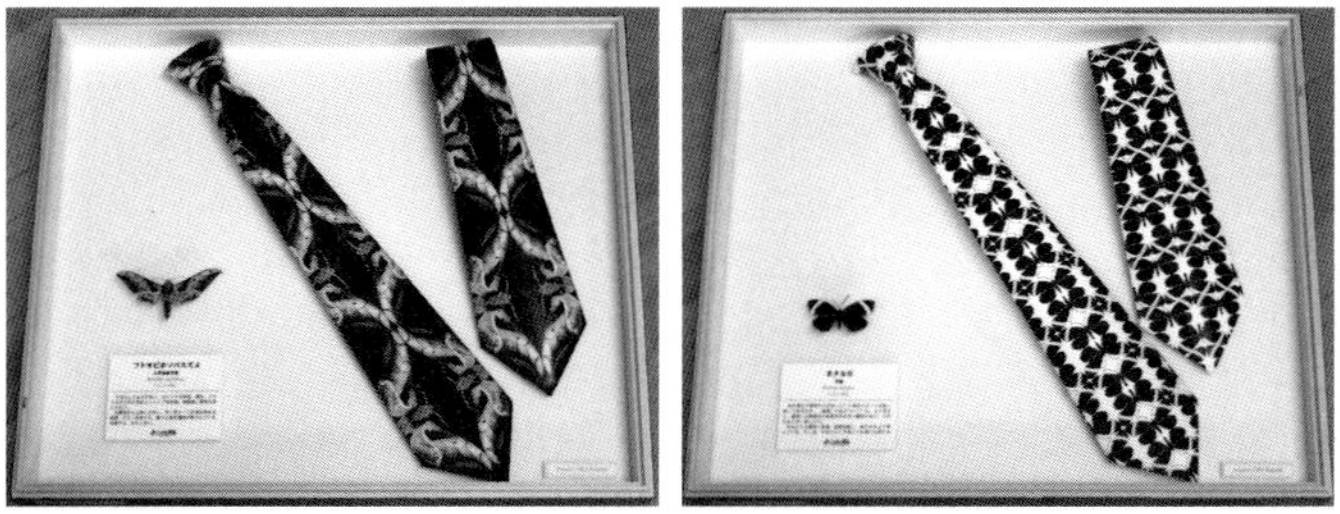

写真6・1——兵庫県立人と自然の博物館の企画展「ワンダフル・デザイン」で、ガの翅の模様を用いてネクタイをつくって展示した。ガの翅であることをいわなければ、ほとんどの人がそれと気付かないのではないだろうか。

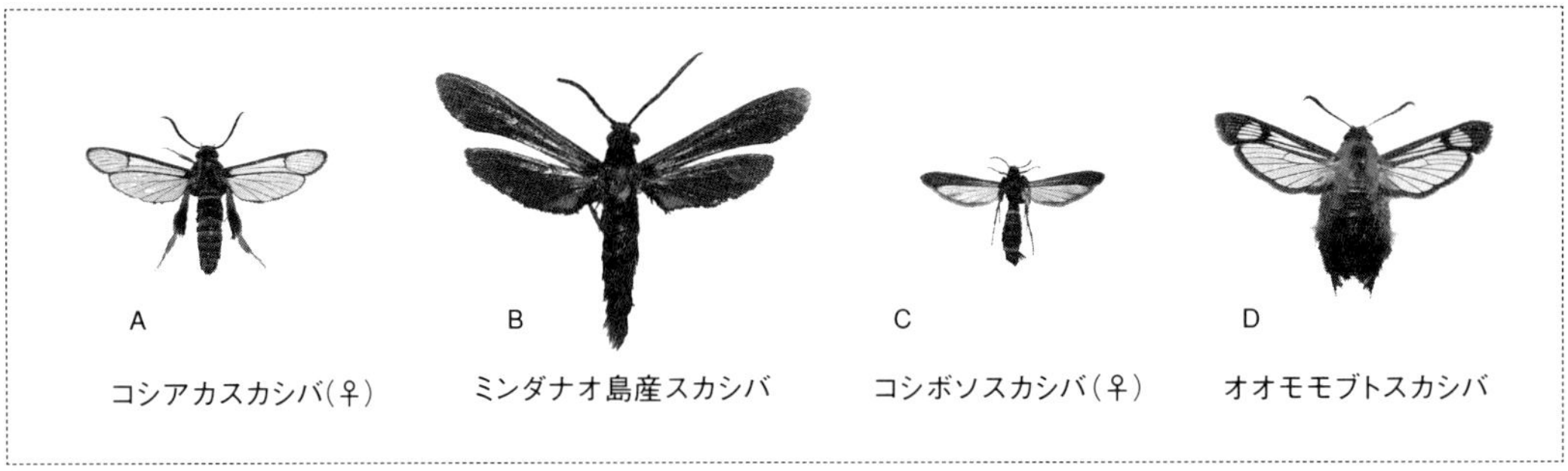

写真6・2—— スカシバガ科のハチ擬態。A は前翅が黒っぽくなっていて、ハチの前翅が折り畳んであるのをまねている。
B はベッコウバチ類の黒い翅色を表現し、C はハチの腰のくびれを唯一まねているスカシバガである。D は後肢のすねが太くなり、毛を密生させることで、マルハナバチの丸い体型を表現している。

写真6・3—— スズメガ科のハチ擬態。ホウジャク類(A)はクマバチに、オオスカシバガやスキバホウジャク類(B)はマルハナバチに似ている。ここに出したハチがモデルだとするデータはない。

たいていは網ごと蓋をした時点でスカシバガ類と気付く。何だガなら毒ビンに入れることはなかったのだ。チョウ・ガは刺さないとわかっているし、体がハチより柔らかいので、捕虫網の上から押さえつけ、胸部を強く圧迫すればオーケー。胸部の飛翔筋が圧迫で破壊されれば、すぐ死ぬわけではないが、まったく動けない状態、いわば「虫の息」になってしまう。そしてその後は鱗粉が落ちないようにパラフィン紙でつくられた「三角紙」に包んでおく（一五二頁、図9・1）。

スカシバガ類はかなり鱗粉を落としているが、完全に落としてしまっているわけではない。翅の縁に少し残っていたり、前翅に薄く色がつく程度に残している場合もある（写真6・2A）。ハチの前翅は畳んでいるときは半分に畳んでいるので、色が濃くなっているのだ。この擬態もなかなか芸が細かい。外国産のスカシバガにはベッコウバチ類の黒色翅を擬態して、黒い鱗粉をつけているものもいる（写真6・2B）。また、ハチ類の腰のくびれを擬態したもの（写真6・2C）やマルハナバチ類の感じを出すために後足の毛を発達させている場合（写真6・2D）もある。

鱗翅類のハチ擬態には、スカシバガ科だけでなく、スズメガ科の一部も参加している。そもそもスズメガの仲間の体形は翅が細くて太めのハチに似ている。昼間花の周辺を飛んでいれば、マルハナバチやクマバチと誤解してくれる。クマバチは翅が黒いので、翅は半透明でなくともよい。ホウジャクの仲間はクマバチ擬態だと思われる（写真6・3A）。オオスカシバやスキバホウジャクはスカシバガと同様に鱗粉を羽化直後に落とす。マルハナバチ擬態だろう（写真6・3B）。オオスカシバは人家周辺のクチナシの垣根によく見かけるガであるが、たいていの人はガと認識せずハチと誤解しているはずである。

以上が正統派のハチ擬態だが、夜活動するガたちにもハチ擬態は散見される。腹部だけがハチ風の縞々模様があるものだ。ガの腹部は保護色の翅の下に隠れている。しかし、見破られて食われそうになったら、突然、虎縞模様を見せるのだ。ハチの毒針に痛い目にあっていたら、ギョっとなってひるむ。ここに逃げるチャンスが出てくる。このような考えは、昆虫写真家・海野和男さんの本[✦1]で外国産のトラフヤママユ（*Paradirphia*）が縞模様の腹

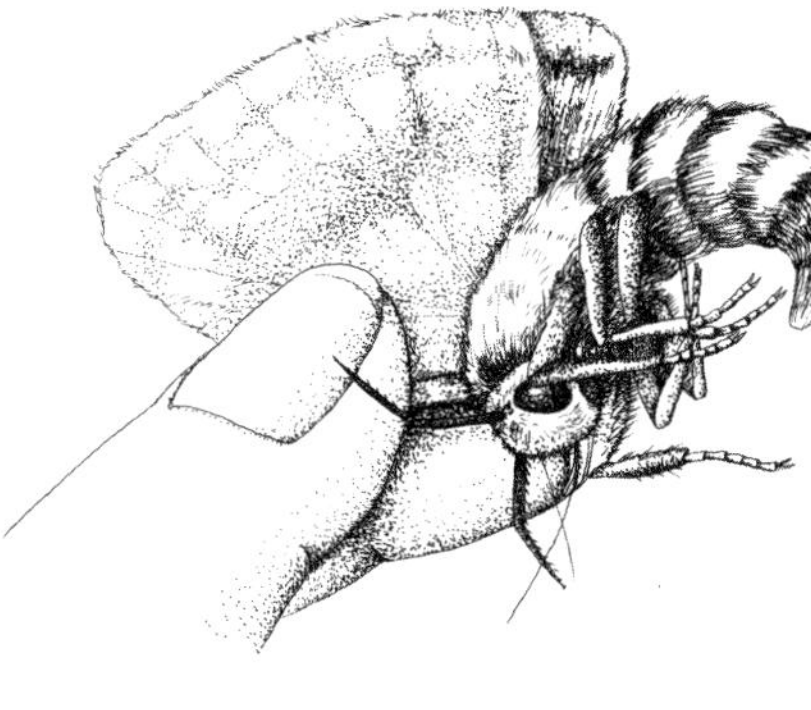

図6・1——縞模様の腹部を曲げるノンネマイマイ。ハチに刺されたことがある者にとって、この行動は恐怖だ。

✦1 海野和男『昆虫の擬態』平凡社（一九九三）

部を曲げて刺す格好をする写真を見て思いついた（だが、このヤママユガはカレハガの印象だ）。実際に鳥が驚くところを観察したわけではない。「腹部だけのこけおどし」はマイマイガ類やヒトリガ類にも散見される。ノンネマイマイなどはトラフヤママユのように縞模様の尻を曲げる（図6・1）。ヒトリガは味が悪く、鳥が避けるといわれているので、警告色も兼ねているかもしれない。

この「腹部だけのこけおどし」の可能性のあるガを博物館の標本箱から引き出してみた（写真6・4）。写真6・4以外にも図鑑を探すと可能性のあるガが六〇種ほど見つかった。後に述べるメンガタスズメ（一〇七頁）も腹部に縞模様がある。なかなか興味深いのが、前翅後翅を開いて鳥の糞が葉の上にベチャーっとついている感じのガに、腹部の縞模様があることだ（五二頁写真3・1）。鳥の糞に化けているのがばれたら、ハチ擬態で脅かそうという趣向だろうか。拾い出すと結構出てくるものだが、拾い出しに使用した『日本産蛾類大図鑑』の解説には、腹部の縞模様の記述はいっさい出てこない。チョウ・ガの図鑑の記述は、翅の模様に偏重している。

3 鱗粉は大福餅の粉

チョウ・ガを同定するとき、最終的な決着は交尾器の形になるのだが、かなりのところまでは翅の模様を「絵合わせ」することで事足りる。その感覚でいけば、鱗粉は同種の個体が交尾するときのサインとして発達したといいたくなるが、鱗粉が発達する前は別の手段で雌雄の確認をしていたのだから、そのためだけに発達したと考えるのはおかしい。別目的で発達した結果、雌雄の確認にも利用し始めたということではないだろうか。

別目的でまず考えられるのは捕食圧に対する対応である。鳥類生態学者の上田恵介さんの著書『花・鳥・虫のしがらみ進化論』（築地書館、一九九五）の九一頁に、「鱗粉の効用」の記述がある。「鱗粉は外敵に捕まったときに、逃げるのに非常に有効」とある。翅をくわえられたら、鱗粉を残してスルリと逃げる。そしてこれは「クモの巣に対しても有効」とも書いてある。

私はかなり前からこの「クモの巣」対策が鱗粉の始まりではないかと考えていた。あとで述べるモンシロチョウの一個体追跡のとき

写真6・4――腹部にハチをイメージする縞模様があるガの例

の体験が発想の原点である。モンシロチョウの若い個体がクモの巣にひっかかったら、すぐに鱗粉だけ残して逃げることができるのに、古い個体になると、鱗粉も少なくなってクモに捕らえられてしまうのだった。これは「大福餅の粉」ではないか。大福餅には手にべたつかないように片栗粉がまぶしてある。べたつくところに粉をつければ、べたつかなくなる。

クモの巣には縦糸と横糸があり、横糸を張るときに粘液を点々とつけていく。クモの巣に片栗粉を直接ぶっかけて撮った写真を見ると、確かに粘液のある横糸には片栗粉がたくさん付くので、写真に白くはっきり写るのだ（写真6・5）。この粘液がクモの巣にひっかかった昆虫をくっつけてとどめておくのだ。そうしている間にクモが登場して、糸を尻先から繰り出し、ぐるぐる巻きにしてしまう。だから、その粘液球に鱗粉をくっつけてしまえば、粘着力は激減、クモが来る前に逃げ出せるというわけである。

何も成虫の全期間をカバーしろというわけではない。交尾・産卵をすませるまでのちょっとの間だけ捕食を免《まぬか》れればいいのだ。あとの老体は捕食者に提供する。この作戦しかとれない昆虫はもともとこの作戦しかとれない（第1、2章参照）。羽化したとき翅に準備された鱗粉の量で十分である。この重要な役割をまっとうすれば、あとはキャンバスとして二次利用すればよい。保護色でも警告色でも擬態でも何でもござれ、雌雄のコミュニケーションでも何でも使用できる。

鱗粉は大きくなれない昆虫の苦肉の策の一つなのだろう。この鱗翅類の大発明で、鱗翅目の命名種数は一四万種を超え、四大昆虫として大繁栄を築いている。

4 一匹のモンシロチョウを追跡する

北海道大学理学部でセイヨウミツバチの行動を観察巣箱でずっと一個体追跡していると き、「蜂小屋」のそばで咲いていたクローバーでミツバチと一緒に蜜を吸っているモンシロチョウを見つけた。セイヨウミツバチの生活の実態はつかめたが、同じ花の蜜を利用しているモンシロチョウはどんな生活をしているのだろう。かなり研究されている昆虫だが、一個体追跡の例はない（モンシロチョウにかかわ

写真6・5――片栗粉をかけられたナガコガネグモとその巣。横糸の粘液がついているところは片栗粉がくっついてはっきり見える。横糸でも中心部分ははっきり見えない。この部分には粘液がついていないことがわかる。

らず他の昆虫でも一個体追跡の例はごくわずかだ）。ちょうどモンシロチョウの産卵生態を研究していた山本道也さんがいた。一匹を追いかけて産卵数を確実に押さえてみたいという。一緒にデータをとろうと話がまとまった。

まず、マークを羽化したての個体につける。翅裏に赤のマジックインクで数字を書き、飛んでいるときの目印と翅を開いて止まったとき用に翅表に五ミリ径ぐらいの小丸を書いた。これでこの個体をできるだけ長く二人で追跡し、それぞれ独自のデータをとっていく。

観察巣箱でのミツバチの観察と違って、フィールドでは自分も動かねばならない。歩き、走り、溝を越え、小岩を避ける。そのつど、足元に視線を送らねばならない。つまり、対象のモンシロチョウの個体から目を離すことがしばしば起こるから、見失うことも頻繁《ひんぱん》に起こる。二人での観察はその補い合いである。それでも二人の視線が外れたとき、ちょっと予想されるコースから外れると、すぐ見失ってしまう。別な個体と出会ったとき、雄同士だとよく追いかけあってぐるぐる回転する。そして、なーんだ雄かとばかり二方向にパッと分かれていく。二人の追跡者はマーク個体が瞬間的にどちらかわからず、とりあえず二手に分かれて追跡する。

こうした追跡はたいてい炎天下で行なわれる。チョウは晴天が好きで、どんよりした日はあまり飛ばないし、雨天は草陰、葉陰で休息を続けるからだ。昆虫は変温動物なので、体温の調節は行動で行なう。体温が低ければ、日向ぼっこで体温を上げ、日向で動き続けて体温が上がりすぎれば、日陰で休む。その間、追跡者の体をすっぽりと覆《おお》う日陰はたいてい見つからない（どちらも一六〇センチ前後という同世代では小さいほうなのに）。その結果、二人とも真っ黒に日焼けしていった。

モンシロチョウの一個体追跡のフィールドは手近なところで、北海道大学の構内だが、夏休みの期間は観光客が多い。ポプラ並木やクラーク像を求めてきた人々が、研究中の私たちにいろいろ聞いてくる。目を離すとモンシロチョウに逃げられるので、聞かれてもなるべく無視しているのだが、まず観光客には私たちが何をしているのか理解できない。暇そうにぶらぶらしている人にしか見えないらしい。だから、ポプラ並木はどこかと聞いているのに、こっちを見ないでうるさそうにしている、何という不親切な人だろう、と不満げな目で見ている。

朝、日の出前に北大構内に出かける。昨日、追跡個体が眠りに入った場所で起きてくるのを待つ。朝日が差してきて、チョウの体温が上がってくると、前に倒していた触角をピンと伸ばし、体の掃除をして、止まっていた植物の上のほうへ移動する。チョウが足を使うのはこのときぐらいである。そのうち、頭をくるくると左右に振ると、パッと飛び立つ。数メートル飛ぶと、ふわりと草の上に着地する。ウォーミングアップがすんだら、花を求めて飛び立つ。まず腹ごしらえだ。

花でひとしきり蜜を吸ったら、雌は産卵植物を探し、雄は雌を探す。雌は触角で匂いを確かめながら、植物の間を低く飛び、雄は白っぽいものを探しながら、植物の上のほうを飛んでいく。雄は紫外線を反射する雌の翅を見分けることができるのに、自分の視野の中で相対的に一番白いものに接近する。瀬戸物のかけら、紙切れ、タンポポの綿毛、クモの卵のう、ヨモギの白っぽい葉裏……。ちょっと近づいてみる。ちょっと触ってみる。とにかく雄はこの状態を一日続け、午後の三～四時ぐらいにねぐらにする植物にぶら下がるように止まって眠りにつくのである。雌のほうは、雄ほど長く飛んでいないで、すぐ植物に止まるが、雄より低い位置に止まる。したがって、人の目につくモンシロチョウの大半は雄だ。雌は産卵植物を見つけると、すぐに降りて前足でアブラナ科植物であることを確認し、一個ずつ産卵する。一度の飛翔で一〇個ぐらいを次々と産んでいく。

一個体追跡をしていると、思ったほど他個体に出会わないことがわかる。モンシロチョウの各個体はほとんど何の連携もなく動いている。雌を追跡していると、そのうち他個体が接近する。たいていは雄だ。産卵中の雌にとって雄は避けるべき邪魔な存在である。雌が若くて元気なときはどんどん飛び上がって逃げていく。雄もしばらくついてくるが、そのうちあきらめて降りてくる。雌はそのまま遠くへ飛び去る（図6・2a）。雌の日齢が進んで鱗粉も少なくなった個体の場合、雌はすぐ地面に降下して、翅を開き尻を持ち上げる「交尾拒否」の姿勢をとる（図6・2b、写真6・6）。雄はすぐそばに降りて交尾しようとするが、この姿勢をとられている限り、交尾

写真6・6―― モンシロチョウ雌の交尾拒否姿勢。背後から雄がせまってきたとき、すでに交尾を済ませた雌がこの姿勢をとると、雄はまったく交尾をすることができない。（写真提供／川邊 透）

は不可能だ。雌の閉じた翅の縁に前足をひっかけて押さえつけてから、雌の腹部を側面から曲げて、雌の腹部を把握することで交尾が成立する。雌に翅を開いて尻を持ち上げられると、雄はそばでもぞもぞしているだけで何もできない。すでに交尾した雌はすべてこの種の「交尾拒否行動」をとるが、再交尾が不可能なわけではない。雄の接近で交尾拒否姿勢をしていた雌が、雄が去ったので安心して、翅と尻をもとに戻したとたん、葉陰から別の雄が現れ、雌が再び交尾拒否姿勢をとる前に素早く交尾を成立させた例を観察している。

　モンシロチョウの雌が「上昇行動」をするほど若くなく、すぐに「交尾拒否」姿勢をとるほど古参になっていないとき、雌は地上二〜五メートルぐらいの空間を逃げ回る。すると、周りにいる他の雄がみんな引き付けられてしまい、数頭のモンシロチョウが乱れ飛ぶことになる。普通、雄同士が出会ったときは、相手を雌とみなして追いかけるので、ぐるぐる回転することになるが、そのうちどちらもあきらめてパッと別れていく。

　モンシロチョウの雄を日がな一日見ていると、雌しか頭にないのにあきれてくるが、こ

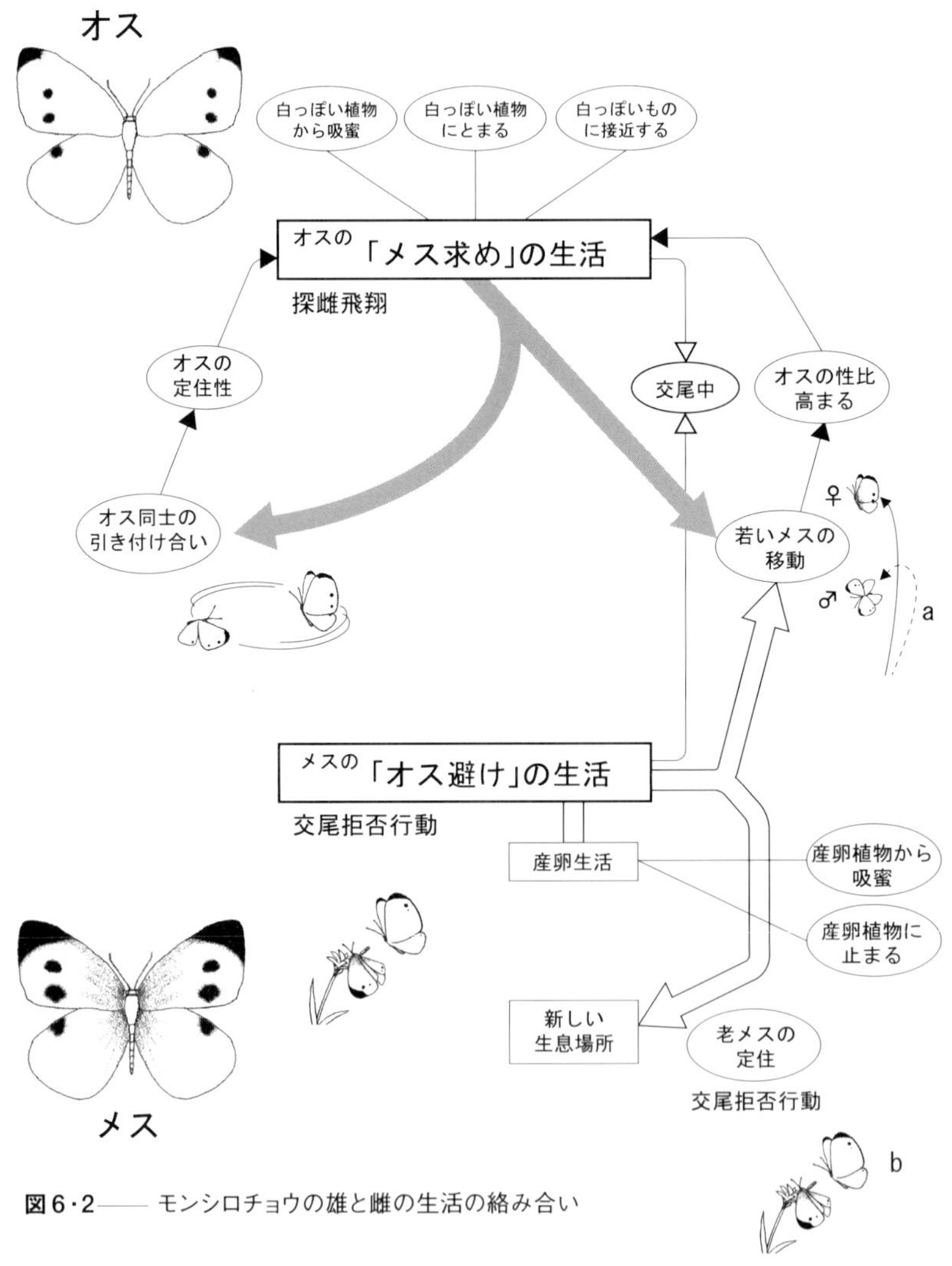

図6・2—— モンシロチョウの雄と雌の生活の絡み合い

れが昆虫の生活なのだ。さっさと交尾して、さっさと卵を産み、さっさと死んでいく。そして、この雄のあくなき交尾衝動が雌を分散させていくことにつながると考えられる（図6・2）。

5　ヤマトシジミの雲隠れ

兵庫県立人と自然の博物館の職員になってから、モンシロチョウとまったく同じ方法で、ヤマトシジミの一個体追跡をしてみた。住宅地ならどこにでもいるヤマトシジミである。博物館の総合共同研究の一環として住宅地のチョウのセンサス調査を中西明徳さんと行なっていた。初めのころはヤマトシジミが一番多かった。どこの家の庭でもカタバミは根付いていて、ほとんど地面にへばりついているので、草むしりでも一〇〇％むしり取られることが少ないからだろう。

シジミチョウというのは小型のチョウのグループである。蜆貝《しじみがい》の食べかすに大きさも色の感じも似ていて（写真6・7）、ここからシジミチョウの名前がつけられた。この蜆貝のもっとも普通種にヤマトシジミという名前がついている。シジミチョウの普通種にも同じヤマトシジミという名前がつけられているが、生活空間がまったく違うので、話が混線することはまずない。

一個体追跡をするときは、まず飼育から始めなければならない。羽化後何日目の個体かを知るには羽化したての個体が必要なのだ。第2章第7節で見たように、昆虫の成虫は羽化したら体はどんどん壊れていくので、日々状況は変化していく。だから行動を記載するとき、何日目の個体かは重要である。

それまでチョウの羽化はモンシロチョウ、アゲハチョウ、キチョウ、オオゴマダラなど中型以上の個体しか見てこなかった。ヤマトシジミは初めてである。羽化しそうな個体は蛹の殻が透けてきて中身が黒くなっているのですぐわかる。しかし、なかなか羽化してこない。しびれを切らして、ある報告書に目を移した。五分ぐらい経って蛹を見ると、もうチョウになっている。翅はすっかり伸びている。何てこった。もう一度時計を見る。やはり五分しか経っていないではないか。その後、実際に蛹から抜け出して翅を伸ばすところを観察した。確かにあっという間に翅が伸びる。

写真6・7——ヤマトシジミ

翅の面積はモンシロチョウの五分の一しかない。速いわけだ。

ヤマトシジミの一日はモンシロチョウと大差はない。朝日で体温を上げたあと、飛び出して花の蜜で朝食をとる。昼食・夕食は適宜、腹が減ったら、花に飛んでいけばいい。朝食のあとは、雌は産卵、雄は雌探しである。行動半径はモンシロチョウよりかなり狭く、飛翔も地面を這うようにしているので、これをチョウだと思っている人は少ない。「汚い」小さなガが足元を飛んでいると思って、それ以上追求しない。しなくても実生活に何ら影響しないのだから。

ヤマトシジミの追跡をしていて何度も見逃した。小さいせいもあるのだが、雲隠れしてまったく見つからないことをしばしば経験した。あまり行動半径は広くないので、あたり一帯を歩き回り、飛び出るヤマトシジミを探すのだが、飛び出ないのだ。何かに驚くと体がしばらく凍りついたように動かなくなるのではなかろうか。小さいので草むらに動かずにいたら、ちょっとやそっとでは見つからない。敵をやり過ごすにはかなり効果的な行動のように思える。これはひょっとすると、第5章で述べた「ポトリ落下」のチョウ版かもしれない。シジミチョウは翅が小さいので、途中にひっかからずに草の根元まで転げ落ちる可能性がある。そうだとすると、これは新しい発見だ。本腰を入れて調べる価値がありそうである。

6 炎天下の沖縄で追跡したオオゴマダラ

奈良県の橿原《かしはら》市に昆虫館がある。チョウの温室があって生きたチョウが放し飼いになっている。こういう「放蝶施設」では見栄えがして優雅に飛翔するマダラチョウの仲間が放されることが多い。その中でも一番大きいオオゴマダラは琉球列島から南にしかいない。優雅にふわりふわりと飛ぶ。蛹が見事な金色でまさに生きた宝石という感じである（一四頁、口絵参照）。

ここの職員がオオゴマダラの一個体追跡をしてみたいというので、方法の伝授がてらチョウの温室内で一個体追跡をしたことがある。ここのオオゴマダラはバックヤードで卵から育てている。しかし、温室で、年中一定数のチョウを飛ばすのは難しい。特に冬場は、食草（幼虫の餌植物）の生育が悪く、飼育も順調にいくとは限らない。昆虫館では、石垣島に食草栽培と飼育の施設を持ち、状況に応じて植物や幼虫を送ってもらって、温室内のチョウを一定数にしている。石垣島のほうでは、施設内で食草を栽培するのがメインだが、それだけでなく、敷地にチョウの吸蜜植物を植えて、チョウの住みやすい環境を作っている。その施設があるなら一度現地で一個体追跡をしたいねと話していた。

石垣島での一個体追跡が実現したのは、一九九六年の七月だった。宮良小学校で開校一〇〇年の記念式典にオオゴマダラを一〇〇〇匹放蝶するという話を聞いた。ただ放つだけではもったいない。番号をつけて放せば、どのように分散していくかわかるし、一個体追跡するのにも捕まえた個体が何日齢かがわかると好都合なので、番号づけと一個体追跡をぜひやろうと昆虫館の職員にもちかけたのである。そうしたら行きましょう、やりましょう、という返事。内心嬉しいのと困ったという気持ちが渦巻いた。博物館の仕事の中で、一週間ぐらい研究日がとれるだろうか。しかし、こうした場合、嬉しい気持ちを優先すると、何とかなるものだ。炎天下の石垣島での一個体追跡はこうして実現した。

オオゴマダラは優雅にひらひらと飛ぶのだが、実際にフィールドで追いかけてみると、そう簡単には追跡できなかった。結構高い樹木や建物をゆうゆうと越えていく。こちらは地上を走り回るが、すぐに見失ってしまう。ただし、モンシロチョウを追いかけたときよりは、こちらが隠れる日陰があった。オオゴマダラはモンシロチョウよりずっと樹木がある環境を選ぶからだ。石垣島の痛いような炎天下にさらされることを覚悟して出かけてきたとはいえ、これにはほっとした。

当初の計画では一〇〇〇匹放蝶の予定だった。ところが、蛹からの羽化が思うようにいかず、一九九六年五月一八日の創立百周年記念式典当日には四〇〇匹の放蝶だった。それでも、準備した蛹からはどんどん羽化して、五月二四日には延べ一〇〇一匹となった。五月二五日に近隣一斉の再捕獲調査を行ない、一週間でどのくらい移動したかを見る。あとは発見者の通報待ちとしたが、五月二五日までに結構雨天が多くて予期したように分散しなかった。分散しなかった割には再捕獲率が低かったので（六・六%）、雨天のための餓死もあったと思う。

オオゴマダラの生活は、大筋ではモンシロチョウやヤマトシジミで見たものと同じだった。雌雄とも樹木の葉にぶら下がって寝ているが、目覚めるとまずゆっくりと飛び出し、原っぱの草の花（シロバナセンダングサが多かった）か、樹木の花（フクギが多かった）で吸蜜する。

その後、雄は雌を求めて飛び出していく。優雅にゆっくり飛んでいくのだが、徒歩よりも少し速い。しかも空中だから障害物はない。追跡者は足元を見ながら小走りについていいく。それでもだんだん距離が離れていく。ついには建物とか大きな樹木の陰になり、見失ってしまう。雌（三個体）は三三時間の観察中五回しか見逃さなかったが、雄（三個体）では五二時間の観察で一八回も見逃した。優雅なオオゴマダラといっても、やはり雄の活動性は雌を凌《りょう》駕《が》するのである。

雄は雌を探し求めているので、他のオオゴマダラを見つけると、さーっと近づいていく。そして、その個体が雄だったり、すでに交尾したことのある雌だと、すぐ追尾をあきらめるが、未交尾の雌だとしつこく追尾する。一匹の雌の後を数匹の雄が追尾すると、まるで「連凧《れんだこ》」✦2のように見えた。雌が交尾をしたがっていると、雌はすぐ着陸し、交尾はすぐに成立してしまうが、雌が交尾する気になっていないと、雌は尻先を持ち上げて、交尾を拒否してしまう。そのとき雄は、雌の上空でホバリングをしながらヘアペンシルと呼ばれる器官を尻先から出し、性フェロモンを放出する。それで雌がしだいに交尾する気になってきたところを見計らって、雄は雌のそばに着陸して横に並び、両前足と片中足で雌の前翅を押さえて、腹部を横に曲げ、雌の生殖器を挟んで飛び立つと、交尾が成立する。

交尾をすませた雌は、朝の食事の後、産卵植物であるホウライカガミなどを探して飛び回り、見つかると一卵ずつ葉裏に産卵していく。産卵数はせいぜい一日一〇卵程度だ。

以上の雌雄の生活を、どの行動がどのぐらい継続したか、図6・3にまとめた。雌雄とも「休息」「下垂休息」「交尾」で九割近くを占める（雌八九・五%、雄九一・一%）。これらの三行動はほとんど不動の行動なので、雌雄とも約一割の時間で、行動的な生活をしてしまっていることになる。しかも、この数値は夜

✦2 凧揚げの技法の一つで、同形の凧を多数つなげて揚げる。

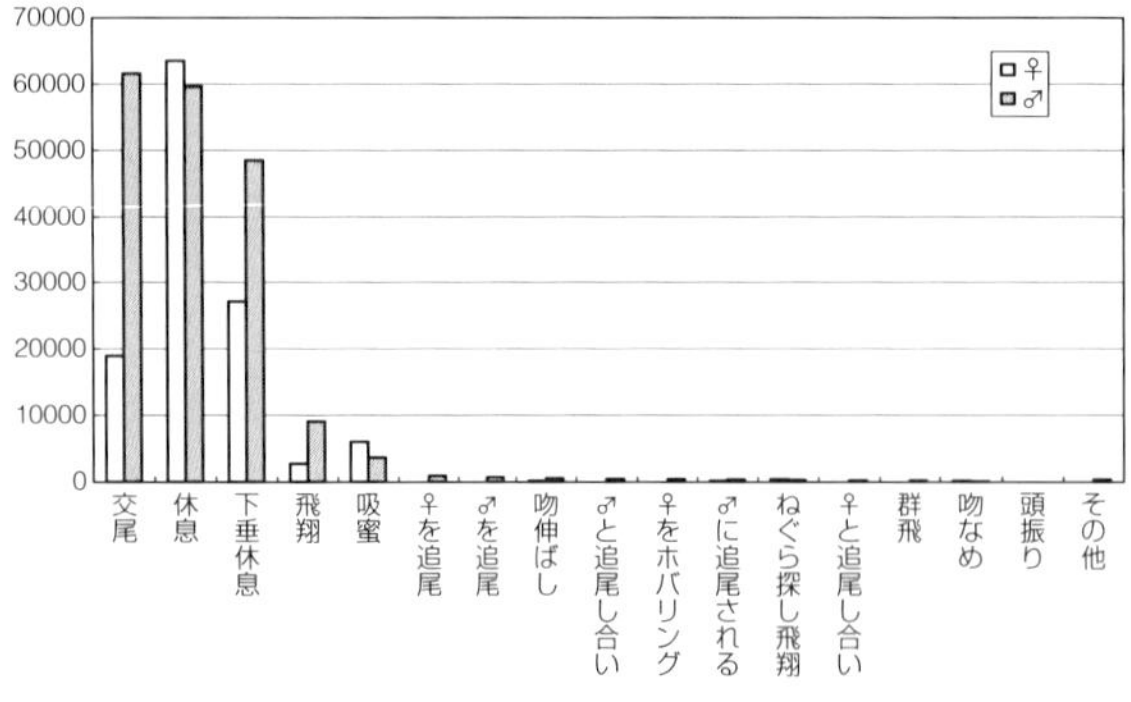

図6・3——オオゴマダラ雌雄の行動の違い。雄は3個体約52時間、雌は3個体約33時間の個体追跡データをまとめた。グラフの縦軸は秒を示す。

の睡眠時間は省いてあるので、二四時間に換算すると、もっと低い割合になる。激しい捕食圧にいつもさらされている昆虫は、必要がなければ動かないにかぎるのである。

7 女王バチの音声をまねるメンガタスズメ

セイヨウミツバチの女王バチが音声を発する事実をご存知だろうか。かなり古くから知られていてクィーンパイピングという。この音声をメンガタスズメという変わったスズメガが擬態しているのではないか、という話である。

スズメガのグループは私の好きな昆虫の一つだ。成虫が止まっている姿はまるでジェット機である。飛んでいるときは細くスマートな翅をブンブンと羽ばたかせて、空中にとどまることもできる。体長は最小でも二センチぐらいはあるから、小鳥が飛んでいるようにも見えるが、大半は夜行性だ。鱗翅類は昆虫網で捕獲したら、鱗粉が落ちないようにすぐに胸部を指で圧迫して運動能力を奪うのだが、スズメガはちょっと圧迫したぐらいではつぶれない。思いっきり指に力を入れ、胸部

写真6・8——メンガタスズメ。前翅を突然開くと、後翅と腹部の縞模様が目立つ。

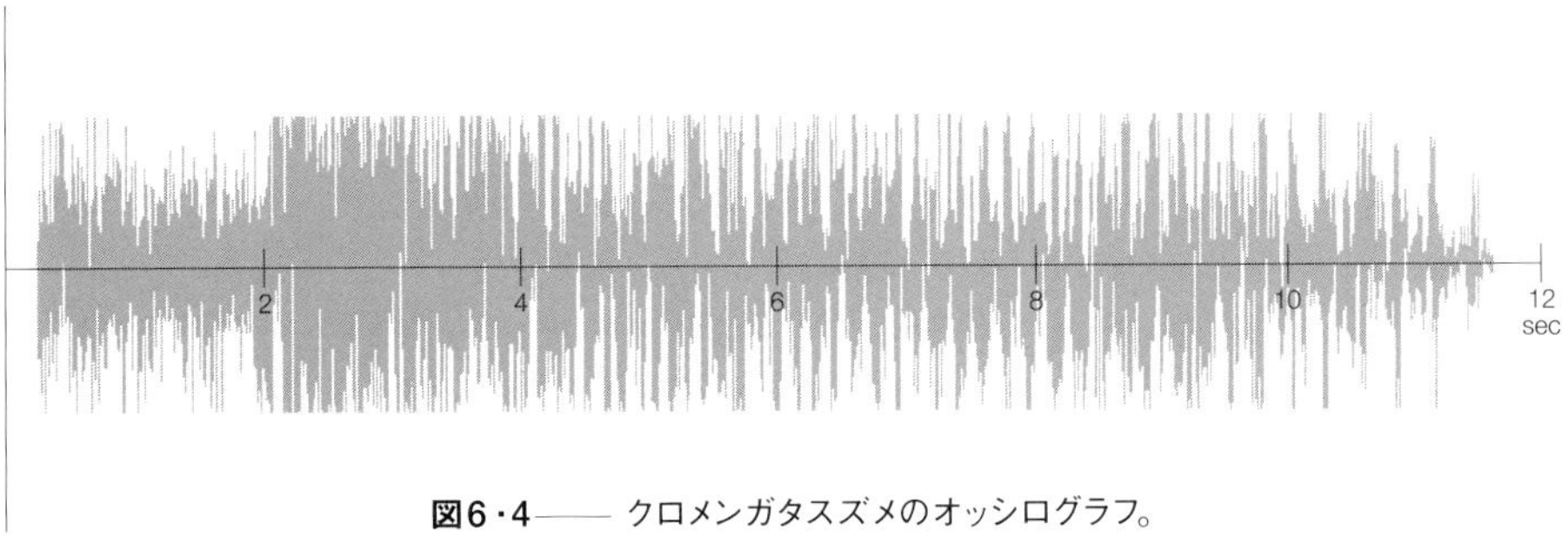

図6・4——クロメンガタスズメのオッシログラフ。

の筋肉がブキブキと音をたてて壊れるまでつぶさねばならない。これをしないと三角紙（第9章第3節参照）から簡単に抜け出し、三角管の中を動き回られ、悲惨な状況となる。

メンガタスズメ（写真6・8）は少々変わったスズメガだ。胸部に「面形」がついている。髑髏《どくろ》のように見える。外国ではそのものずばり「しゃれこうべスズメガ」（death's head hawk-moth）と呼んでいる。日本にはもう一種、クロメンガタスズメがいるが、どちらも老婆の笑い声のような不気味な音声を出すことで知られている（図6・4）。口吻《こうふん》もスズメガの中では一番短く、硬くて丈夫である。口吻の長さが三〇センチもあるマダガスカルのキサントパンスズメガとはえらい違いだ。

この短くて頑丈な口吻をミツバチの巣に差し込んで蜂蜜を吸うといわれている。セイヨウミツバチの巣に紛れ込んで、死体となったメンガタスズメを観察したことがある。文献にもプロポリスで塗り固められた例が報告されている。

クロメンガタスズメがニホンミツバチの巣から蜂蜜を吸うシーンが鹿児島で観察されている。スズメガは屋根裏のミツバチの巣の下側から体当たりするように突っ込み、翅を震わせながら素早く上のほうに駆け上がり、吸蜜してさっと巣から離れた後、また巣の下側から突っ込むという行動を繰り返すという。この観察をした西旨義さんは四匹の腹部を開いて二匹の胃が蜂蜜で満たされていたことを確認している（西・一九九九）。

メンガタスズメがセイヨウミツバチの巣に潜り込めるのは、スズメガの体表脂質成分が働きバチとそっくりで、働きバチには侵入者としての認識ができないからだといわれている（Moritz et al・一九九一、秋野・一九九九）。これは「化学擬態」だ。嗅覚が主である昆虫は、形がまったく違っても匂いが同じなら同類とみなしてしまう。アリの巣にちゃっかりと住んでいる昆虫たちを「蟻客」と呼んでいるが、すべて体表脂質成分の擬態をしている。

メンガタスズメは化学擬態だけでなく、「音声擬態」もしているらしい。セイヨウミツバチの巣にはいつも女王バチが一匹いるのだが、何らかの事故でいなくなると、働きバチにしようとしていた卵か若い幼虫の中から数～数十匹の女王バチがつくり出される。最初に羽化してきた女王バチは、他にも羽化してきそうな女王バチ（姉妹だが）を殺してしまう。羽化するとすぐに、羽化しそうな女王バチを探し回り、まだ王台内にいるその女王を殺そうとする。[✦3] そのとき働きバチにその動きを阻止されると、トゥティング（図6・5A）と呼ばれる鳴き声を発し、働きバチの動きを封じておいて、王台に向かう。王台内の（羽化は終わっている）女王は群がる働きバチによって王台からの脱出を阻止されると、クワッキングと呼ばれる鳴き声を発する。トゥティングをしている女王はクワッキングを頼りに接近するといわれている。そしてまた、トゥティングをする女王が働きバチに噛み付かれてしまったときは、シュリーキングと私が名付けた音声（図6・5B）を発して噛《か》み付いている働きバチから逃げようとする。これら女王バチの音声をまとめてクィーンパイピングと呼んでいるが、すべて働きバチの行動を止めさせようとしているように見える。

　メンガタスズメの音声はこのクィーンパイピングの擬態ではないかといわれている。栗林自然科学写真研究所にいるとき、クロメンガタスズメが灯火にやってきた。捕まえると、キキキキキと鳴いている（図6・4）。昆虫の

図6・5――セイヨウミツバチの女王バチの鳴き声（オッシログラフ）。昔からtooting（A）とquackingが知られていたが、新たにshrieking（B）を報告した（上と下は別の個体）。縦軸は音の強さで、横軸は時間経過（秒）（Ohtani、1994）。

✦3
王台とは女王の巣室のこと。ここで「羽化しそう」とは王台から出ることを意味していて、翅が伸びる意味での羽化は王台内ですませている。

音声に詳しい久留米医大の上宮健吉さんにクロメンガタスズメの鳴き声を分析してもらい、いろいろ調べていただいているが、耳で聞いてもオッシログラフを見てもあまり女王バチに似ているとはいいがたい。

昆虫は直翅類・セミ類と一部のガ以外聴覚が発達していない。触角付け根のジョンストン器官で聞くといわれているが、細かく音を聞き分けているのではない可能性もある。ひょっとすると、ミツバチの場合、攻撃したときに何か強い音を感じると、行動がストップするのかもしれない。こんな場合でも音声擬態といえるのだろうか。

いずれにせよ、これまでに述べた化学擬態や音声擬態をもっているメンガタスズメ類でも、ときどきミツバチの攻撃を受けてしまう場合が観察されている（写真6・9）。私も大半の鱗粉をかじりとられたメンガタスズメの死体を、セイヨウミツバチの巣箱内で何度か見つけている。化学擬態も音声擬態も完全ではなく、うまくいかないときもある、という証拠を見せつけられた気がした。

A　入る前。

B　半分入る。

C　仰向けでやられる。

D　死体。

写真6・9――ニホンミツバチの巣に潜り込むメンガタスズメ。巣に近づいて(A)、うまく入り込むこともあるが(B)、ミツバチの攻撃を受けて(C)、殺されてしまうこともある(D)。(撮影／小野省三)

第3部

昆虫と博物館

第7章 存在をアピールする鳴く虫たち

1 飛ぶことよりも音声にめざめた「鳴く虫」

昆虫は嗅覚動物だ。触角に無数の嗅覚細胞が密集している。昆虫の視覚は動きや色には敏感だが、形の認識はかなり悪い。そして聴覚はもっと悪い。はっきりと鼓膜器官をもっているのはバッタ、キリギリス、コオロギなどの直翅目《ちょくし》と半翅目《はんし》のセミ類、そして一部のガだけだ。その他の昆虫たちは触角の根元にあるジョンストン器官で音を感じるといわれている。

音を出すことができる昆虫は思った以上に多いのだが（表7・1）、仲間に聞かせるために音を出している、つまり「鳴いている」のは直翅類とセミ類に限定されている。夏のセミ、秋の鳴く虫として季節の雰囲気をかもし出すことに重要な役割を担っているが、「秋の鳴く虫」といわれる直翅目の昆虫たちは秋だけでなく、春先から鳴き始め、夏・初秋と演奏家が増えてゆき、秋のピークから晩秋へと自然の音環境は優雅に変遷していく。しかし、普通は「夏のセミ」「秋の鳴く虫」に意識が固定されているので、そういう優雅な音環境の変遷は意識の外にある。

四大昆虫に入らないが、直翅目は半翅目の次、第六位の種数でかなり繁栄しているグループである（三六頁、表2・1参照）。昆虫の基本形から外れないまま進化し、植物に密着した生活をしている。植物があれば、直翅類は何かしら生活できるもので、地味だがしぶとく生きている感じがする。後ろ足が発達しているものが多く、逃げるときは後ろ足の跳躍で敵をかわす。飛翔《ひしょう》もできるが、ようやく滑空しているといったところで、あまり得意ではない感じである。キリギリス亜目では、飛翔にはあまり役立っていない前翅を擦《こす》り合わせて音声をつくり出すことに成功した。バッタ亜目では前翅と後脚で音をつくり出している。直翅目は得意でない飛翔を音づくりに転用したのだ。

　この鳴く虫には栗林自然科学写真研究所の食客時代に親しみ、姿と声を一致させた。学位論文をまとめるための一年間以外の五年間は、栗林さんの仕事に役立とうとしていつも待機していた。「待機」という状態は暇なようだが、何かに打ち込んで作業することはできない。打ち込んでしまうと、栗林さんの要求にさっと反応できないのだ。しかし、要求がないときは何とも暇なのである。この暇だが何もできない状態のときに、鳴く虫の声が聞こえてくる。この鳴いている虫はいったいどのぐらいの大きさで、どんな形をしているのだろうという思いが、鳴き声が聞こえる間ずっと続く。調べたいという気持ちはどんどん強まっていく。待機していなくてもいい夕食後の時間にさっそく鳴き声の主に逢いにいく。鳴き声に出会うと、違った二点から鳴き声を聞き、その交点付近にいると、あたりをつける。そろそろと近づいていく。鳴く虫は足音や地面からの振動を感じて鳴きやむ。こちらも接近をやめて、鳴き出すのをひたすら待つ。鳴き出したら、歩を進める。また鳴きやむ。立ち止まる。鳴くのを待つ。鳴き出す。近づく。鳴きやむ。待つ。鳴く。近づく……。

　この繰り返しを辛抱《しんぼう》強く行なうと、鳴いている現場に行き着くことが可能だ。鳴く虫との根競《こんくら》べである。根性さえあれば必ず捕まえられるという確信はあるが、かなり人口密度が低いところでないと、誰かに不審者として警察に通報されたり、逆に不審者に接近されたり、いろいろな不都合が生じてくる。

2 虫はなぜ鳴く

　他の昆虫たちが発達させず、感覚として切り捨ててきたように見える発音と聴覚。これ

コウチュウ目	コガネムシ、コメツキモドキ、ケシキスイ、テントウムシダマシ、シバンムシ、ゴミムシダマシ、キクイムシ、ハムシ、コメツキムシ、カミキリムシ、オサムシ、ナガシンクイムシ、ナガドロムシ、ガムシ、シデムシ、クロツヤムシ、コブスジコガネ、ゾウムシ、ゲンゴロウ、オオキノコムシ、ハンミョウ、ホソクビゴミムシ
チョウ目	アゲハチョウ、タテハチョウ、ヤガ、カレハガ、トラガ、スズメガ、マダラガ、ヒトリガ
ハエ目	ミバエ、カ、ヌカカ、ユスリカ、ハナアブ、キモグリバエ、ショウジョウバエ
ハチ目	アリ、アリバチ、アシブトコバチ、ミツバチ、ハキリバチ、スズメバチ
カメムシ目	サシガメ、ヒゲブトカメムシ、ミズムシ、ミズカマキリ、ナガカメムシ、タイコウチ、カメムシ、ヒラタカメムシ、カタビロアメンボ、アブラムシ、チビヒラタカメムシ、ヘリカメムシ、セミ、ウンカ、ヨコバイ、アメンボ
バッタ目	コロギス、バッタ、ノミバッタ、キリギリス、コオロギ
そのほかの目	ゴキブリ、コノハムシ、カワゲラ、チャタテムシ

表7·1――音を出す昆虫のグループ（主に科名）。上宮健吉（1981）の表を目で並べ替えた。大半は表2・1（36頁）の上から六つまでの目に入る。体が硬い昆虫は体を動かしたときに音が出てしまうことが多い。

は直翅目昆虫にどのように役立ってきたのだろうか。わざわざ音声情報を出して何のメリットがあるのだろうか。確かに耳のいい鳥に音声情報を与えたら、たちまち見つかって食べられてしまう（これはちょっと大げさな表現、実際は単独でいても音は反射するので、「たちまち見つかって」というほどでもない）。しかし、それは単独でいるときだけだ。集団で出す音声情報はかえって個々の存在を消すのだ。多数で鳴いていると、過剰情報となり、逆に探索方を混乱させる。あっちからもこっちからも、聞こえたり聞こえなくなったり、まったく音声なしで探すよりもかえってずっと始末が悪い。

マダラスズが多数鳴いている芝生に踏み入ってみよう（図7・1）。自分の周り約一メートルの円内の個体が鳴きやむ。その円の外では盛んに鳴いている。ゆっくり歩いていくと、沈黙の円がそのまま移動する。虫が鳴いているのに姿が見つからない。何だかいらいらしてくる状況だ。虫が多数で鳴いているということは、音声情報を与えていながら、かえってそのことが姿を探すことの妨げとなっているのではないだろうか。

第5章の最終節で、ホタルが暗いところでわざわざ光るのは、それだけの生態的な意味があるはずだということを述べた。同じように発想するなら、鳴く虫も昆虫として不得意な「発音」をわざわざするのだから、何らかの生態的意義を見出す必要があるだろう。ホタルの場合の生態的意義とは具体的には捕食者対策で、「警告光」ではないかと推測した。鳴く虫の「鳴くこと」も捕食者対策とすれば、この鳴き声という特徴は、聴覚の鋭い捕食者に対する防御として発達したのではないか、と考えるのがスムーズである。

雌は鳴かないという事実はどう考えればいいだろうか。集団で鳴いている位置を特定させないという作戦はかなり有効だと思うが、集団になる前に鳴き始めた最初の一匹はその位置を特定させてしまう。また、集団で鳴いていても集団の端にいる個体は「集団による位置混乱」の恩恵を受けにくい。私も鳴く虫を捕らえるときは、なるべく集団のはずれで鳴いている個体を狙う。「鳴く」ことにはやはり一定の危険を伴うのだ。鳴くことで結局捕まることになっても、卵を抱える雌は範囲外、何度でも交尾できる雄は少しぐらい食われてもいいことになる。

図7・1――マダラスズ（右写真）が鳴いている環境。観察者の周りに「沈黙の輪」ができる。

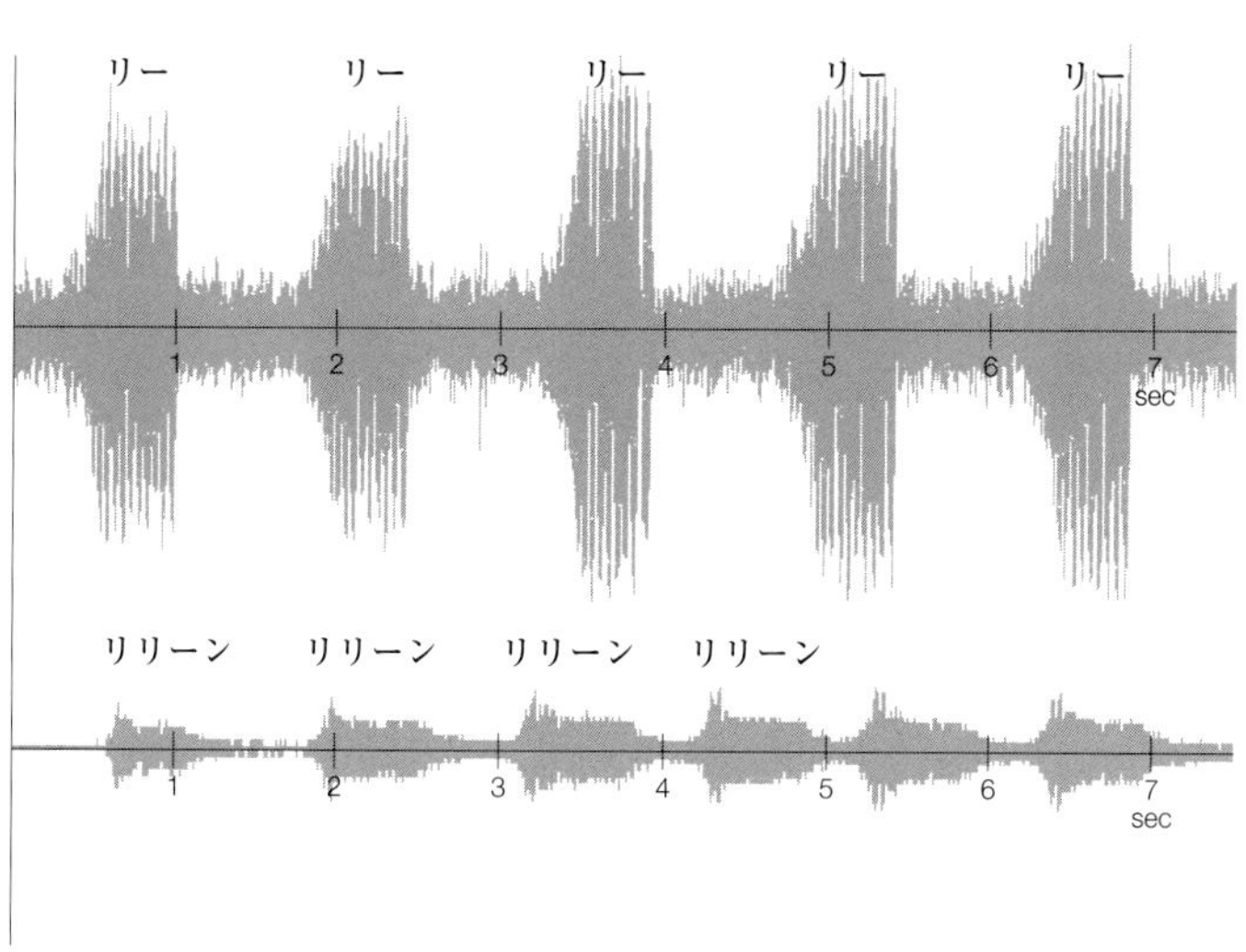

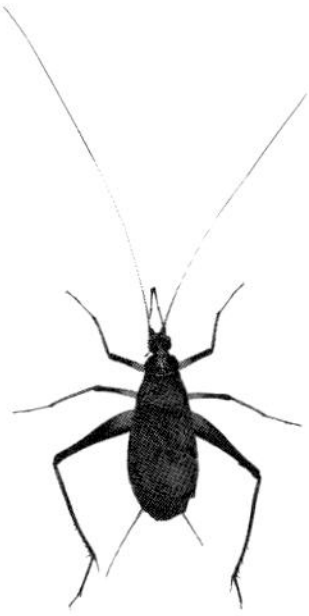

図7·2―― スズムシの呼び鳴き(上)と誘い鳴き(下)。Media Studio Proでオッシログラフ風に視覚化した(以下、図7・10まで)。普通、野外では呼び鳴きが聞こえ、飼育器の中では誘い鳴きが聞かれる。

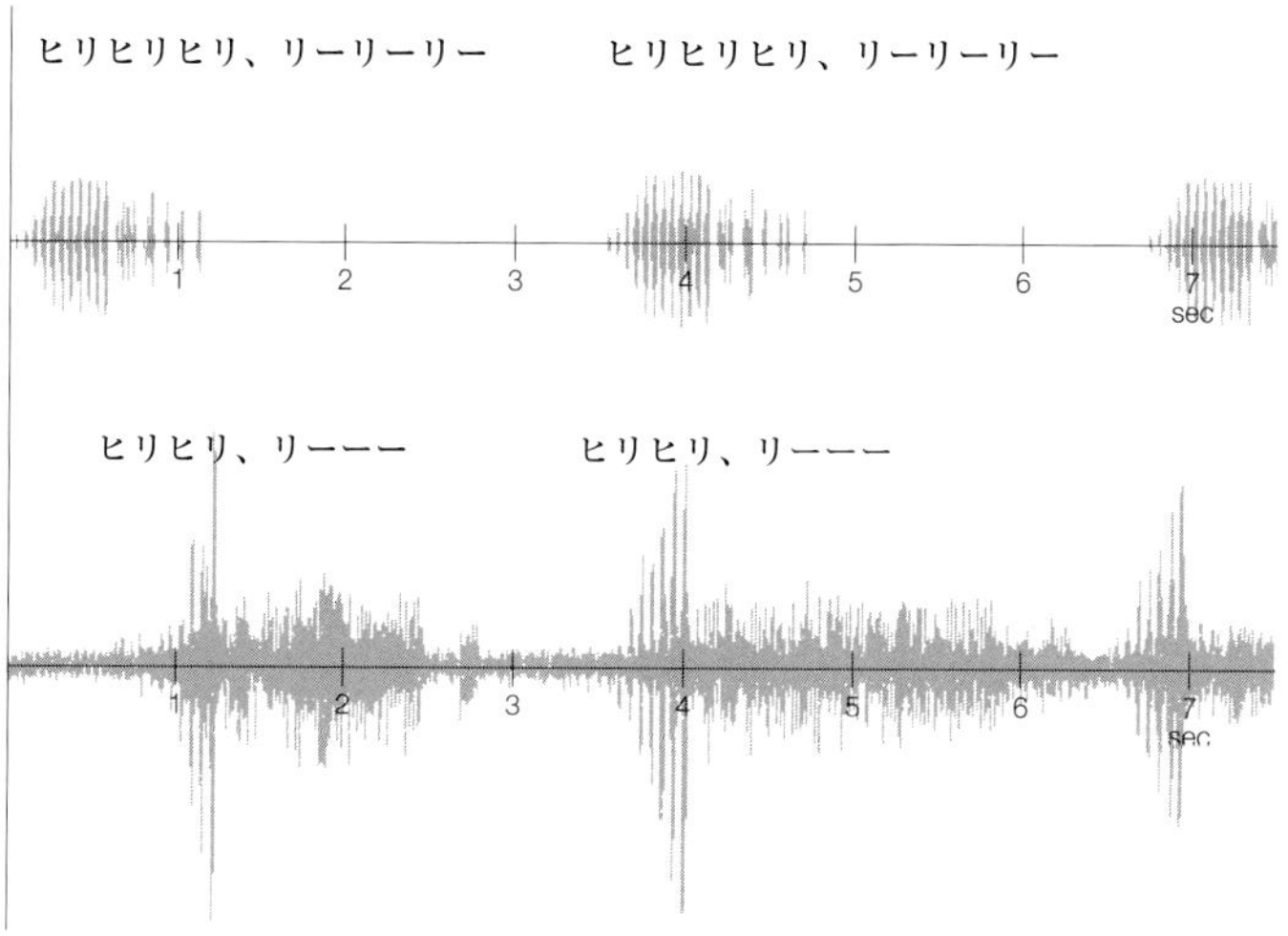

図7·3―― エンマコオロギの呼び鳴き(上)と誘い鳴き(下)。スズムシほどの差がないので、普通、野外で両方が聞こえていても区別している人はほとんどいないと思われる。

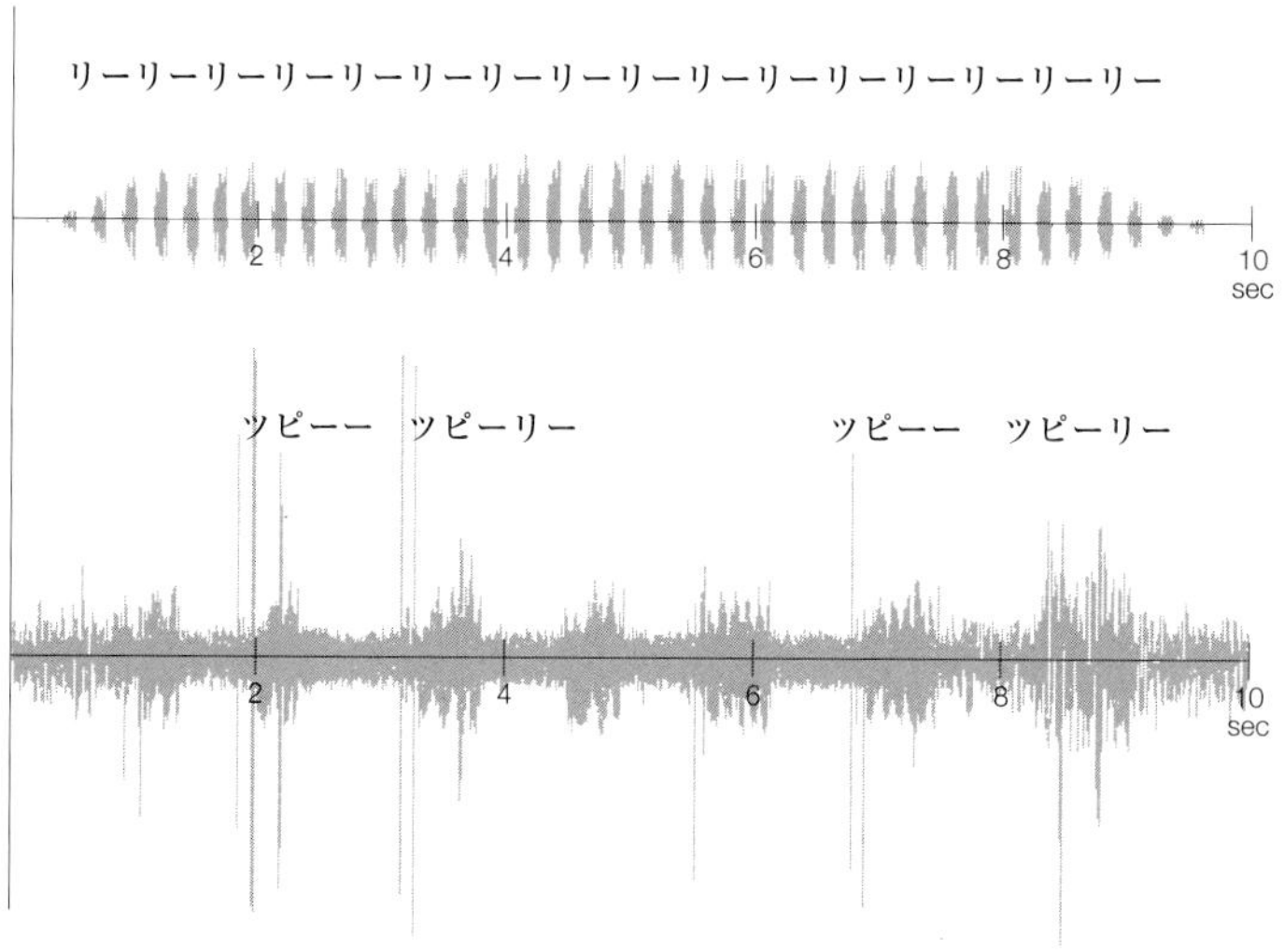

図7·4―― ツヅレサセコオロギの呼び鳴き(上)と誘い鳴き(下)。まったく違う鳴き声なので、大多数の人は、野外で両方が聞こえても違う虫だと思ってしまうだろう。

捕食者に対する防御効果があり、直翅目の特徴として「鳴くこと」がいったん定着したら、あとは雌雄の出会いに利用することができる。鳴くことと多数が集まることはセットになっていて初めて効果を発揮するなら、雌も雄も鳴いている雄のそばに集まってくることに意義がある。近づいた雄はつられて鳴きだす。近辺には多くの個体が集合する。暗闇で捕食者が近づいてきても聴覚を混乱させて防御する。こうした集合に役立つ鳴き方を「呼び鳴き」とか「独り鳴き」と呼んでいる。その後、雄が自分のごく近くにいる雌の存在に気が付けば、多くの鳴く虫は鳴く調子を変えて交尾を誘う。これを「誘い鳴き」とか「くどき鳴き」とか呼んでいる。

　スズムシは今でもよく飼育が行なわれている鳴く虫だが、普通は雌雄を多数飼うので「リーン、リリーン」というお馴染みの鳴き方をする。これは「誘い鳴き」のほうで、雄を一匹だけにして鳴かせると、「リー、リー、リー」とまったく違う虫のような「呼び鳴き」をする（図7・2）。大きくてどこにでもいる声のいいエンマコオロギでも、雌がそばにくると、急にかすれ声になり、調子も変わる（図7・3）。秋遅くまで鳴いていて秋の夜長を演出するツヅレサセコオロギも雌がそばにいると、その存在を道行く人に教え続ける（図7・4）。

　鳴く虫の研究家・鳴き声の収集家として著名だった松浦一郎氏の遺著に『虫はなぜ鳴く』（文一総合出版、一九九〇）がある。第一章は「鳴き声の生態」。その中の「呼び鳴きの生態」という節で、松浦さんは、雌を呼ぶために雄が鳴くという説にも、雄の縄張り宣言だという説にも疑問を呈した。エンマコオロギの観察では、鳴いている雄の近くに雌も雄も集まってくるのだが、静かにじっとたたずんでいるだけだという。カナダのケイドさんは鳴かないアブレ雄にとって雌を獲得するチャンスではないか、と考えた。[◆1] 松浦さんは、呼び鳴きの雄の周りで口説き鳴きを聞いたことがないという理由で、即却下である。松浦さんはまた、縄張り説には超小型スピーカーで実験した。盛んに鳴いている雄のそばでプレイバックすると、鳴きやんでその場を離れ、しばらく後に四～五メートル離れた場所で鳴き出した。自分の陣地を捨てては縄張りにならないではないか。縄張り説も却下である。しか

◆1 Cade. W. (1980) Alternative male reproductive behaviors. Florida Ent.63:30-45.

し、これは動物行動学でいうところの「スペーシング」のように見える。縄張りに似ているが、縄張りのように「守るべき場所の死守」はなく、相手が接近しすぎたら、自分が一定の距離を保つために動くのである。この状況はホタルでも同じで、ホタルが光を出して雄も雌も集合してくるときも、同じように交尾チャンスが増えると考える。結局、松浦さんは次のような高橋良一[✦2]さんの説を支持する。雄も雌も引き付ける「呼び鳴き」は仲間が分散してしまわない集合の合図であり、それにより交尾のチャンスが多くなる。

しかし、私は、松浦さんの「鳴くのは雄なのだから、それは雌を呼ぶために違いない」という前提は、必ずしも正しくないと思う。たいていの昆虫は鳴かないのである。節の冒頭に述べたように、「聴覚の優れた捕食者を混乱させるために鳴き声が発達した」というのがまずあって、その後に鳴き声の集合効果や交尾チャンスの増加が副次的に結びついたものではないだろうか。つまり、私の新説に高橋説を加えれば、矛盾のない「虫はなぜ鳴く」への回答ができあがる。夜もすがら集団で鳴き続けることが一種の防御として働いている。いうなれば「虫しぐれという防御」……我ながら新鮮なフレーズである。

3 鳴く虫インストラクター養成講座

江戸時代はもちろん、昭和初期まで虫の音を愛《め》でる風習があったのだが、昭和三〇年代にテレビが夜の時間帯を奪い始めてから急速に消滅してしまった。鳴く虫の大半は夜に鳴くので、夕食後から就寝までの三、四時間がテレビやゲームに取られてしまえば、鳴く虫の姿と声をゆっくり楽しむ「優雅な」風習など簡単に吹き飛んでしまう。今鳴いている虫の名前がいえても、諸々の試験は通らないし、毎日の生活に役立つわけではない（が、名前を知っていると生活は豊かになる）。

しかし、役に立つことだけ覚えるというのも何か面白くないというか、気が重くなるのだ。学校の「お勉強」の匂いがする。「将来役立つのだから、さあ覚えなさい」というお勉強ほど面白くないものはない。幼稚園・保育園のときはあんなに待ち遠しかった「ぴっかぴかの一年生」になって一月も経たないうちに、お勉強のつまらなさを十分に叩き込ま

✦2 高橋良一（一九五二）「南方昆虫記四・ホタルの光と虫の鳴き声」、『新昆虫』五巻六月号。

れるのだ。それでは、「面白いと思うもの」とはいったいどういうものなのだろう。

第5章のカブトムシのところで出てきた「トリビアの泉」というテレビ番組だが、取るに足らない「無駄のように見える」新知識を披露して五人の出演者に「へぇボタン」を押させるという単純なものだ。小学生をはじめ若い人中心にかなりの人気がある。人気の理由は「将来役に立つから」というお勉強とは対極にあるからだと推測する。自分の予想を超える新事実を前にすると、たいていの人は「へぇー」といってびっくりする。その新事実の実態は、と切り出すと、その実態を知りたくてググッと身を乗り出してしまう。

この展開は科学者が何か研究していてぶつかる「日常」とほとんど同じである。何かを観察していて、今までの常識から外れた新事実が見つかる。「へぇー、こんなことがあるのか」。それではその実態は何か、調べてみよう。さらに新事実が見つかり、どんどん探求の罠《わな》にはまっていく。知識に関する「面白さ」の原点はここにある。

こういった面白い新趣向のテレビ番組は最近いろいろある。だが、こうしたテレビの誘惑を振り切って夜の暗闇に足を踏み出してみよう。気温が一八℃以上なら、確実に何かしらの音声が聞こえるはずだ。八月後半から九月一杯なら「虫しぐれ」と表現されるように多種多数の個体が音声情報を出しまくっている。わけのわからないものがどっと押し寄せる迫力に、多くの人はたじろいで回れ右をしてしまう。楽しむ余裕など出てこない。一気に高いレベルにいってはダメである。

そこで「鳴く虫インストラクター養成講座」を考えた。二年間で三〇種の鳴く虫を聞き分けられるインストラクターを養成しようという私の（兵庫県立人と自然の博物館の）講座だ[✦3]（一六頁、口絵参照）。まず、鳴く虫が鳴き始める六月から講座がスタートする。博物館の周辺でマダラスズ、ケラ、キンヒバリ、タンボコオロギ、コガタコオロギを聞く（図7・5）。採集する。コンピューターで組み合わせた鳴き声（次節参照）で聞き分けの訓練をする。講座の時間は午後五時から九時までの四時間。もちろん、四時間で聞き分けが完全にできるようになる人は少ない。聞き分ける姿勢ができあがったところか。そこで宿題を出す。五つ。今鳴いている五種のうち、一種以上で五

✦3
九五頁に登場した八木剛（やぎつよし）さんは、鳴く虫に関する造詣が深く、耳も私より優れているので、この講座を当初より支えてくれた。

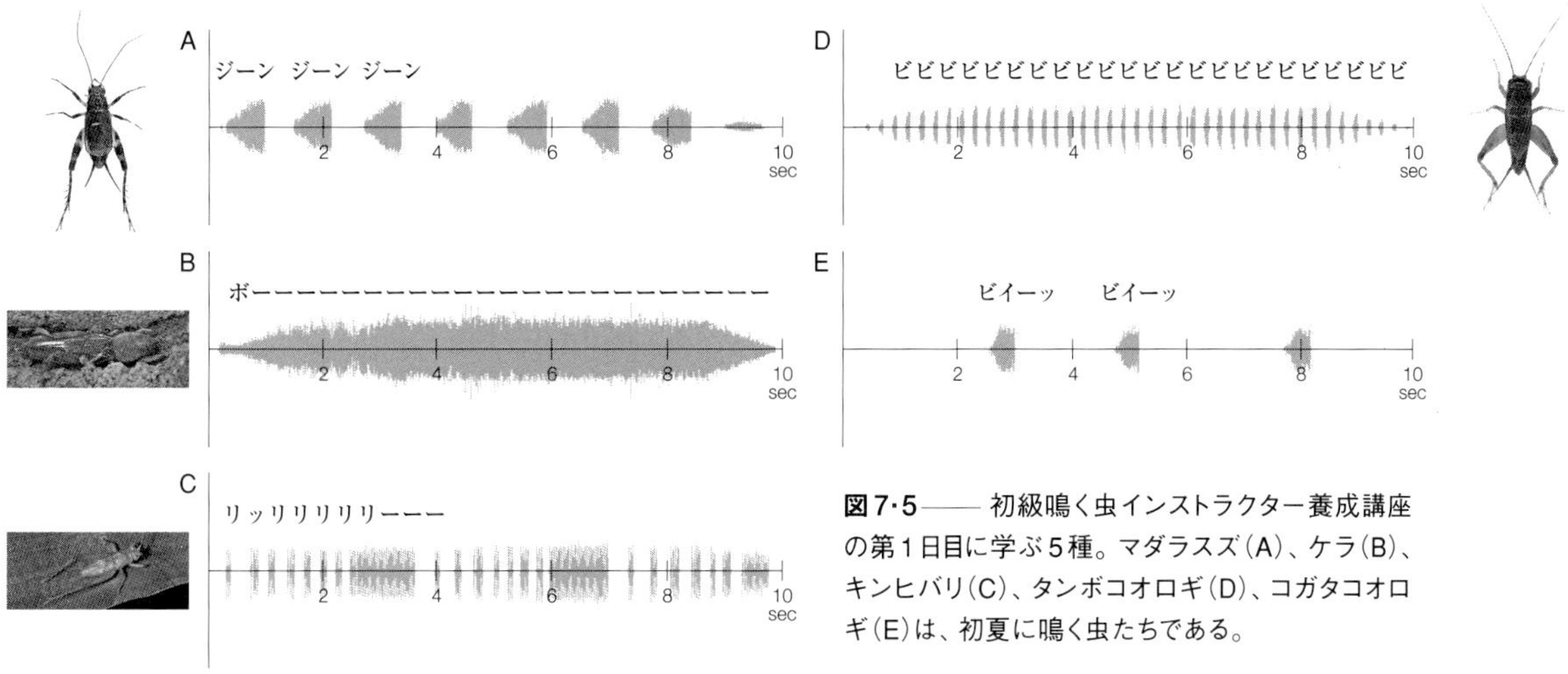

図7·5——　初級鳴く虫インストラクター養成講座の第1日目に学ぶ5種。マダラスズ(A)、ケラ(B)、キンヒバリ(C)、タンボコオロギ(D)、コガタコオロギ(E)は、初夏に鳴く虫たちである。

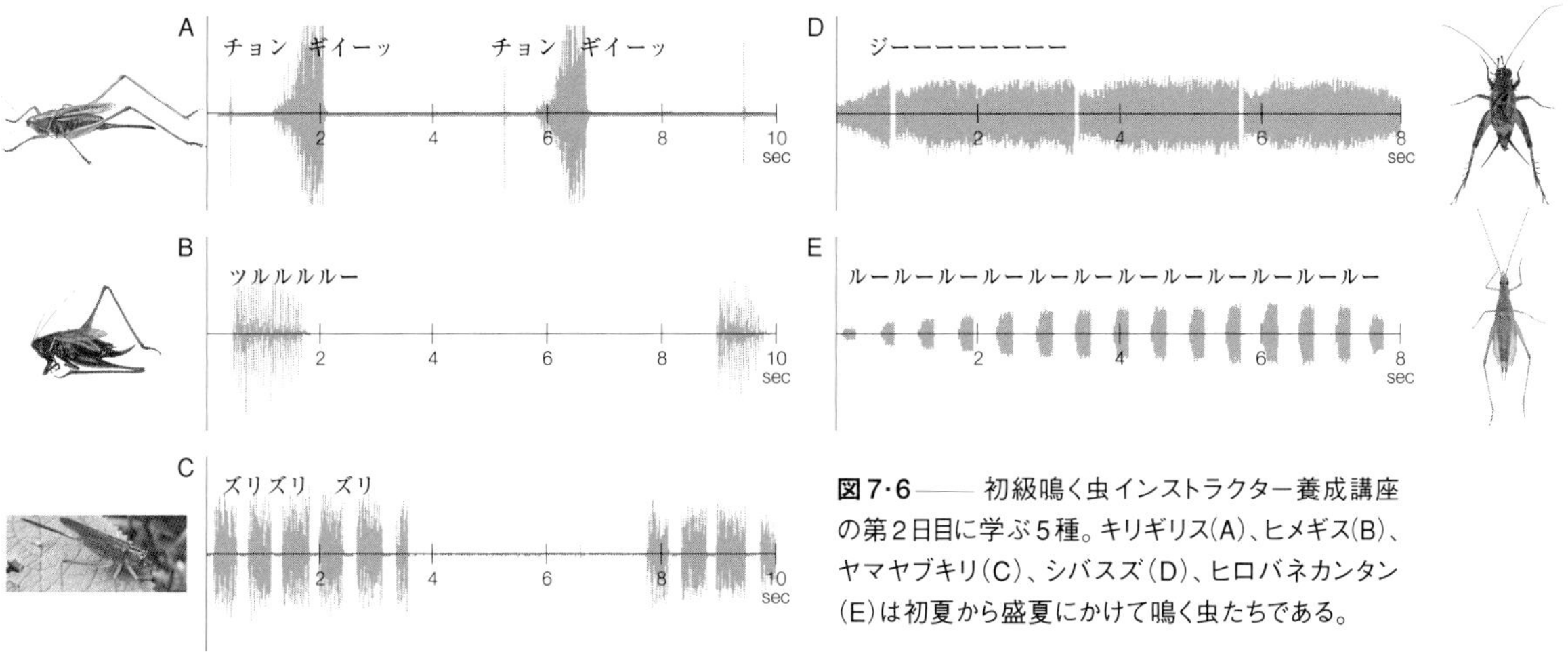

図7·6——　初級鳴く虫インストラクター養成講座の第2日目に学ぶ5種。キリギリス(A)、ヒメギス(B)、ヤマヤブキリ(C)、シバスズ(D)、ヒロバネカンタン(E)は初夏から盛夏にかけて鳴く虫たちである。

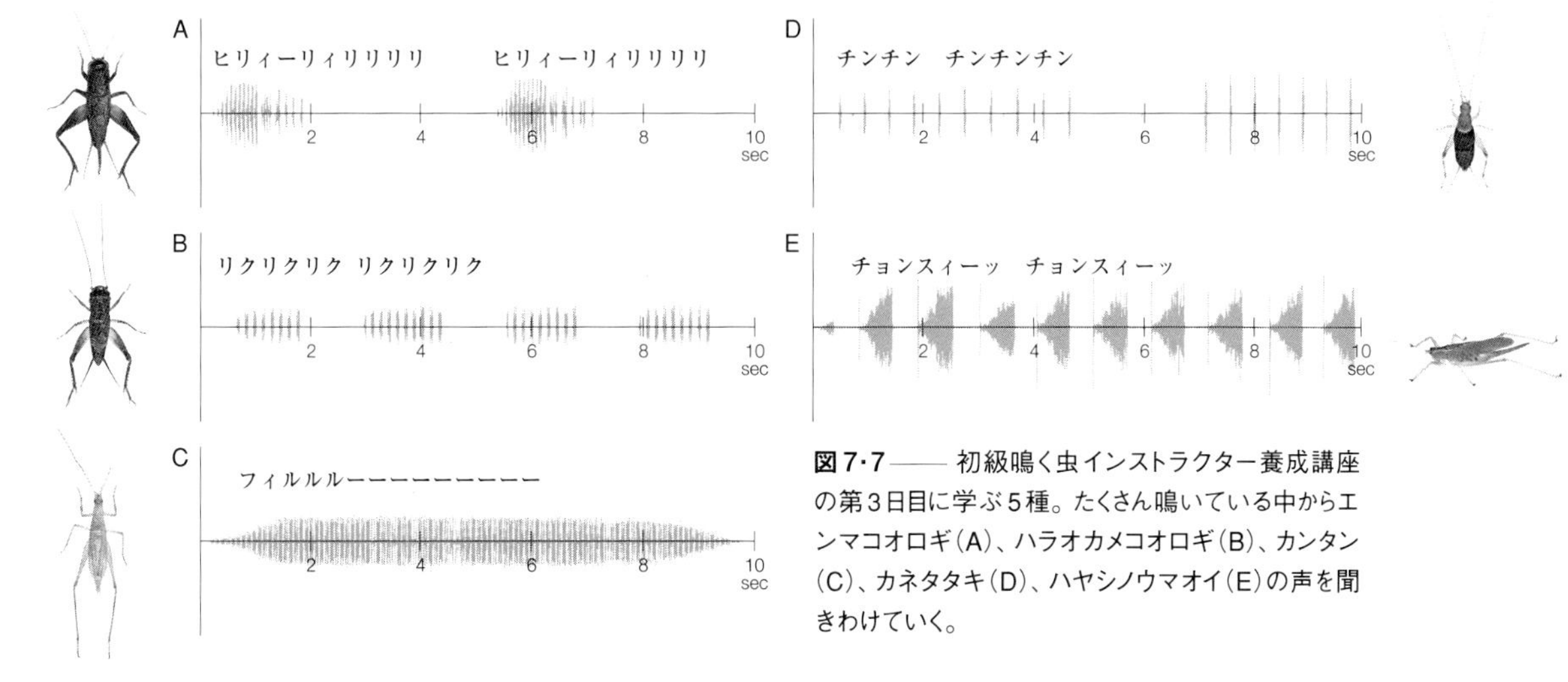

図7·7——　初級鳴く虫インストラクター養成講座の第3日目に学ぶ5種。たくさん鳴いている中からエンマコオロギ(A)、ハラオカメコオロギ(B)、カンタン(C)、カネタタキ(D)、ハヤシノウマオイ(E)の声を聞きわけていく。

カ所以上の場所（地名）をあげる。一種以上を採集し、標本にするか、飼育する。一種以上の声を録音する。一種以上の自宅付近の「鳴き声マップ」をつくる。一種以上で、一日の鳴く時間帯を調べる。全部してきてほしいところだが、どれでもいいから最低一つはしてくること。それでもなかなか日常の生活の中ではまったく関連がないので、ついつい忘れてしまう。カレンダーに何かマークがついている。あっ、いけない二回目の講座が近い。あわてて夜の環境に出てみるが、もう鳴く虫の環境は移り変わっている。

七月の上旬には、マダラスズの合間にシバスズの声が混じってくる。ニイニイゼミやヒグラシといったセミが鳴き始めるころ、キリギリスが通勤の途中の川原の土手で鳴いている。低くて大きい「チョン、ギース」に混じって、高くてか細くかすれた感じのヒメギスの声が脳に直接入ってくる。土手のサクラの木の上のほうからはヤマヤブキリの声が降ってくる。ヨモギが生えているような少し丈の高い草むらからはヒロバネカンタンの澄んだ音色の大合唱が響いてくる（図7・6）。夏の到来だ。

七月の第二土曜に二回目の講座を開く。一七〜二一時まで四時間の講座だが、宿題披露、新しい鳴く虫の紹介、聞き分け訓練、軽食タイム、フィールド観察、二回目の聞き分け訓練と次々と変化に富んでいるので、あっという間に過ぎてしまう。中身の濃い講座だ（と自画自賛）。そして、初回同様、五つの宿題。最低一つだが、たくさんやればやるほど（当たり前だが）実力がついてくる。多くの時間を鳴く虫に割《さ》いていると、それだけ多く鳴き声を聞いていることになり、聞き分け能力は自然についてくる。「継続は力なり」「千里の道も一歩から」。地道な努力には必ず結果という褒美《ほうび》がついてくる。とにかく鳴く虫の「鳴き声情報」に耳を傾けよう。金はかからない。ただし、暗闇でうろうろすることが多いので、「不審者」と見られることには注意しよう。

初級の三回目は九月上旬。外は鳴く虫の真っ盛り。どこへ行こうと、何らかの鳴く虫の声が聞こえてくる。たくさん鳴いている中から、エンマコオロギ、ハラオカメコオロギ、カンタン、カネタタキ、ハヤシノウマオイの五種を初級用に選ぶ。エンマとハラオカメは田んぼの近辺ならどこでも鳴いているコオロ

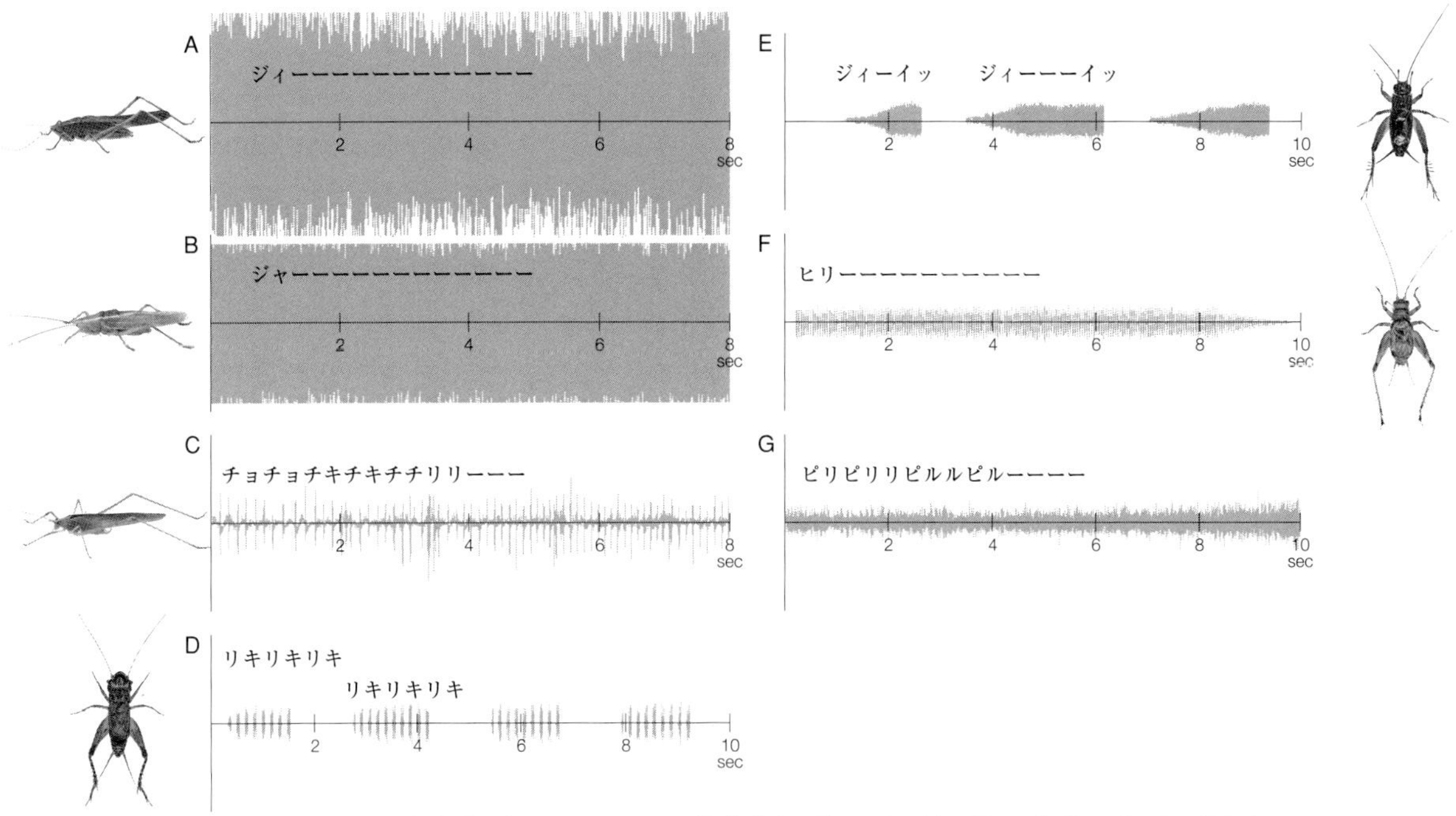

図7·8—— 上級鳴く虫インストラクター養成講座の第1日目に学ぶ夏から初秋の鳴く虫７種と小鳥のヒバリ(G)。クサキリ(A)、カヤキリ(B)、セスジツユムシ(C)はキリギリス類で、ミツカドコオロギ(D)、ヤチスズ(E)、クサヒバリ(F)はコオロギ類である。ヒバリのさえずりはオッシログラフでもクサヒバリが一番似ている。

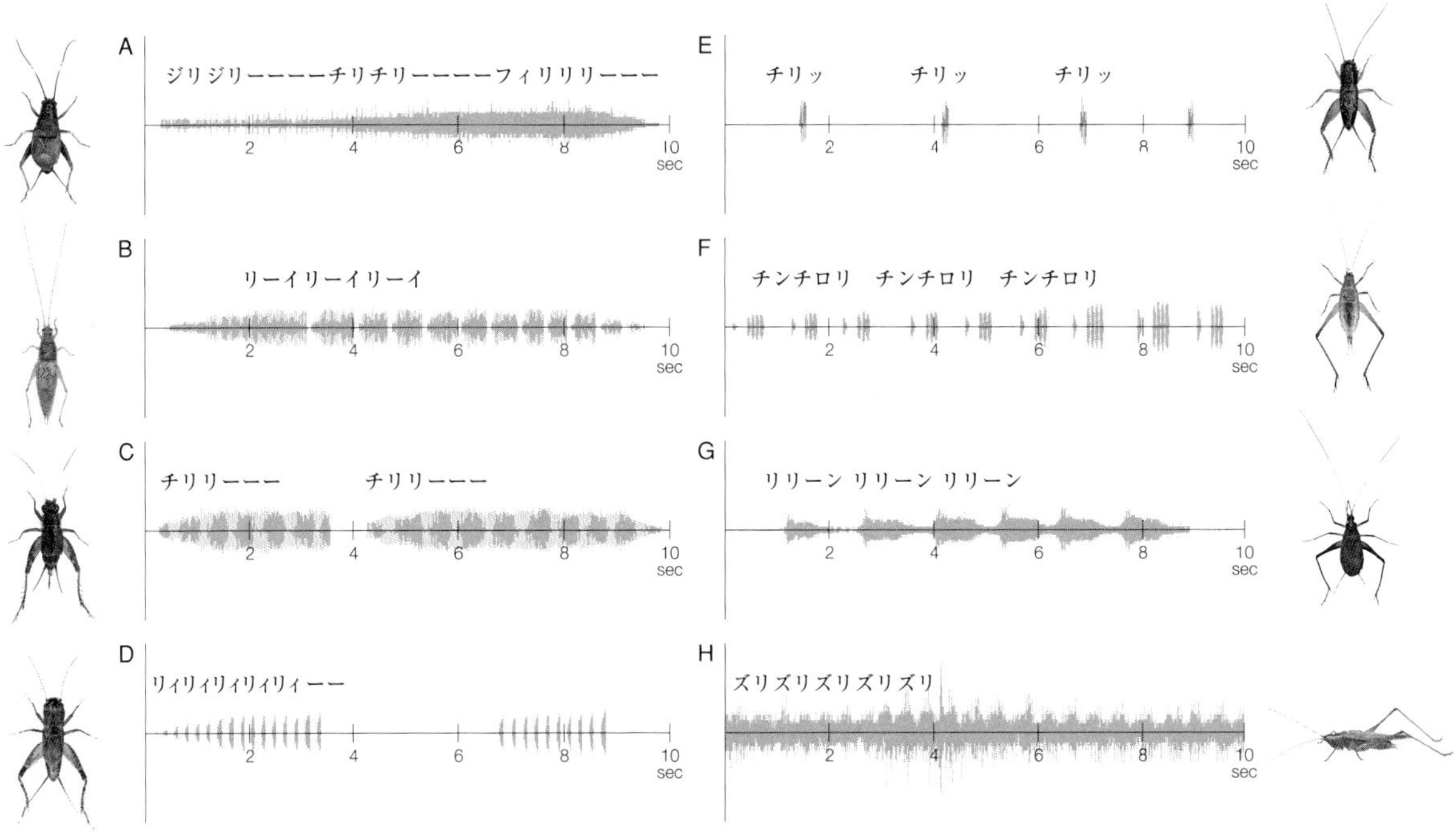

図7·9—— 上級鳴く虫インストラクター養成講座の第２日目に学ぶ秋の鳴く虫８種。クマスズムシ(A)、アオマツムシ(B)、ヒゲシロスズ(C)、モリオカメコオロギ(D)、クマコオロギ(E)、マツムシ(F)、スズムシ(G)まではコオロギ類で、最後のオナガササキリ(H)だけがキリギリス類である。

ギ。カンタンは鳴く虫の女王として有名だが、雄しか鳴かなくても「女王」というのが面白い。カネタタキは庭木や生垣などで鳴いている六〜七ミリほどの小さなコオロギ科の虫だ。姿は見たことがなくとも、「チンチンチン」と可愛らしい声は多くの人が聞いているのではないか。ハヤシノウマオイは「スイーッチョン」と鳴く虫だから、これも耳にしたことのある人は多いと思われる（図7・7）。

　上級鳴く虫インストラクター養成講座は、八月半ばから始める。上級の観察の場は、博物館の周辺でなく五キロメートルほど離れた兵庫県立有馬富士公園に移している。一月遅れのお盆のころになると、急に鳴く虫の声が増えてくる。耳が慣れてきた上級者には七種を一度に覚えてもらう（図7・8）。道端のイネ科植物の陰で主に夜鳴くクサキリ、灌木《かんぼく》や背丈の高い草むらの上のほうで鳴くセスジツユムシ、ヨシやカヤのような水辺の高い草で「ジャー」と大声で叫ぶカヤキリ。ここまではキリギリス科だ。田んぼの畦《あぜ》などにいるヤチスズはシバスズほどの大きさで黒っぽいコオロギ科。ミツカドコオロギは鋭く三〜四音の「リキリキリキ」で鳴く。ミツカドコオロギは、雄の顔の三カ所が角張っている。民家の周辺にいて、「リリリリリリ」と鳴き続けるもっともコオロギらしいコオロギは、ツヅレサセコオロギで、夜鍋仕事で繕《つくろ》い物をしている人に、「すそ挿せ、肩刺せ、綴《つづ》れ刺せ」と聞こえたところから、「ツヅレサセ」という面白い名前がついた。庭でよく鳴いているクサヒバリは連続音で鳴き方に特徴がないので、聞き落としやすいが、他の虫が鳴かなくなる午前中によく鳴くので、「アサスズ」という別名をもらうほどだ。名前をつけた人は鳴き声でヒバリのさえずりを連想したらしいが、現実にはさほど似ていない（図7・8F、G）。強いていえば、他の虫でヒバリを連想できる虫はいなかったということだろうか。

　九月一〇日前後に上級第二日目を開く。鳴く虫は博物館より豊富だ。講座の二回目は一気に八種を覚えていただく（図7・9）。モリオカメコオロギは初級に出てきたハラオカメコオロギに似ているが、テンポが少し遅く声も少しやわらかい。クマコオロギは誰が名づけたかわからないが、「クマ」のイメージはなくて鳴き声は「キリッ」とか「チリッ」とか聞こえる。クマスズムシもクマのイメージはないが、黒っぽいからだろうか、体はスズムシよりふた回りほど小さく、声はかなり高い。このクマスズムシがちゃんと聞こえれば、インストラクターとして何とかやっていける。

　川原の土手などでクサヒバリによく似た鳴き声を聞いたら、ヒゲシロスズだ。潅木の上でなく、土の上から聞こえる。姿を見れば、触角の根元側半分が白いのですぐわかる。

　マツムシは「チンチロリン」と聞こえる鳴き方をするので有名で、実際に聞いたことがなくとも「チンチロリン」だけは知っている人も多いだろう。ただし、人によっては「ピッピキピッ」と聞こえ、「これがチンチロリン?」と愕然《がくぜん》とする場合もある。丈の高い草むらの地面近くで鳴いている薄茶色の虫である。アオマツムシは形はマツムシに似ているが、色は緑色で、街路樹に多い。声は「リーリーリー」と強く大きい。他の虫の声がかき消されるので、「鳴く虫観察会」の敵である。大正時代からの外来種で、都市を中心に全国に広まっている。

　マツムシとともに唱歌に歌われたスズムシは、マツムシよりも少しじめっとした環境にいる虫で、昔から飼育されている。飼いやすく、枕元で鳴いていてもさほど耳障りではない。だが、マツムシやアオマツムシ、クツワムシなどと同室だったら、うるさくて確実に睡眠の妨げになる。

　最後はキリギリス科のオナガササキリ。ササキリの仲間は数種いるが、多くは小さくて高音なので聞こえにくい。その点、オナガササキリはかすれぎみだがよく聞こえる。「オナガ」の由来は、雌の産卵管が体長の三分の二もあるから。もちろん、鳴いている雄は長い尾などなく、長い尾のイメージで探すとなかなか見つからない。

　こうして三〇種の鳴く虫の聞き分け能力と知識を身につけた（気になってもらった）受講生には、修了試験として実際に「観察会」を企画・運営してもらう。そうしていくことでインストラクターの能力がついていくはずなのだが、受講生は必ずしもインストラクターになるつもりがない人もいて、修了生がすべて次代を担える自信をもてるわけではない。それでも二〇〇四年に修了生の「鳴く虫研究会・きんひばり」ができて、徐々に活動を開始しているところである。

4 虫の声を組み合わせる

兵庫県立人と自然の博物館のホームページで「学ぶ—学習素材」のところをクリックすると、「鳴く虫のすがた」「セミの鳴くすがた」「日本の昆虫・カエルの鳴き声」が出てくる。どのコーナーもクリックして「音声」を出してみると、すべて一種類の音声だ。これで鳴く虫の声を覚えたつもりになり、野外に出てみると、愕然とする。たいてい虫はたくさんの種類がそれぞれ多数個体集まって鳴いているからだ。

「秋の鳴く虫を聞く会」とか「親と子で楽しむ鳴く虫の夕べ」などという講座を開くと、多数の参加者が集まる。一人で三〇名ほどを受け持ち、ぞろぞろと引き連れて歩くと、自分の周りの数名以外は私の話が聞こえない。といって、拡声器や大声で話しながら多数の人を随行すると、虫が鳴きやんでしまう。これはインストラクターがたくさん必要だと、数年前から前節で紹介した講座を始めた。初めは、初級・中級・上級に分けて、三年かかって三〇種をと計画したが、少し覚え始めると、かなりはやく聞き分ける能力がついてくることがわかり、中級は省略して、「初級・上級の二年間で三〇種をマスター」に変更した。

さて、そのインストラクターの養成のために、鳴く虫一種類の声だけでなく、二種三種と何種も同時に「鳴く声」があれば、訓練に使える。そこで、かつて博物館の情報管理課にいた岸田隆博さんにお聞きして「Media Studio Pro」という音声編集ソフトを使って、二〜五種の同時鳴き合わせの製作を始めた。Wave形式のファイルにした一種類の音声ファイルを二つ開き、編集の「ミックス」という機能を使って音の重ね合わせをする。これで、次々と何種でも音は重ねられる（図7・10）。また、「ミックス」ではそれぞれの音の何%という形で取り込めるので、ある種は遠く、この種は近くで鳴いているという設定が可能である。

こういう同時鳴き合わせの音を聞く訓練を何度かやっていると、初めはごちゃごちゃとたくさんの虫が鳴いていて十把《じっぱ》一絡《ひとから》げの「虫の声」でしかなかったものが（これを普通、に

図7·10——— 音声の組み合わせ。鳴く虫の鳴き声を1種だと思って録音しても他種の鳴き声が混じっていることが多い。音声編集ソフトを使って初夏の鳴く虫5種（図7・6）を一つに合一した（上図）。ミツバチ女王のトゥティング（図6・5A）とクロメンガタスズメ（図6・4）の鳴き声も一つに合一してみた（下図）。ただし、クロメンガタスズメの音の強さは20%に減じてある。このぐらいにしないと、トゥティングはまったく聞こえない。

わか雨の音になぞらえて「虫しぐれ」と呼んでいる）、一種一種区別されて聞こえてくるではないか。人間の能力というのはなかなか大したものだ。実際、日常を考えてみると、私たちはいろいろ耳に聞こえてくる音を選別して、必要な音しか聞いていない。その証拠に人込みで録音機を回すと、いろいろな音が全部記録されていて、かえって何も聞き取れない。しかし、宴会などで大勢が勝手に大声で話していても、目の前の人のいうことはだいたいわかる。他の音はなるべく聞かないようにしているのだ。鳴く虫の声を一種ずつ「知っている音」として頭脳に登録すると、雑多な音の中からその「知っている音」を拾い出すようになる。そのときは他の音はあまり聞こえなくなる。こうして五種の声が同時に聞こえてきても、一種一種認識でき、全部当てることができるのだ。

おそらく音に限らず、人間の感覚というものは意識と深く結びついていて、意識的に着目しないものは無視されていくものなのだろう。そうしないと、あふれるほど押し寄せる情報に疲れてしまう。もっとも意識下での感覚受容も結構働いていて、そういううるさい環境や明るすぎる環境は、やはりだんだん疲れてくるものだ。

自然環境下で鳴いている虫は、小さいので様々な物体の陰になり、なかにはコオロギ類のように土に潜って鳴くものもいて、聞こえ方は様々である。木の上からも草の間からも庭の石の下からも聞こえてくる。風があれば影響を受ける。高い音は葉や幹で反射するためどこから聞こえてくるかわからなくなる。温度が高ければ忙しげに鳴くし、低くなってくるとさびしげに聞こえる。鳴く虫の区別がまったくつかない人でも、聞こえてくる鳴く虫の調子から、ぬくぬくとした部屋の中にいながら、秋が深くなってきたことを何となく感じることができるはずである。

こういう様々な要素をコントロールできる「鳴く虫ルーム」があったら、というのが私の夢だ。今はそんな部屋がないので、季節を追って講座を進めているが、四季の鳴く虫を体験できる部屋があれば、いつでもインストラクターの養成は可能になるし、世界初の鳴く虫展示になる。完全にコントロールできなくとも、次のような情景をつくり出せる「鳴く虫の四季」の展示がしてみたい。

春のクビキリギスから始まって、初夏のキンヒバリ、ケラ、コガタコオロギが鳴き、遠くでアマガエルの合唱とタンボコオロギが聞こえてくる。そして、お盆が過ぎると甲高いアオマツムシの声が聞こえてきて、夏から秋にかけてたくさんの虫が増えてくると、鳴く虫の大合唱となる。そして次第に寒くなってきて、一種二種と鳴かなくなり、最後にはツヅレサセコオロギが息も絶え絶えという感じになり、長い沈黙の冬がやってくる。

5 鳴く虫の保護色と擬態

多くの直翅目の昆虫の姿・形はイネ科植物にかなり似ている。新生代の中ごろから急に進化発展してきたイネ科植物という生息場の選択圧がかかったと見るべきなのだろう。イネ科植物の葉脈は平行に直線的に走るが、直翅類の翅脈もまっすぐだ。だからバッタ目と呼ばれる前は「直翅目」と呼ばれてきた。形が植物の部分に似ていなければ「保護色」、どこかの部分に似ていれば「隠れる擬態」（第3章第4節）である。草に似ていたら、さらに草に似る姿勢をとってじっとしていると、その効果は上がる（一五頁、口絵参照）。鳴く虫を長年研究し、博物館活動に生かしてきた河合正人さんは、この草に紛れようとする姿勢を「草化け」と呼んだ。バードウォッチャーが鳥を観察するとき、刺激しないようにじっとしていることを「木化け」と呼んでいたので、そこから思いついたという。「草化け」はすべての直翅目がするわけでなく、後ろ足が短い仲間だ。つまり跳ねて逃げるのが得意ではない仲間が、草化けを身に付けたのだろうか。逆に、草化けという動かない作戦をとってしまったので、長い足は不要になったとも考えられる。

植物は葉緑素をもっているので緑色だが、細胞が死ねば茶色になる。植物はあちこち部分的に枯死している部分があるので、たいていは緑色に茶色が点々と混じっていることが多い。だから、まったく緑色だけだとかえって目立つ場合も出てくる。ショウリョウバッタなどは様々な程度に茶色が入り混じっているので、隠蔽《いんぺい》効果は抜群である。

緑色の植物が育つのは茶色の土の上だ。樹木の幹も茶色系。緑の環境には茶色の環境がつきまとうので、緑色の保護色をもつ種には、茶色の遺伝型があることが多い。鳥はいったん虫を発見すると、それに似たものを探していく傾向にある。探す目標がイメージで固定されると（生態学の用語では「サーチングイメージ」ができた、という）、次々に見つかることが多い。茶色と緑色の二パターンがあると、片方がサーチングイメージで次々に食べられても、もう一方は助かりやすい。

擬態としてはイネ科植物に似ているというぐらいで、コノハチョウやアゲハモドキのような派手なものはないが、外国産では、地衣類に細部まで似ているサルオガセギスとか、腹部がハチ模様のベニオビクロキリギリスとか、若虫がハチに似ているハチモドキキリギリスなどがいる。

6 鳴く虫はいつ鳴くのか

鳴く虫の多くは夜に鳴くが、昼間に主に鳴く種類もいるし、クサヒバリのように明け方から午前中によく鳴く種類もいる。二四時間のうち、どこが盛んに鳴く時間帯なのか、同じ種類の個体ならすべて同じに鳴くのかといった疑問がわいてくる。これは大変だが、実際に調べてみるしかない。「一個体追跡法」を標榜《ひょうぼう》する私としてはぜひ追究してみたいテーマである。しかし、若いときと違って自由な時間がふんだんにあるわけではない。なかなか時間をつくれずに博物館の業務をこなしているうち、鳴く虫インストラクター養成講座の受講生の一人が一番難しくて皆が避けていた宿題を提出し始めた。素晴らしい。そのうち、その彼女に触発されたもう一人の女性も「鳴く時間帯」のデータをとり始めた。この宿題のデータをまとめて、「直翅目五種の鳴く時間帯（予備調査）」として兵庫県生物学会の機関紙「兵庫生物」に投稿した。「他人の褌《ふんどし》で相撲を取る」の典型例みたいだが、今後の受講者の励みになると言い訳して、ここに内容を紹介する。

まず、神戸大の三宅志穂さんが調べてくれたコガタコオロギ。六月に約二秒間隔で「ビイーッ」と鳴いているが、これをコオロギだと思う人はまずいない。一二九頁の図7・11は記録した録音テープから最初の一五分に鳴いた回数を示している。夜の八時から朝の六時まで鳴いたが、昼間は鳴いていない。二三時と朝方にピークがある。次は七月のヒロバネカンタン。回数を数えるには間隔が短すぎるので、鳴いていた分数を棒グラフにしてある(図7・12)。明け方から朝まで鳴いていたが、普通は暗くなると鳴いているので、家人の影響が考えられる。続いて九月に記録したカンタンのデータ(図7・13)。カンタンの鳴き方はほとんど切れ目のない連続音なので、これも鳴いている分数を棒グラフにした。三日のデータは明け方に集中しているので、ヒロバネカンタンと同様、使用していない部屋に置いているが、隣の部屋の人の気配を感じて、寝静まってから鳴いている可能性が高い。

三宅さんのコガタコオロギとヒロバネカンタンのデータを見せられた小西美香さんは、ハラオカメコオロギとキリギリスのデータをとってくれた。ハラオカメは日が高いうちは鳴かないが、薄暗くなるころから鳴き始め、朝八時台にほとんど鳴かなくなる(図7・14)。これと逆なのがキリギリスで、昼間主体で鳴いているが、夜も少しは鳴いているのがわかる(図7・15)。

二〇〇四年は初級受講者の西浦夫妻が同じような二四時間調査に挑戦してくれた(七月と八月)。調査したのはマダラスズとキリギリス。調査員が二人いると、録音でなく直接生データの採取が可能だ。マダラスズは芝生などでよく鳴いている六ミリほどの小さいコオロギ類だが、昼も夜も鳴いていると思っていたが、休まずに二四時間はやはり鳴き続けられない。

一八時ごろに鳴き始め、二三時ごろにピークになり、真夜中から朝まで休息、朝五時から鳴き出して九時ごろピークになっている(図7・16)。すべてこういうパターンなのかは、別個体で何度かトライしてみないとわからない。

最初は訓練のために、じっくり自分の耳で聞いてみることは重要なのだが、たくさんデータを集めようと思うと、これではなかなか集まらない。何か機械化する必要がある。現在、「鳴く時間記録機」を考案中である。

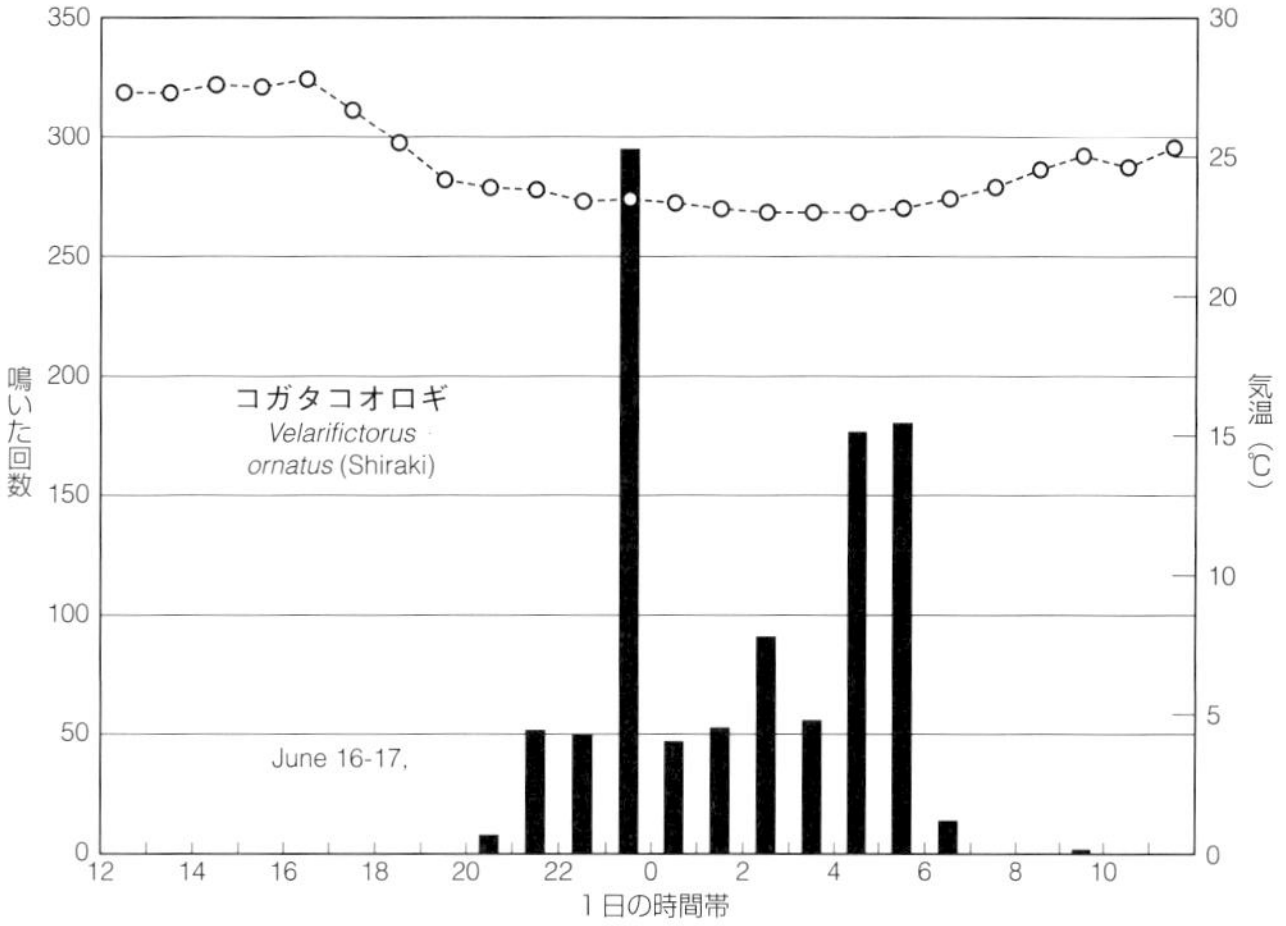

図7･11―― コガタコオロギの鳴き声の24時間記録。人が来ない離れの部屋に飼育器を置いて録音機で記録し、時間帯ごとに15分だけ鳴いた回数をカウント。記録者／三宅志穂

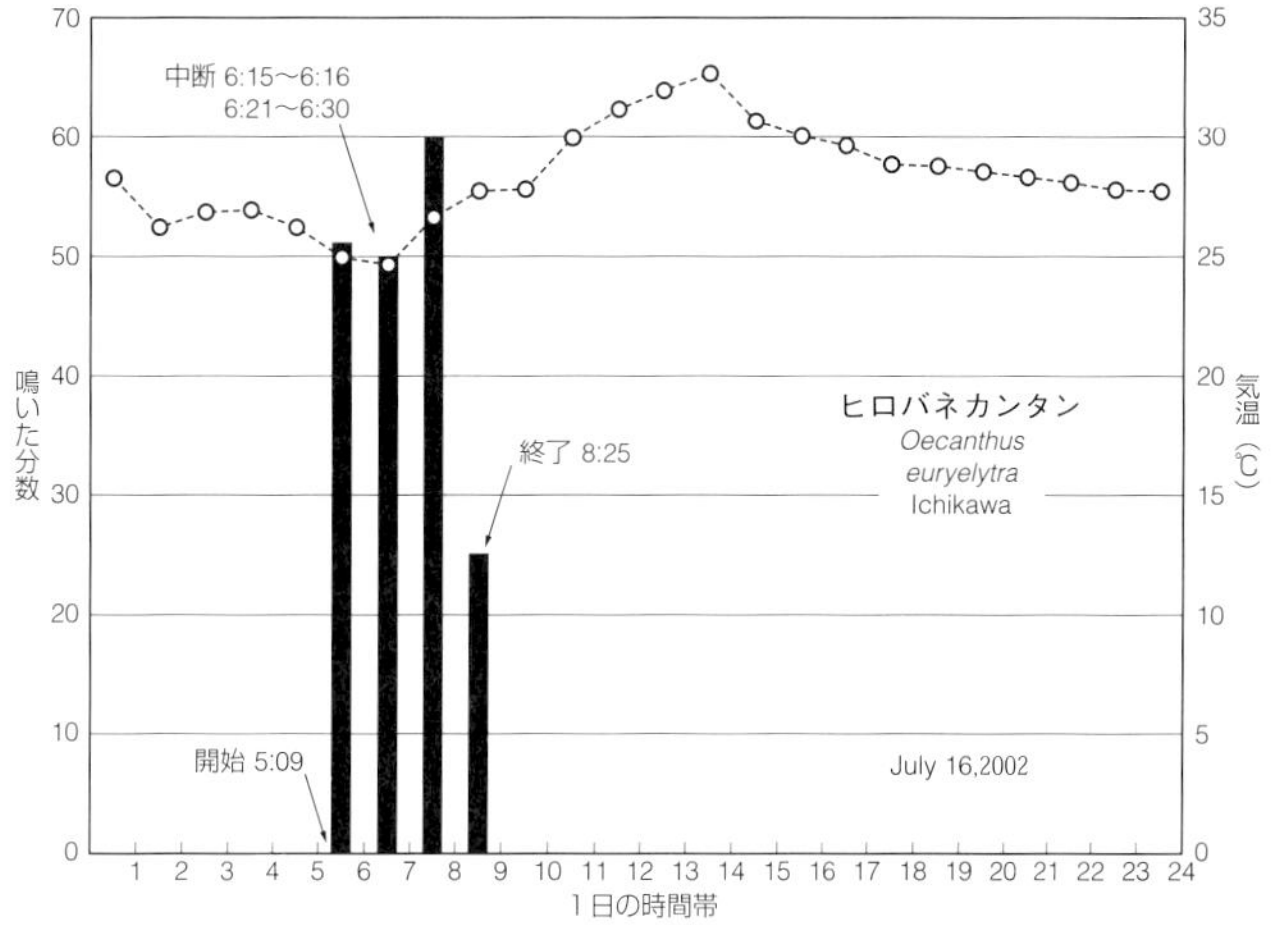

図7･12―― ヒロバネカンタンの鳴き声の24時間記録。図7・11と同様に人が来ない離れの部屋に飼育器をおいて録音。記録者／三宅志穂

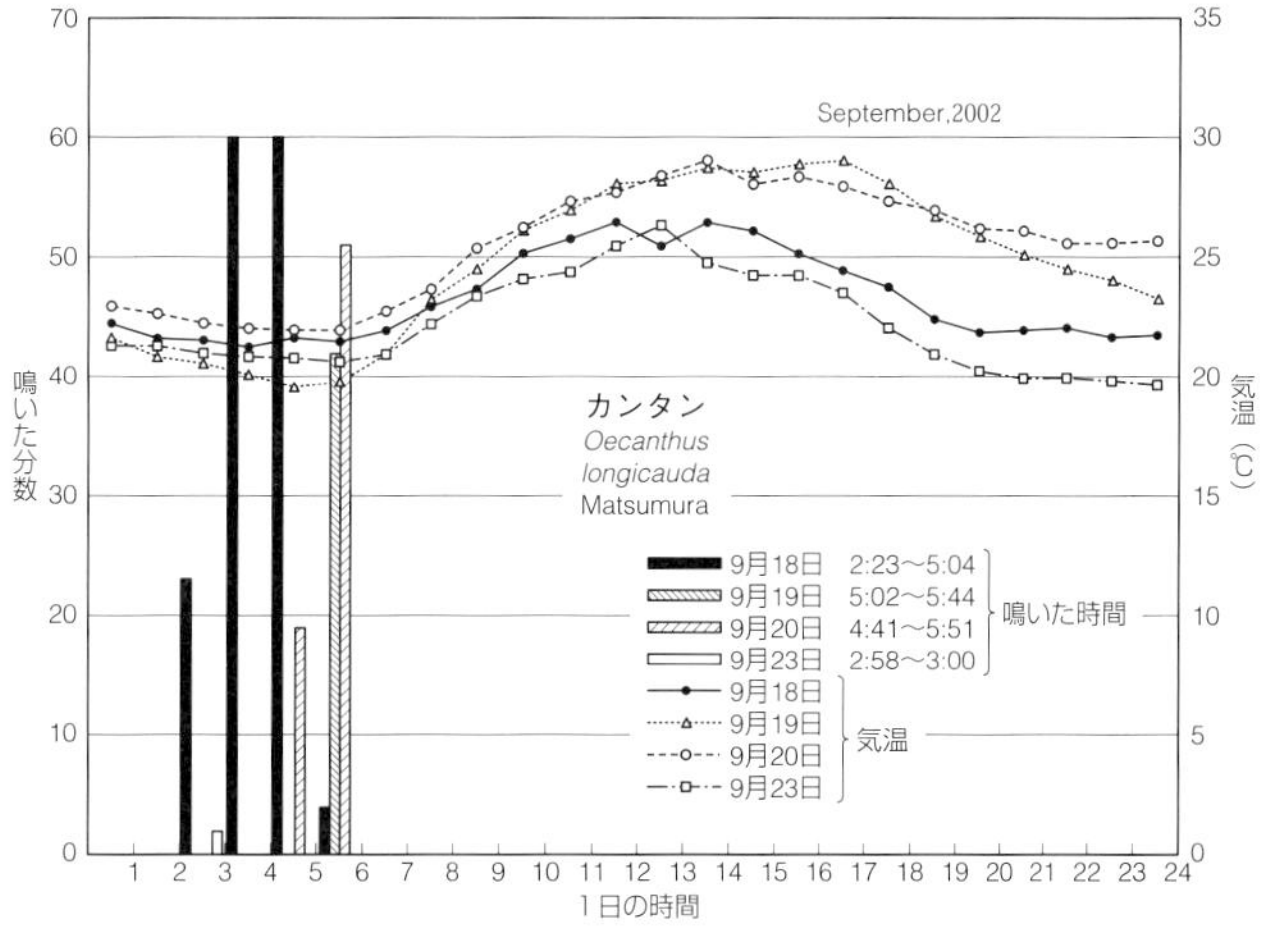

図7･13―― カンタンの鳴き声の24時間記録。記録者／三宅志穂

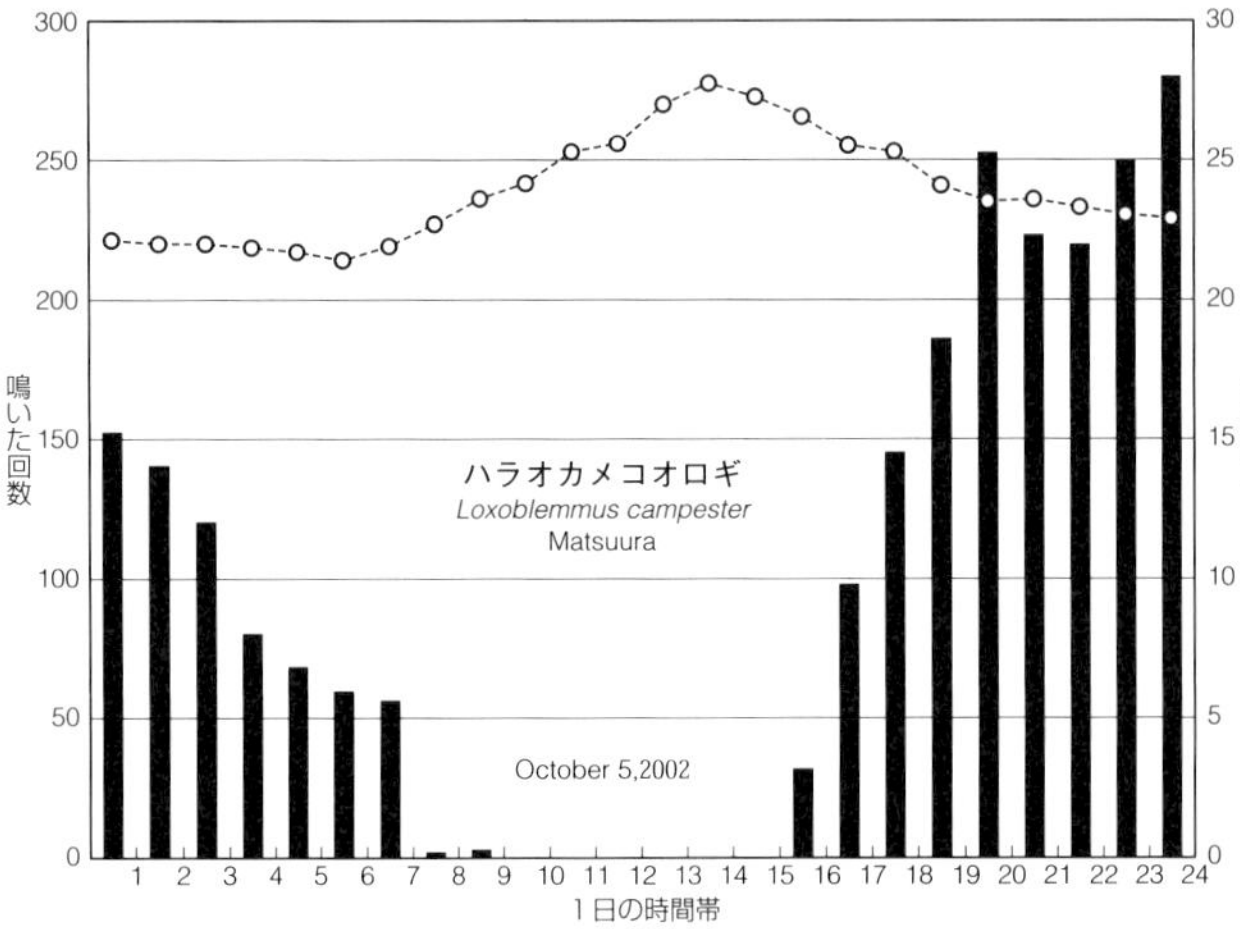

図7·14——— ハラオカメコオロギの鳴き声の24時間記録。飼育器を庭に置いて記録。記録者／小西美香

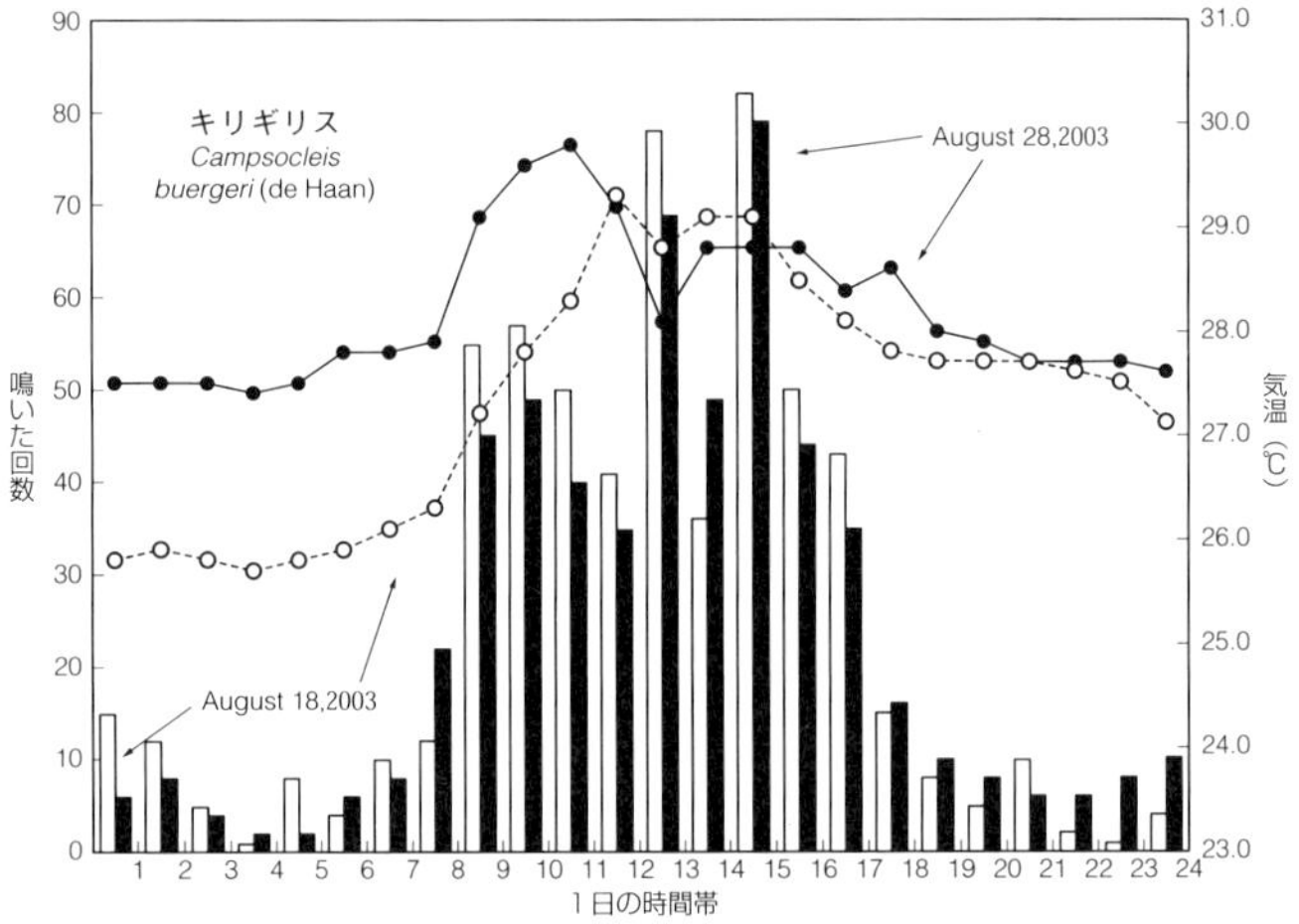

図7·15——— キリギリスの鳴き声の24時間記録。飼育器を庭に置いて記録。記録者／小西美香

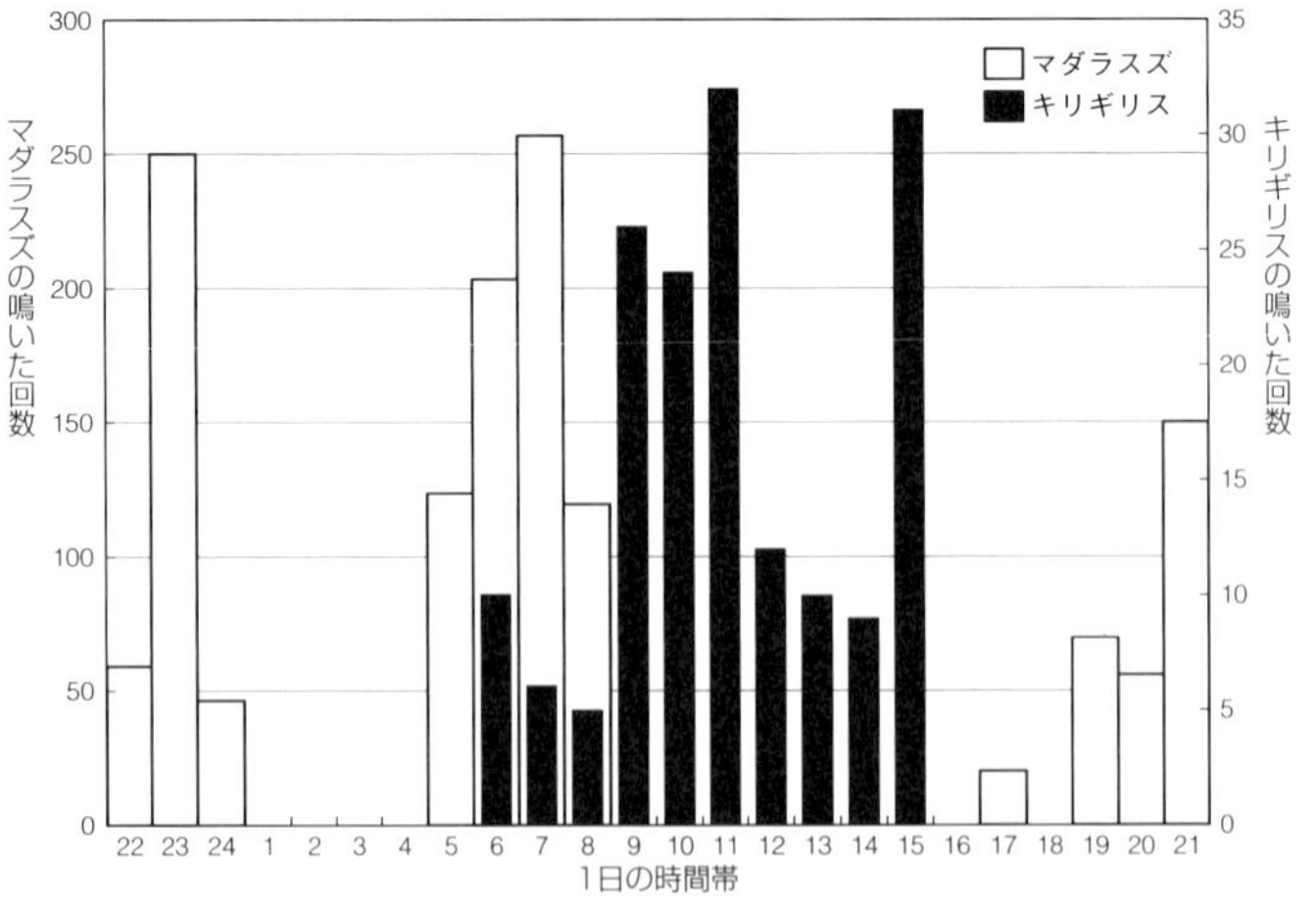

図7·16——— マダラスズとキリギリスの鳴き声の24時間記録。時間帯ごとに最初の5分間に鳴いた回数をカウント。記録者／西浦義騎・西浦睦子

第8章 幾何学と浮力が関わる動物の足

1 質問の発端

一九九九年の秋、息子たちが通う小学校の校長先生から講演を頼まれた。小学校の先生たちが集まって理科に関する情報交換をしたり、勉強会をしたりする理科部会、そのときに何か昆虫の話をしてほしいとのことだった。第一部に書いた内容から見繕《みつくろ》って話したと思う。準備した内容を話し終えて、質問を受けた。

いくつか出た質問のうち、「昆虫はなぜ六本足か」と子供たちに聞かれたら、どのように答えたらいいのか、というのがあった。その場では、六本だと三本を地につけて三本を前に伸ばすことが交互にできるので、安定した歩行・走行ができるからと答えた。

この質問は、それでは四本足はどう説明するのかという疑問につながり、いろいろ考えていくうちに、アイデアがいくつも出てきて、うまく話がまとまってきた。ちょうどそのころ、当時の河合雅雄館長が中公新書に博物館の職員で共同執筆するという話（『ふしぎの博物誌』二〇〇三・一・二五初版）をもってきたので、「昆虫はなぜ六本足か」✦1という原稿にまとめた。そして、最後にこう書いた。「鳥とヒトの二本足、クモの八本足は、次のテーマだ」。この章ではその後の発展した形を含めて四本足から展開していく。

✦1 うれしいことに、この全文が二〇〇五年の札幌学院大学の入試問題（国語）に出た。それを聞いたうちの子たちの反応は、「えーっ、どうして国語なの？」。

2 脊椎《せきつい》動物の進化と四本足

脊索《せきさく》動物が体の芯の部分に脊索という神経系の中枢部をもつようになり、それを守るための骨が周りにできると、「脊椎」と呼ぶようになり、それが運動と結びついてくる。体の中心に硬い骨の部分ができ、しかも小さな骨が連結して動くようになって「脊椎動物」としてレベルアップする。しっかりした脊椎をもつようになると、くねって素早く泳ぐ方向と、上陸して陸地を歩く方向に分かれて進化し始めた。魚類は海にあふれ、四足動物は陸地を制覇した。

定説では、シーラカンスを含む総鰭《そうき》類から両生類が進化してきたといわれている。総鰭類とは鰭《ひれ》が総《ふさ》状になっている魚類だ。泳ぐというより、水底をのそのそと這い回る。歩く下準備はできあがっていたのだ。水中では浮力がかかっているので、「足」は体重を支える役目をほとんど免除されている。地球上の重力を一Gと表すが、水中だと六分の一Gになるらしい（西原、一九九七）。いうなれば「浮力という歩行器」に入っているから、よちよち歩きでもオーケーというわけだ。「四足のもと」は水に支えられて歩く準備をしたのである。

こうしたシーラカンスの仲間が乾期のとき水の干上がった池の底で重力の洗礼を受ける。「四足のもと」はしっかりと「歩く」ためのの構造をつくらざるをえなくなる。四足動物の祖先は新たな環境を求めて大地に第一歩を踏み出すというよりも、干上がった水溜りに取り残されたときに、もがきつつ次の水溜りまで何とか体をひきずってたどり着くということを繰り返していたのではないだろうか。

『生物は重力が進化させた』（一九九七、講談社ブルーバックス）の著者・西原克成さんは、脊椎動物の進化に重力が深く関わったと考え、六倍になった重力にのた打ち回って対抗したことが、対応する硬骨の発達を促したと主張する。鰭のあったまっすぐな骨に関節ができたのは荷重がかかって骨折したからだという。荷重が骨折となっても動こうとすると、関節の形に変形し、力を前進に向ける。新鮮な発想である。

このときの体の進め方は泳ぐときと同じ脊椎のひねりと、それを補助する足状鰭の動きである。そしておそらくその足状鰭は四本でなければならない。つまり、体にひねりを加えたとき、二足と四足ではひねりの補助として動けるが、六足では神経でのコントロールが複雑になる。最初から複雑な動きは進化しない。

『手足の起源と進化』（一九四九、臼井書房）を著した中村健児さんは、次のように書いている。「初めて陸上を這うようになった堅頭《けんとう》類の運動は、まだ四肢の発達が十分でなかったために、今日多くの陸上動物に見られるような全体重を四肢で支えた歩行ではなかった。イモリを水から出して地上に置いて見ると、四肢を動かして地面を掻くと同時に細長いからだを左右にうねらせて蛇行によって前進する。四肢は歩行に役立つよりもむしろ蛇行のための支持点を地表に求めるのに用いられるに過ぎない」。

最初の両生類で一応四足が完成したとき、歩くのに四足で十分事足りているので、六足へ進化する必要がどこにもない。わざわざ六足にするにはそれなりのメリットが必要だが、昆虫のような安定歩行が可能とはいえ、四足で歩けるのだから、もう二足分の骨・筋肉・神経を発達させる必然性はまったくないのである。ここで、幾何学の公理「三点で安定平面が決まる」が出てくる。体を重力に逆らって支えるには三点が必要である。足が四本あれば、支え三点・踏み出し一点で、歩くことが可能になる。

こうして脊椎動物の足は四本で出発し、四本で歩く機能を洗練させ、ゾウの力強い四足、カモシカの跳躍力の四足、チーターのダッシュに優れた四足を生み出したのである。伝説上の「六足動物」ケンタウルスも足は馬の足、腕は人間を模しているので、四足の範疇《はんちゅう》に入ってしまう（図8・1）。

3 鳥の二足歩行と浮力という歩行器

現生の四足動物のうち、常時二足歩行しているのは鳥類とヒトだけである。カンガルーやハネジネズミは二足歩行ではなく二足走行だ。歩くときは小さな前足をついて後ろ足を松葉杖のように「使用」する。バシリスクやエリマキトカゲも二足走行。歩くときは普通の四足歩行をする。中生代の恐竜の半分以上は二足歩行だったが絶滅してしまった。鳥類の二足歩行は前足を翼に変えたので、二足で

図8・1――伝説上の動物・ケンタウルス。星座のケンタウルス座と射手座に現れる。

歩くしかなかったわけだが、ヒトはなぜ二足歩行になったのだろうか。

ヒトの二足歩行に関しては次節の楽しみにとっておいて、鳥から考えよう。鳥の祖先は有名なティラノサウルスの属する獣脚類だという説が有力だ。異説は多数あるが、鳥の二足歩行が独立に進化したと考えるより、獣脚類から引き継いだと考えるほうがスムーズである。現生鳥類の一万種に及ぶ繁栄は、最初に二足歩行が確立していて、翼の進化が二足歩行路線に乗ったからと考えられる。第3章で述べたように、鳥の翼の起源説は無数に出されているが、二つに大別される。地上から飛び上がったとする説と樹上から滑空して翼をつくったという説だ（四七頁、図3・4参照）。

後者が正しいなら、コウモリのように後脚が退化しなかったのはなぜかという疑問が残り、地上飛び上がり説が優勢だったが、近年中国から後脚にも翼状の羽毛のある化石が見つかり、形勢は逆転した。後脚にも羽毛があったら走れないというわけだが、地上走行組が樹上に移ってから、後脚羽毛が進化したと考えてもおかしくはない。鳥類の最大の特徴の翼に惑わされて、「翼のない鳥は鳥でない」的に思ってしまうのだが、翼が退化して飛べない鳥は結構いるのである。ダチョウ、ヒクイドリ、キーウィなどの走鳥類、クイナ類など翼はあっても飛ぶ能力が退化しているが、生きていくうえで支障はない（図8・2）。

ニワトリの日々の生活を観察していると、翼はほとんど使用せず無用の長物に近い。人間の手作業に類することはすべて嘴《くちばし》で行なっている。天敵が来たときに逃げるための翼なら、天敵のいない島などでは翼はたちまち不使用になり、退化することになる。もちろん、飛《ひ》翔《しょう》しながら捕虫するツバメやヨタカのような鳥は、翼なしの生活は考えられないが、鳥類全体を見れば、翼あっての鳥ではなく、二足歩行の鳥だから翼がついてきた、というところではないだろうか。

これに対して翼の退化したコウモリはまったく例がないし、翼がなければまったく生活が成り立たないことがわかる。コウモリがムササビやヒヨケザルのように滑空から発展して翼をもつに至ったことは、後脚がほとんど退化ぎみで、歩行には役に立たないことでわかるのである。

このように見てくると、獣脚類の二足歩行

から鳥類が進化してきた道筋に納得するのだが、それでは獣脚類の二足歩行はなぜ始まったのだろうか。この時期の恐竜は二足歩行が横行し、使わなくなった前足は退化気味となる。次頁の図8・3は、『動物大百科・別巻恐竜』（平凡社）から恐竜の歩行形態を意識してつくったものである。これを見ると、二足歩行の恐竜の多いことがわかる。グループ数でいくと五五・六％が二足歩行だ。この二足歩行の横行はいったい何を意味するのか。

　医学的な見地からヒトの足を研究した大阪大学名誉教授の水野祥太郎さんは、ティラノサウルスの足があまりにも華奢《きゃしゃ》なのに驚き、いろいろ調べていくうちに中村健児さんの考えに触れ、半水生恐竜の二足歩行に辿《たど》り着いた（水野・一九八四、中村・一九七三）。体が浅瀬の水にあれば、二足歩行に至るのはごく自然で、華奢な後脚の骨も納得できるというわけだ。

　二足歩行の獣脚類をいろいろ調べていると、ファーローとブレットサーマンの比較図を見つけた（図8・4）。これを見ると、サイズがまちまちなのに後脚の大きさの比率はほぼ同じである。体が大きくなるに従い、体重

図8・2——現生の飛べない鳥たち。翼は飛翔力を失っているが、生活に支障はない。

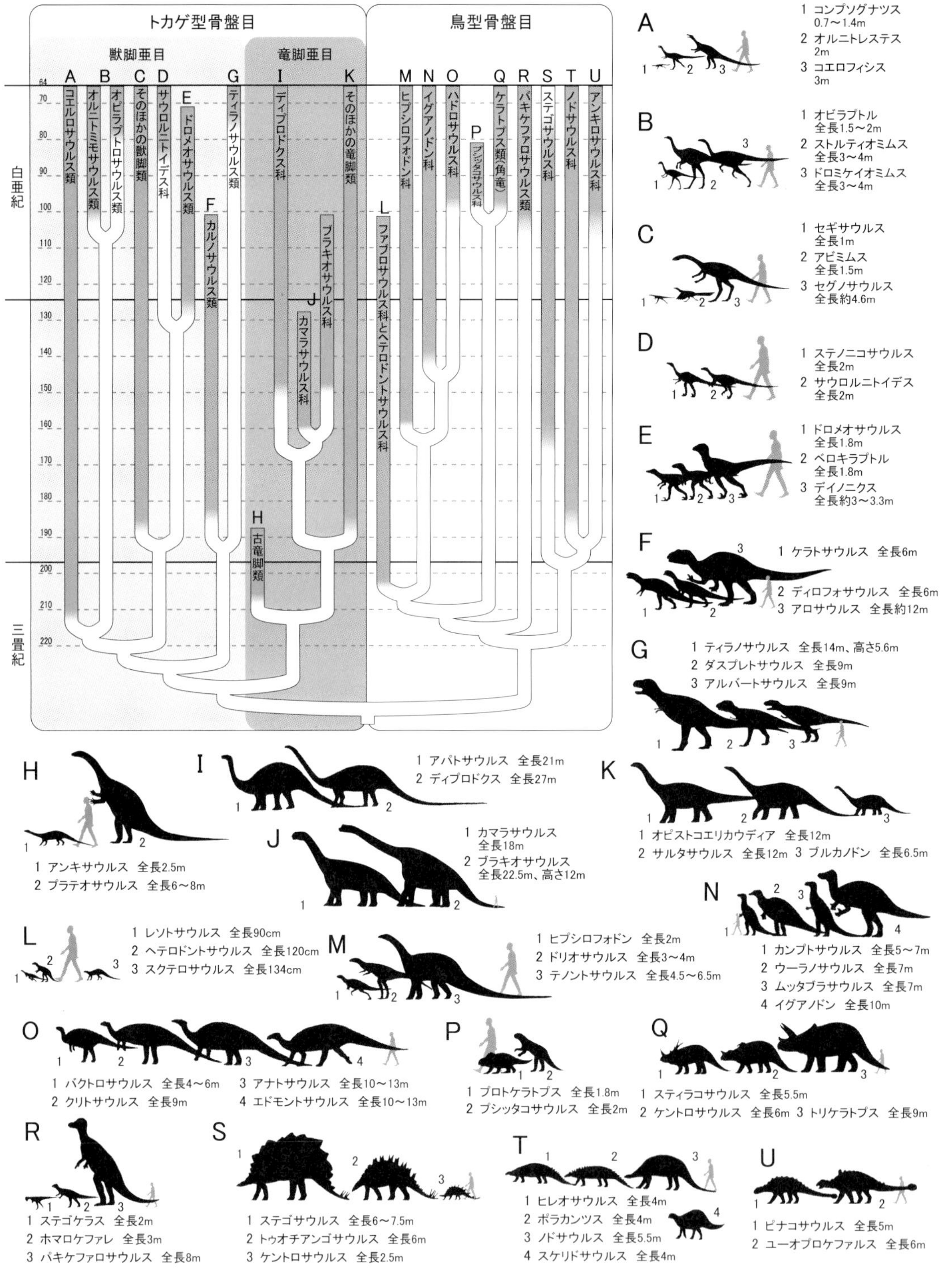

図8·3―― 二足歩行が多い恐竜たち。各グループのA～Uの記号は左上図の記号と対応する。大体の大きさをヒト形のハッチングとの対比で示している。ノーマン(1988)から構成。

は三乗で増えるのだから、体重増に合わせて後脚は太くならなければならない。もし、体の一部が水中にあってその体積分に水の浮力がかかれば、後脚はそれほど太くなくてもすむことになる。スマートな後脚が勢ぞろいする図8・4は「半水生」を物語っているような気がする。最近の『ネイチャー』誌でも、ティラノサウルスの足の筋肉が走り回るには少なすぎるという研究が紹介されている(Biewener, 2002)。

おそらく、二足歩行恐竜がいた環境というのはそこら中が浅い沼地で、泳いだり歩いたりしていて、後脚しか使わない状況をつくり出していたのではないだろうか。獣脚類の体形が二足歩行に移行しやすいものだったという意見もあるようだが、「浮力という歩行器」のおかげでこの体形がつくり出されたと考えるほうが無理がない。図8・3に示した四足歩行の恐竜は、首と尾が長いものと、長くなくて体に何らかの装甲のあるものに分かれるのだが、前者に属するブラキオサウルスは頭のてっぺんに鼻の穴があり、昔から半水生が想定されていた。最近は、頭頂の鼻孔を必ずしも水生としなくても説明できるとか、深く

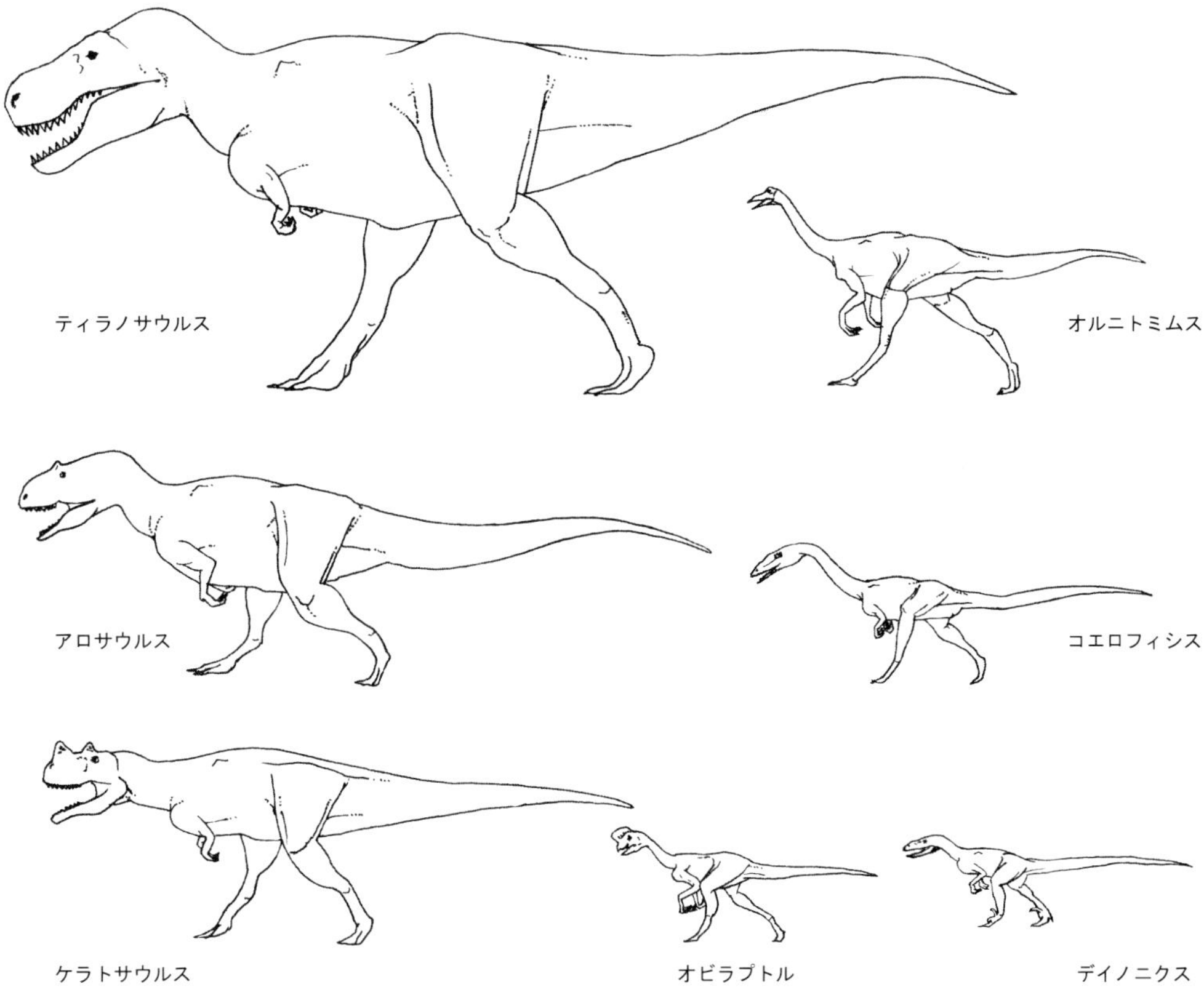

図8・4——代表的な獣脚類。それぞれの恐竜の大きさの比率を合わせてある。ファーロー&ブレットサーマン(2001)の図を基に作図。

潜ると肺がつぶれるとかいわれているが、これを半水生として、装甲のある後者は乾燥地域に棲《す》んでいたと考えるほうがスムーズではないだろうか。ブラキオサウルスは肺がつぶれるほど深く潜らなくても浅瀬で動き回ればいい。乾燥地域にいる動物は皮膚を丈夫にする必要があり、それは二次的に防御形態に進化しやすい。ケラトプス類とかアンキロサウルス類を見ていると、乾燥地で砂ぼこりをあげて活動している情景が浮かんでくる。

　このように見てくると、鳥類の二足歩行は、恐竜の二足歩行に発するならば、シーラカンスの仲間から両生類が進化してきたときと同様、「浮力という歩行器」の助けを借りて実現したといえることになる。

4　ヒトの二足歩行とアクア説

　ヒトが四足からどうして二足歩行になったかについては、ゆるぎない定説が存在する。樹上生活で体を起こして活動するスタイルを確立したあと、棲んでいた環境が森林性からサバンナ性のものに変化し、サバンナで食糧を求めねばならなくなり、二足歩行する条件がととのったので、二足歩行をするようになり、歩行の役目から開放された前脚がその後の人類の発展に重要な位置を占めていく。この定説は「サバンナ説」と呼ばれている。

　この説は、樹上から降りたサル類であるヒヒがどうして四足歩行に戻り、ヒトと近い進化をしてきたチンパンジーとゴリラとオランウータンがすべてナックルウォーキングをするのに、ヒトだけがどうして二足歩行なのか、という疑問に答えることができない。

　そこで最近、島泰三さんが『親指はなぜ太いのか』（二〇〇三、中公新書）で新説を唱えた。サバンナに散在する動物の骨を拾って運ぶとき、手がふさがることになり、二足歩行になったのだ、と。あってもいい話であるが、日常になるほど骨食への食性変換は容易ではないと思われる。骨食専門の動物は現生では存在しない。ハイエナのような肉食であれば骨食への移行も割とスムーズだが、類人猿のように雑食から骨食への転換は難しいのではないか。島さんはアクア説にまったく触れず無視している。確かにアクア説は人類学者でないジャーナリスト、エイレン・モーガン✦2の著作に現れるのだが、彼女の取り組みには多少

図8・5――オナガザル科ヒヒ属のマンドリル。中央アフリカの林床に棲み、四足歩行で移動する。

✦2　エレイン・モーガン（Elaine Morgan）イギリスのサイエンス・ライター、脚本家。アクア説と呼ばれる人類進化に関する著書で知られる。五冊の訳書がどうぶつ社から出ている。『女の由来』『人は海辺で進化した』『子宮の中のエイリアン』『進化の傷あと』『人類の起源論争』

欠点はあるものの真面目なもので無視するようなものではない。そもそも出発点は人類学者のサー・アリスター・ハーディが一九六〇年に出したアイデアから出発しているのだ。このアイデアに触発されたモーガンが五冊の著作で発展させたつもりだったが、人類学者はまったく無視したため、せっかくのアクア説は埋没したままという感じである。

アクア説の骨子は次のとおり。

ヒトの祖先が樹上生活から地上に降りたとき、サバンナでなく、水辺または海岸で生活した。この結果、体毛の消失・皮下脂肪の発達・発声の発達につながったが、何よりも二足歩行に容易に移行できたという。すなわち、半水生の生活では「浮力という歩行器」の助けで、ヒヒのような四足への逆戻りはなかったのである（図8・5）。

二足歩行というのは、われわれは毎日日常としているので、何の難しさも感じないが、メカニカルにはかなり難しい行為である。二足のロボットはごく最近までスムーズな歩行ができなかった。平面は三点で決まるのだが、二足歩行は安定の第三点を動きの中で見つけていくプロセスなのだ（図8・6）。動いていれば安定しているが、立ち止まると、不安定になり、脳の微妙なコントロールが必要になる。したがって、「立っていなさい」というのは罰として有効になる。病気になったり、死んだりすれば、コントロールを失い、「倒れる」ことになる。

5 足を退化させたヘビとクジラ

四足歩行からの変形として鳥とヒトの二足歩行について述べてきたが、もう一つの変形は四足の退化である。四足の退化は両生類、爬《は》虫《ちゅう》類、哺乳類で繰り返し起こっている。鳥類では後脚の発達に特化したため、四足の退化したものは現れなかった。

両生類はアンヒューマ（コンゴウナギ）など水生に戻ったものが当然のように足を退化させた。水中では足をオールにするか、体のくねりにゆだねてほとんど退化させるかである。アンヒューマでは後者の道をとった。発達しかけた両生類の足ではオールにつくり変えるより、退化の道のほうが簡単だったに違いない。土中生活に入ったアシナシイモリはヘビのように四肢を退化させ、ミミズ状にな

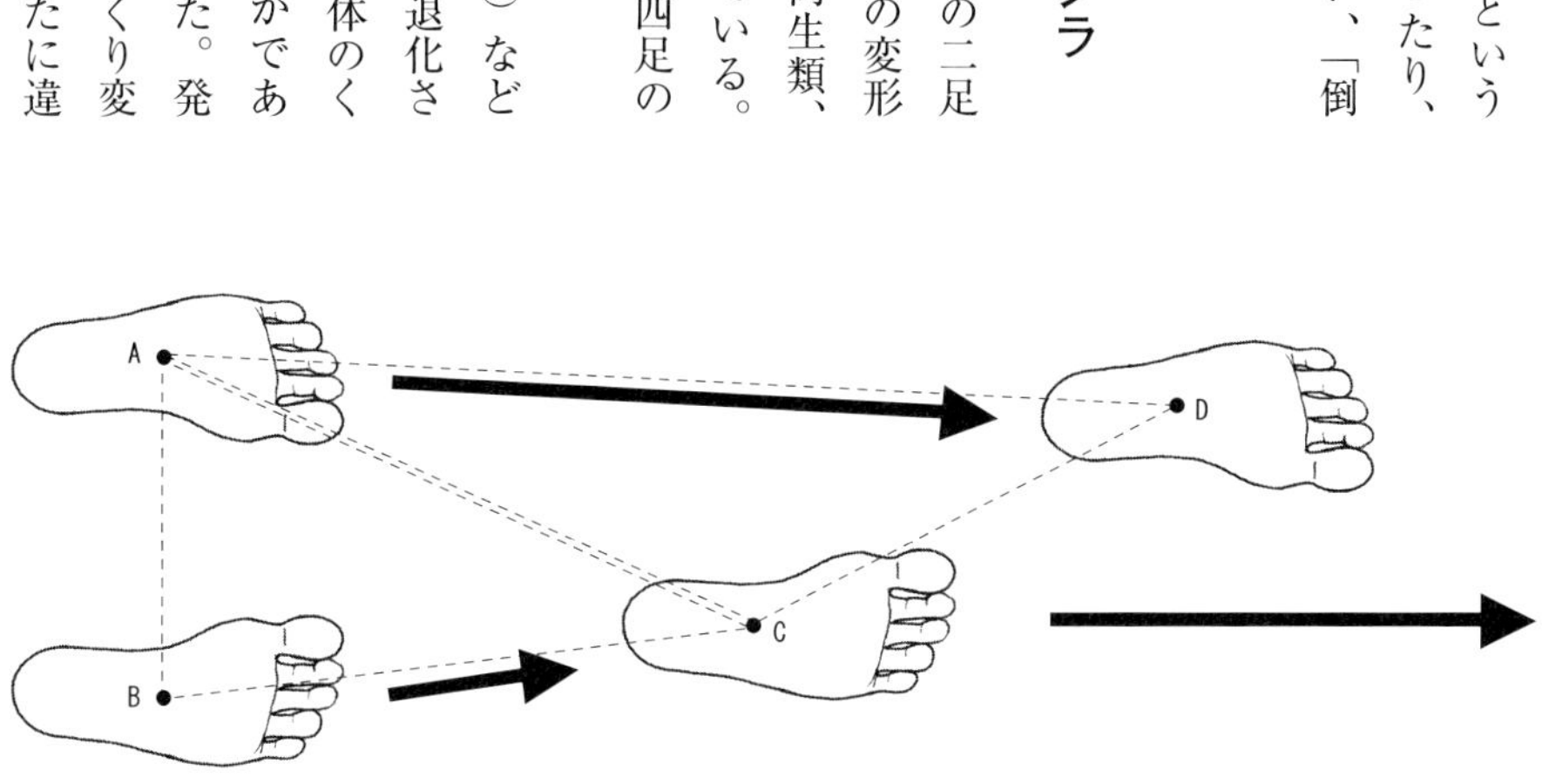

図8・6——二足歩行のプロセス。AとBの2点で立っているところから、右足を踏み出し、安定した3点目を求めて、C点に右足をもっていく。C点に着地した瞬間にAとCの2点で不安定な状態になり、左足を次の安定点D点にもっていく。このように二足歩行は安定した3点目を求め続けるプロセスと考えられる。

ってしまった。

爬虫類の四肢の退化は、水生適応と土中適応の両方から生じた。水生適応では、体のくねりからくる四肢の完全退化の道よりも、四肢のオール化の道をとった。首長竜はその典型例だ。オール化の先には体のくねりを入れて水中移動の効率を上げていくと、魚類の体型に収斂《しゅうれん》し、魚竜になる（図8・7）。現生爬虫類の完全水生はウミヘビ類しかいないが、この四肢の退化は土中適応から水中適応への移行の結果である。

土中適応の様子はスキンク類を見ると、四肢が不用になっていく過程がよくわかる。土中の狭い隙間を潜《くぐ》り抜けようとすると、体が細長くなり、体のくねりだけで進むほうが効率的になる。最初に後肢が退化し、補助的に使用していた前肢も結局は不用になる。このヘビ型の適応は、爬虫類のいくつかの系統で繰り返し起こり、ミミズトカゲ、アシナシトカゲ、スキンク、ヘビなどが現生で残っているが、捕食者として特化したヘビ類が独自の進化発展を遂げている（図8・8）。

爬虫類よりさらに四肢の発達した哺乳類では、土中適応は四肢の退化の道はとらず、逆に発達の道をとった。モグラやキンモグラの前肢は土を掘り進むシャベルとして発達した。受動的に土の隙間を利用するのではなく、積極的に掘り進むには前肢のシャベル化しかない。この進化は有袋類（キンモグラ）と有胎盤類（モグラ）で独自に生じた。

哺乳類の水中適応は爬虫類と似たようなコースを歩んだ。カワウソ類、アシカ類、アザラシ類、ジュゴン類、クジラ類と、前肢のオール化から後肢の退化、最後に魚類型へと四肢の退化が進んでいく（図8・9）。魚竜と同様に完全に陸と縁を切ったのは、クジラ類だけである。クジラ目は独自の進化を遂げ、ヒゲクジラ亜目は三科五属一〇種、ハクジラ亜目は六科三三属六六種に分かれ、現生哺乳類の一角を構成している。

6 昆虫はなぜ六本足なのか

さて、いよいよ六本足である。最大の動物群である昆虫は例外なく六本足で、他の数の足をもつ無脊椎動物の種数を圧倒しているので、目に付くのは六本足ばかりということになる。最近、昆虫綱に含まれていたトビムシ

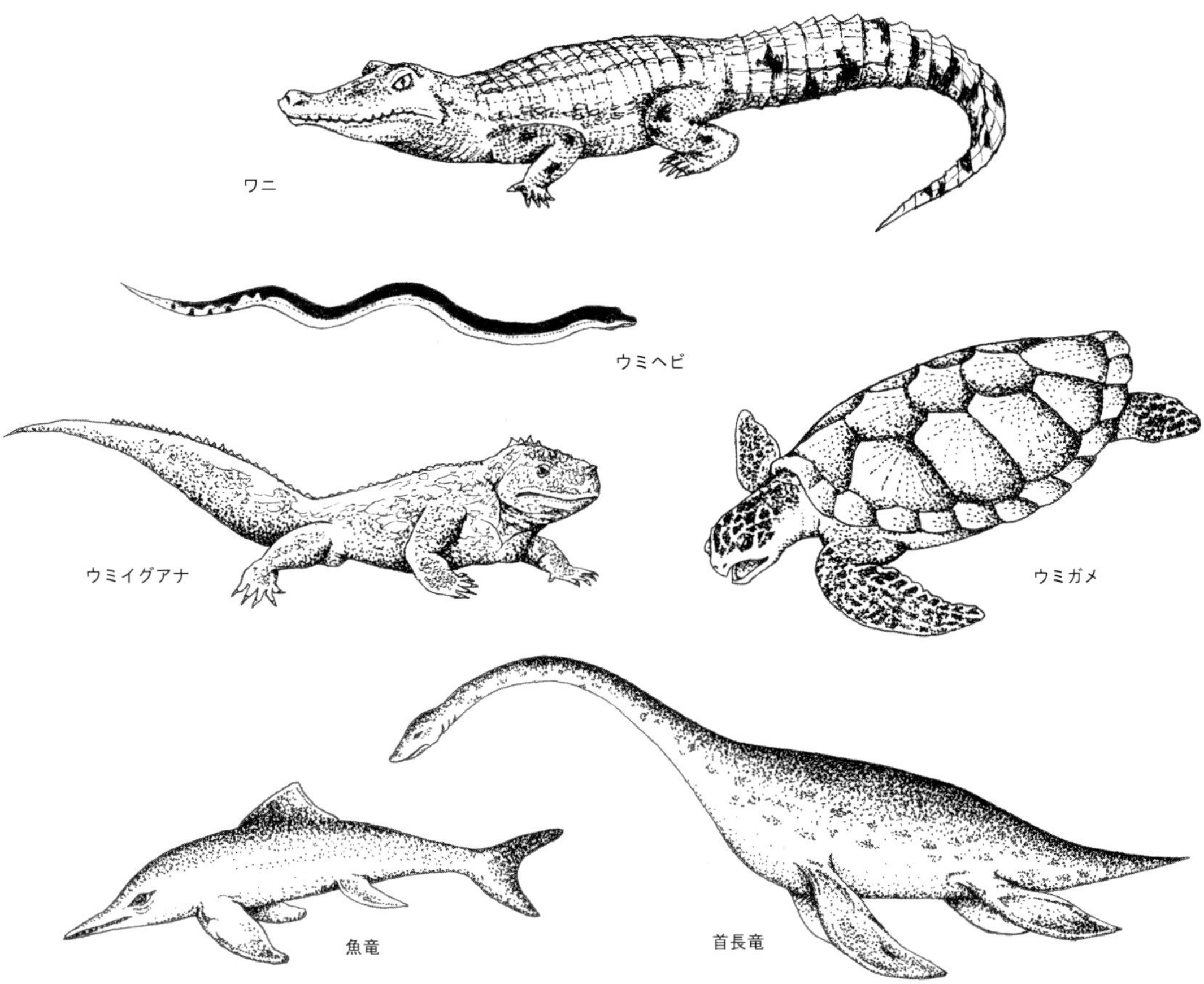

図8·7——爬虫類の水生適応。現生のものはカメ類、ワニ類、ウミイグアナ、ウミヘビ類だが、完全に四肢が退化しているのは、土中適応で四肢を失ったウミヘビ類だけである。化石としては魚竜（前肢は鰭〈ひれ〉状、後肢は退化）と首長竜（四肢が鰭状）が知られている。

図8·8——有鱗目のヘビ様動物たち（トカゲ亜目、ミミズトカゲ亜目、ヘビ亜目）。

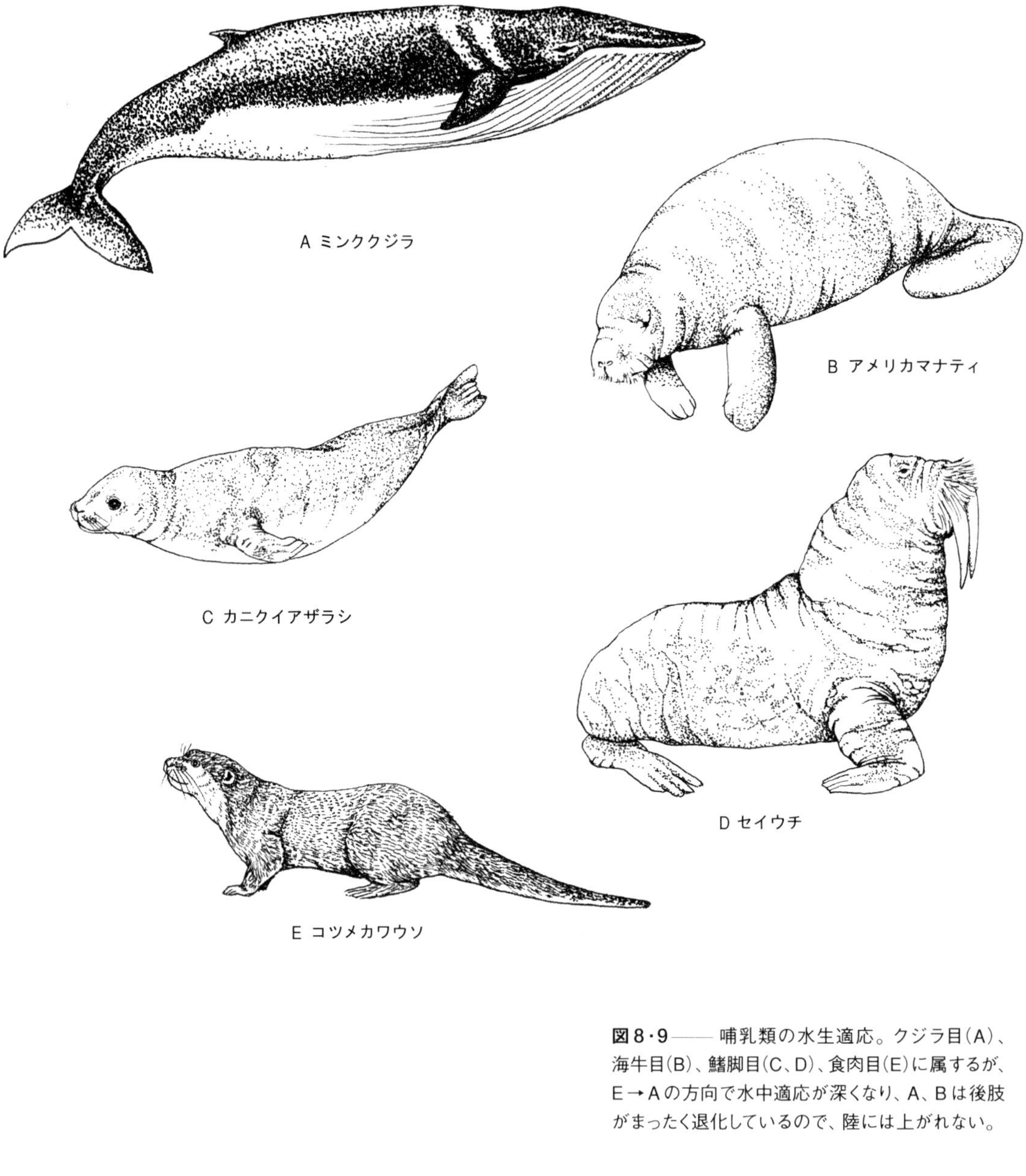

図8・9—— 哺乳類の水生適応。クジラ目(A)、海牛目(B)、鰭脚目(C、D)、食肉目(E)に属するが、E→Aの方向で水中適応が深くなり、A、Bは後肢がまったく退化しているので、陸には上がれない。

類、コムシ類、ハサミコムシ類がそれぞれ独立の綱であるとされ、従来の昆虫綱は「六脚上綱」に昇格した（二七頁、図1・7参照）。とにかく足が六本あるという共通項でくくられた上綱である。どうして四足動物のように四本でなく六本なのだろうか。

まず起源をさぐらねばならない。最近の分岐学の成果からは、多足類とクモ形類の共通祖先から甲殻類と昆虫の共通祖先が分岐し、その後、陸上を本拠とする昆虫と海を進化の舞台にした甲殻類の二手に分かれたと考えられている（図8・10）。多足類と甲殻類は多数の付属肢をもっているので、昆虫の祖先も多足だった可能性が高い。

多足類の多数の足にはどのような存在価値があるのだろうか。なぜあんなに多足なのであろうか。まず多足類の生息環境を考えよう。石の下、土の隙間、落ち葉の陰など、じめじめした狭い空間である。細長い体が有利だ。ヘビ類は脊柱があるので、体をくねらせて進むことができた。しかし、無脊椎動物は体の中心に骨がないので、体の駆動は「くねり」以外のものを考えなくてはいけない。そこで、各体節についている「付属肢」を駆動に用いることにする。細長い体に足が多数ついているということは、いくら細長くてもすみずみまで駆動力があるということ。つまり四輪駆動ならぬ「多輪駆動」なのだ。狭い空間を素早く動くには、この「多輪駆動」しかない。そしてこの狭い隙間は、じめじめした環境でもある。気管呼吸の入口の気門は閉じる必要がない。しかし、気門が閉じなければ、じめじめ環境から一歩も出ることができない。ムカデが夜の散歩に出てくるのは梅雨どきである理由だ。

気門が閉じ、体表に蝋《ろう》物質の分泌ができるようになると、乾燥した環境に進出していくことが可能になる。「多輪駆動」たる多足の有利さもなくなる。無用の長物は捨てねばならない。足はどこまで減らせばいいのか。

ここで、四足動物のとき出てきた「三点で安定平面が決まる」という幾何学の公理がまた出てくる。おそらく、どんどん減らしていくと、六本で止まるのではないか。六本あれば、支え三点・踏み出し三点を繰り返し行なうことができる。四足の支え三点・踏み出し一点より安定な繰り返しとなり、あのゴキブリの素早い、スムーズな動きが実現する（重心の移動がほとんどないので、二足歩行のヒトが使用する万歩計はゴキブリには使えない）。つまり、多数の足を減らしていくと、便利な六足でストップし、無理に四本まで進化することはなかった、というわけである。

この便利な六足の決定が六脚上綱の初期の段階で決まり、胸部三節というのが定着したのだろう。胸部三節だから六足という奥井一満さんの説明は逆だと思う（奥井・一九八五）。石川良輔さんは「体節制の変化、多足から六本脚へ」という節タイトルを掲げたが、なぜ六本になったかという議論はない（石川・一九九六）。

前肢を歩行にはほとんど使用せず、実質四本足の昆虫はいる（写真8・2）。しかし、まったく退化してしまった昆虫はいない。カマキリ、カマバエ、カマバチ、カマキリモドキの鎌状の前肢は捕食のためで、歩行には不使用、タテハチョウやジャノメチョウなどはかなり退化した前肢を胸に折り畳んでいる。原始的な無翅昆虫のカマアシムシは触角がないので、触角の代わりに前肢を使っているらしい（石川・一九九六、中村修美・一九九六）。

7 クモはなぜ八本足なのか

クモ形綱は昆虫綱と姉妹群とされてきたが、近年は昆虫綱の姉妹群が甲殻類で、この両者より起源は古いらしい。むしろクモ形綱は多足類と姉妹群だという（図8・10）。真正クモ目はほとんど捕食者として進化してきた。とくに種数も個体数も多い昆虫に寄り添いずっと捕食し続けてきた。飛翔昆虫が優勢になると、「クモの巣」という独特の「捕獲網」を発達させた。そしてクモ類は飛翔する器官を発達させなかったのだが、幼生のうちはクモの糸を吹き流して、十分に「飛翔」を可能にしている（この気球型飛翔を「バルーニング」という）。

さて、クモ形綱の歩脚は六脚上綱とは違い八本である。六本には幾何学の公理を採用したが、八本はどう説明するのだ。そこで、前節の最後に述べた「鎌状」前肢に目をつけた。この捕食用前肢は歩くためにはほとんど使用しない。それなら、クモ類も「捕食用前肢」があってもいい。全構成種が捕食者なのだ。多足から足数を減らすとき、最初の二脚を捕獲用にあてる。次から「三点で安定平面が決

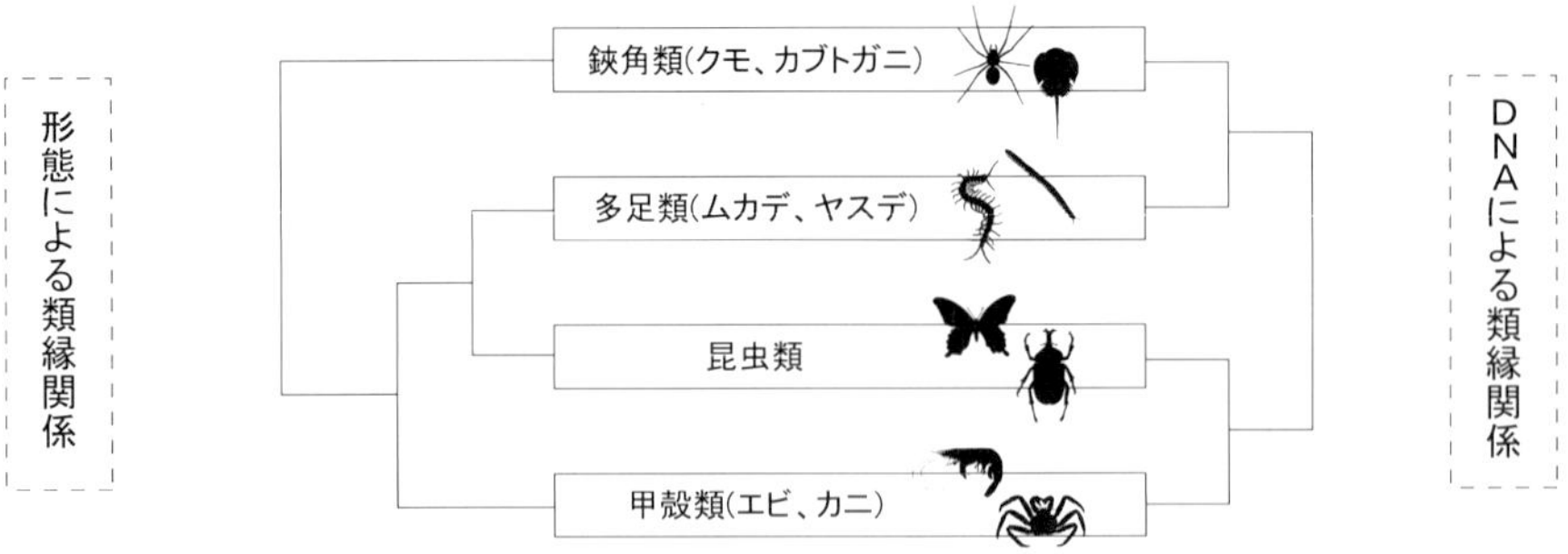

図8・10——節足動物の初期進化。小野(2002)の記述と秋山-小田・小田(2003)の図を参考に作図。

写真8・1——昆虫を捕食するオオカマキリ(上)とアシダカグモ(下)。両者の捕食行動で根本的に違うのは、クモは噛みつくと同時に牙から毒液を注入することだ。獲物はすぐに動かなくなるので、カマキリのように前肢でしっかりと押さえ込む必要がない。(撮影/今森光彦)

写真8・2——歩行・移動に肢を４本しか使用しない昆虫。産卵中のツマグロカマキリモドキ(上)の前肢は捕食用(撮影/山名眞達)。右はサトキマダラヒカゲ(撮影/足立勲)。チョウはほとんど歩行しないが、タテハチョウ科、ジャノメチョウ科、テングチョウ科、マダラチョウ科のチョウの前肢は小さく退化しているので、止まるときに使用していない。

まる」公理を採用すると、六脚がいる。都合、八脚となる。ではなぜ昆虫で鎌状になったような「前肢の特殊化」は起こらなかったのだろうか。そこには、クモ類の独特な食事法が関連する。彼らは消化液を獲物の体に注入し、消化した液状物を吸い取るのだ。消化液の注入はそのまま毒液の注入となり、獲物は毒牙を打ち込まれると、直ちにぐったりする。獲物が暴れなければ、カマキリのようにしっかりと押さえる「鎌」は不要だ（写真8・1）。

網を張るクモはクモの巣上で行動するので、歩脚と捕獲肢の区別がつきにくいが、ハエトリグモのようなハシリグモ類を見ると、第一歩脚は浮かしぎみにして、第二歩脚以降の六脚で歩いているのがわかる。第一歩脚は捕獲以外に、求愛行動のときに用いたり（諏訪将良、一九八九）、触角の代わりに用いたり（Schmid、一九九七）している。世界で一五〇ほどいるアリグモ類の第一歩脚はアリの触角の役目を担う。

最近出た小野展嗣さんの『クモ学』（東海大出版、二〇〇二）の図と記述を参照して真正クモ目以外のクモガタ類をざっと見渡すと、八脚のうち二脚はもてあまし気味に他の役割を与えているように見える。ムカシザトウムシ目では触肢が短く、第一歩脚をアンテナ代わりに使う種もいる。ヒヨケムシ目では第四歩脚にラケット状器官という特殊な形の突起がある。コスリイシ目では第一歩脚の末端が特殊化していて捕獲用となっている。サソリモドキ目の第一歩脚は細長く伸びてアンテナとして使用しているようだ（図8・11、写真8・3）。

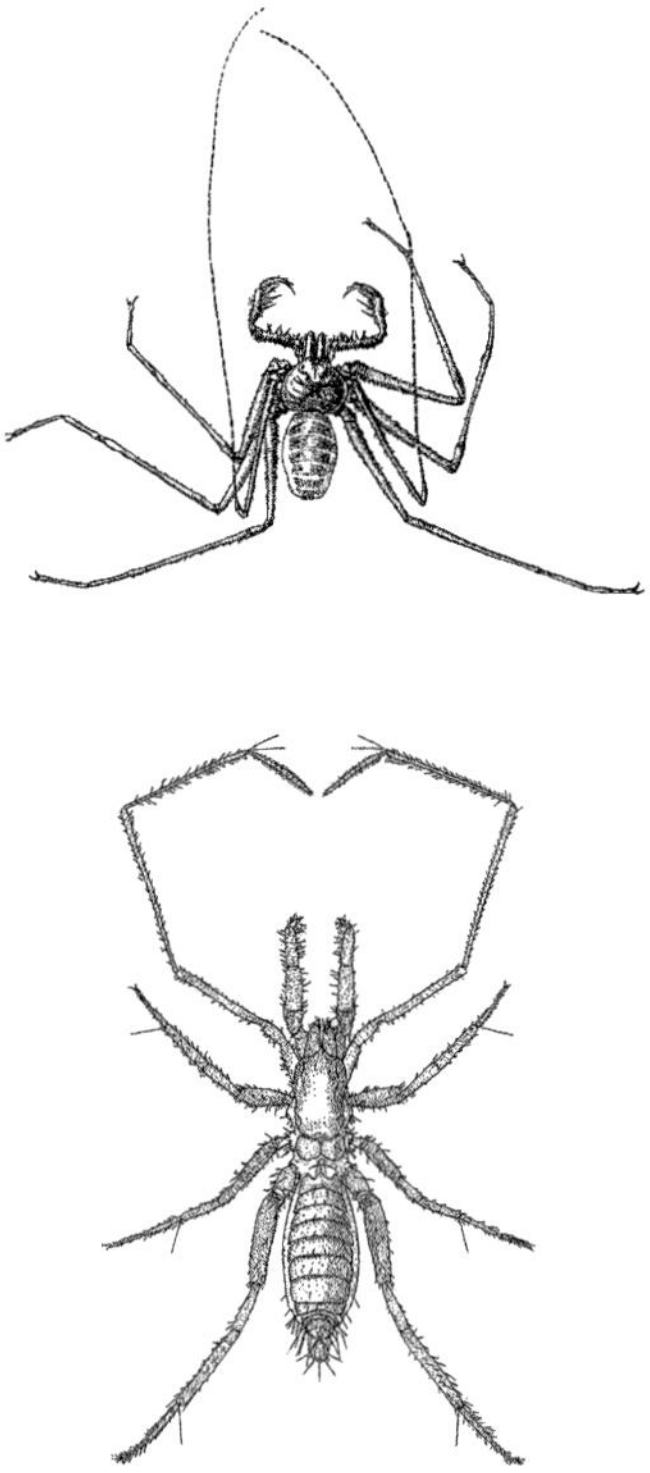

図8・11—— クモガタ綱各目の第1歩脚の使い方。上はミロヒメウデムシ（ウデムシ目、12ミリ）、下はサワダムシ（ヤイトムシ目、5ミリ）。上はKaestner（1969）の中のMillotの原図、下はSekiguchi & Yamaguchi（1972）の原図。

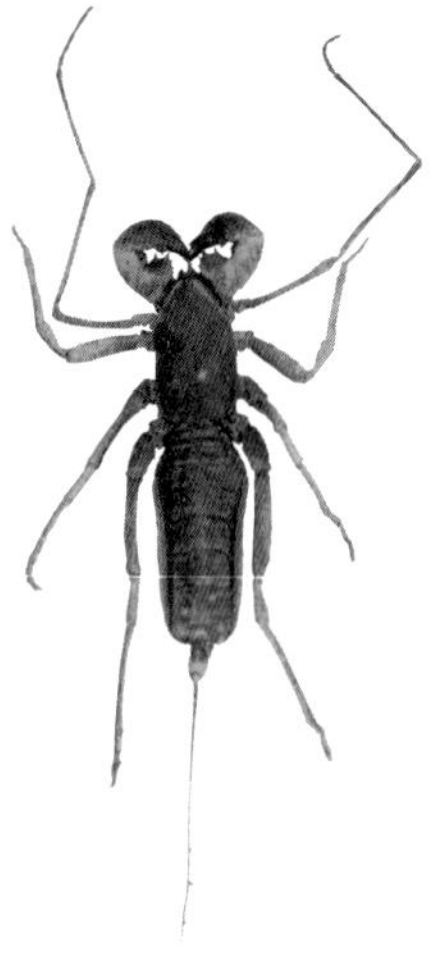

写真8・3—— タイワンサソリモドキ（サソリモドキ目）

鳥取大学の鶴崎展巨さんに伺ったら、ザトウムシ目で触角のように使用するのは第二歩脚だそうである。

8 動物の歩行肢の進化

以上の考察をまとめると、図8・12のようになる。メインコースは0→4と多→6で、わき道として4→0、4→2コース、そして多→8コースがある。前者はさらに土中コースと水中コースに分かれ、水中コースはさらに半水生コースと水生コースに分かれるのである。この歩行肢の進化には、西原克成さんがいうように、重力が大きく関わっていることは間違いがない。三点支持で体重を支えていないと、次の一歩を進めることはできないのだ。ただし、これは四足動物の場合であり、昆虫の場合は三点支持のあいだに次の三歩を進めることができる。二足歩行は半水生のときの「浮力という歩行器」でバランス感覚を身に付けてから、ヒトと鳥で定着している。

ここで取り上げなかった甲殻類の足やタコなどの頭足類の足の説明が次の課題となるが、水中における1／6 Gの世界が関係しているだろうと予測している。1Gの世界では四本と六本しかメインになれなかった。そしてそこには三点による平面決定という幾何学の公理が横たわっていたのである。

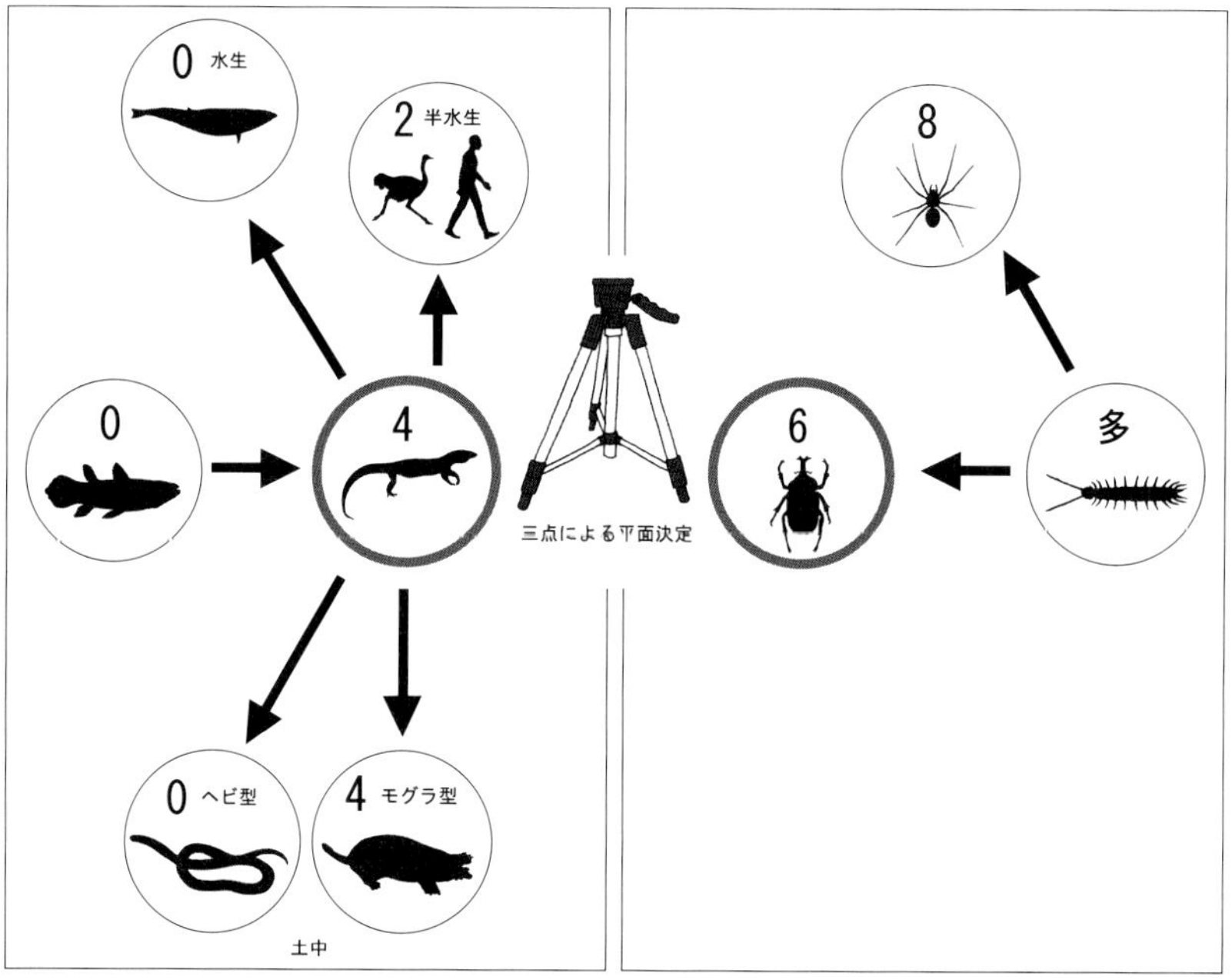

図8・12――動物の歩行肢の進化の方向

第9章 起点と終点の昆虫採集

1 昆虫採集と悪しきスローガン

最後の章は昆虫採集で締めくくろう。昭和三〇年代には夏休みの宿題の定番だった「昆虫採集」が、最近ではすっかり行なわれなくなってしまった。昔に比べればすっかり虫が少なくなったが、昆虫採集が行なわれなくなった原因は虫の減少にあるのではない。「生き物の命を大切にしよう」という悪しきスローガンにあると思う。

動物は植物であれ他の動物であれ、何らかの命を奪わないと自分の命を保つことができない罪深い存在だ。だから、自分が生きるために他の生物の「命を頂く」という明確な認識をもつべきである。命を奪うことから目をそらすのではなく、しっかりと見つめてこそ命を守れるのではないだろうか。昆虫をむやみに殺せというわけでは決してないが、自分の興味がわいた範囲で昆虫の命を頂き、その後の知的欲求のために標本にしておくということは、「生きるために」必要なことだと思う。

「生き物の命を大切にしよう」というスローガンが、子供の探究心の目をつんでいると思えてならない。殺してこそ命の大切さがわかるのではないか。

現在は「食べること」が「殺すこと」に結びつかないが、食卓に上るものはすべて生きていて命があったものだ。農家の庭先で飼っていたニワトリは祭りのときに「しめて」いた。昆虫だって私が子供のころには普通に食べていた。「いなご」だ。田んぼのあぜ道で手ぬぐいを縫い合わせてつくった布袋に大量にいたイナゴを採集した。はちきれんばかりに採れたイナゴをしばらくそのままにして糞をさせ、その後に熱湯でゆでる。エビのように足が赤く（オレンジ色）染まる。この後肢の脛《すね》のところと翅《はね》をむしり（これがちょっと手間だが）、油でからっと揚げてから、砂糖と醤油で佃煮にするのだ（写真9・1）。コバネイナゴを見ると、私は魚を見たときと同じで、「食い物」という感じがする。子供のころの原体験は根強い。

「生き物の命を大切にしよう」というスローガンが必ずしも徹底されていないことは、ハチやハチの巣が見つかったときに露呈する。ハチを見たら即座に危ないから除去とくるのが普通だ。ハチでも蚊でもマムシやムカデだって、この地球に生を受けて進化して現在まで生き延びてきたのだ。人間は自分に都合が悪いと、ただちに殺そうとする。何という横暴。共存の道を考えようともしない。ＤＤＴを撒き散らして蚊を根絶やしにするというのは、いかにもアメリカ的発想だ。かつての日本では蚊帳《かや》というユニークな共存グッズ（蚊を殺さずに天井から吊った網の中に自分たちが入って蚊を避ける）があったことを忘れてはならない。

第4章で述べたように、庭に棲《す》んでいるキアシナガバチやコガタスズメバチは、イモムシ類をかなりよく食べる。庭の植物を虫食いにしたくなかったら、ハチの巣を撤去しないことだ。ハチたちは巣が脅《おびや》かされないかぎり、攻撃などしてこない。ハチの存在を認めてないから、ハチの巣の存在になかなか気がつかず、うっかり近づきすぎて刺されてしまう。そういう不注意さを棚に上げておいて、刺された、攻撃されたといって騒ぎ、とにかく死滅するまで反撃の手を緩めない。この姿勢があるうちは、「人と自然の共生」などといってもお題目にすぎなくなる。

毒蛇も同じだ。怖いので見つけたらまず殺す。咬《か》まれたらどうするのだと殺しを正当化する。気持ちはよくわかる。私もマムシは殺したくなる。しかし、恐怖を抑えてじっと観察する姿勢を失ってはならない。

写真9・1―― 食べ物としての「いなご」。右はゆでて翅と脛をとったもの。左はそれを油で揚げて、醤油と蜂蜜で味付けしたもの。（調理／大谷剛、撮影／八木剛）

2 鳥の目を盗む昆虫少年

ジメジメムシムシの環境は虫の成育に適している。日本産の昆虫は、同緯度同面積の他地域よりかなり多い。名前がついた昆虫だけでも約三万種以上である。とにかく昆虫は種類が多い。それでも名前がわからないと一歩も前に進めない。一歩前に進めないなら名前はわからないままにとどまる。ここを突破するには昆虫採集と標本づくりしかないと思う。

種類が多いだけにいったん標本づくりを始めると、収集意欲に火をつける。標本づくりには手間隙《ひま》がかかるし、個体の細部を自然と観察するから、名前は自然に覚えていく。というよりエネルギーを費やした分、忘れられなくなる。新しい種類が手に入ると、うれしくてしょうがない。もっと集めたくなる。子供には時間がたっぷりある。いや、昔の子供には、といい直す必要がある。今の子供には、テレビ、ゲーム、学習塾で暇な時間はなくなっているのだ。昔風の「昆虫少年」は出にくくなっている。しかし、皆無というわけではなく、博物館の八木剛主任研究員などは「昆虫ハイスクール」と称する一連のセミナーを開催して十数名の中高生を育てている。

標本箱に標本をずらーと並べて展示をすると、「こんなに大量に殺して!」とか「標本づくりが絶滅につながりませんか」とかいう人が必ずいる。絶滅しそうな種を片っ端から標本にすれば絶滅につながるが、たいてい絶滅寸前に追い込むのは、人間の開発行為が原因で、昆虫の生息場所がなくなることにある。そして都会の夜の照明も虫の生活に強い悪影響を及ぼしていると睨《にら》んでいる。

第1章で述べたように、昆虫は大きくなれないので、他の動物に食われる運命にある。とくに鳥類には毎日毎日大量に食われている(第3章第3、4節参照)。植物が動物に食べられるのを見越して生きているのと同じように、昆虫は初めから大量に食われることを見越して生きてきたし、現在もそうしている(第2章参照)。人間の一握りのマニアがせっせと昆虫採集をしても鳥類の日々の捕虫の足元にも及ばない。いうなれば、昆虫少年(青年、老年も含めて)は鳥の目をかすめて捕虫をさせてもらっているにすぎないのだ。

日本の、いや世界の昆虫少年よ、どんどん昆虫採集をしよう。どんどん採集して昆虫という素晴らしい生命グループを満喫《まんきつ》しようではないか。そして、採集したらちゃんと標本にして後世に残していこう。標本をつくれば、自然に昆虫の知識が増えてくるのだ。大きくなれない昆虫たちが、大自然の中で大量に生活している。昆虫を知ることは自然を知る第一歩である。

3　手づくり器具・用具・代用品

今の子供は、いろいろ小遣いやらお年玉やらで結構お金をもっているが、私が子供のころは戦後まもなくで、子供の小遣いまではなかなか回ってこなかった。しかも昆虫採集などは「遊び」の一種みたいなもの（今でもそうかもしれない）だから、高価な採集用具や標本作製器具の金がほしいとはなかなかいえなかった。何とか買ってもらったあと、追加は無理となれば、手づくりすることになる。とくに展翅板は大量にガ（蛾）を採集したときなど、一時にたくさん必要になる。桐の板を買ってきてそれらしいものは手づくりした。

とにかく昆虫標本づくりには小道具がたくさんいる。すべて昆虫用具の専門店に注文すれば手に入るのだが、初めは手づくりか一〇〇円均一ショップ（以下、一〇〇均）などで「代用品」を探すところから始めよう。最近あちこちに増えた一〇〇均に行くと、結構使えるものが見つかる。一緒に「標本づくり講座」をしているミュージアム・ティーチャーの足立勲さんや研究員の沢田佳久さんとアイデアを出し合って、今のところ次のような「手づくり・代用品」を採用している。

■採集用具

捕虫網（昆虫網、虫取り網、ネット）

もう最近はまったくすたれてしまった「蚊帳」を適当な大きさに切って針金を通せばりっぱなものだが、そこまで手づくりすると、かなり大変である。そこで釣具屋を覗《のぞ》く。狙《ねら》いは安めの「タモ網」だ。高いものはいくらでもあるが、安物でいい。たいてい直径五〇センチである。これを購入して本来の魚用網を外し、専門店から購入した直径五〇センチのネットと交換する（写真9・2左）。

もとの魚用網で何が悪いかというと、目が粗《あら》い上に、浅すぎるのだ。魚は大きいから粗くても網の目から逃げないし、水がないと魚

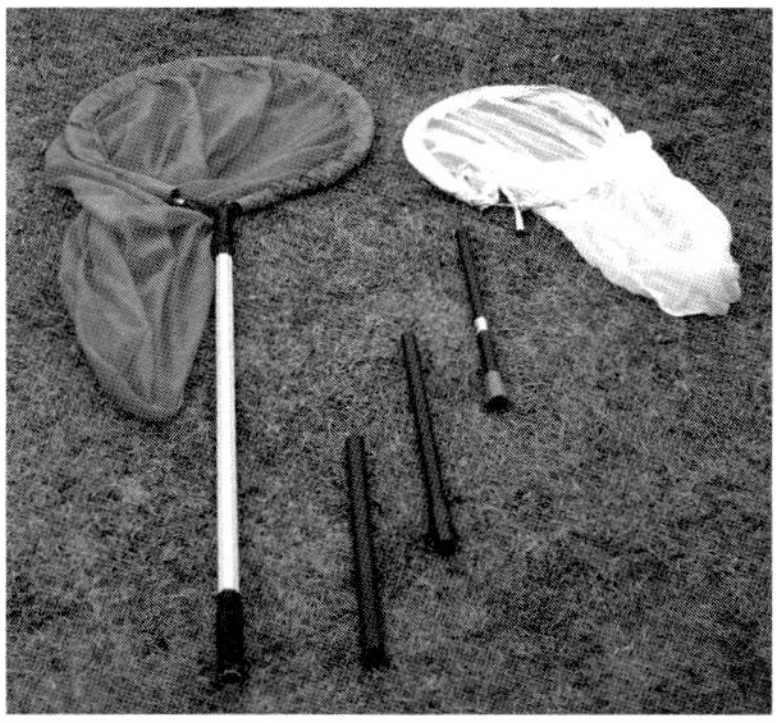

写真9・2――捕虫網の工夫。釣具店で購入した安価なタモ網に市販のネットをつけ替えたもの（左）や市販のネットと枠に、竿として塩ビのパイプを利用したもの（右）を愛用している。

は浅くても逃げることができない。ところが昆虫は小さくて素早いので、網をひねって重ねるだけの「深さ」が必要である。市販のネットとの交換により、しっかりした昆虫網ができ上がる。同等のものを専門店で買うと、値段は倍以上になる。すくい網（スウィーピングネット）として十分使える。

　捕虫網でのもう一つの手づくりは、竿《さお》のほうである。木やプラスチックでできた棒でいいが、竹の棒が一般的だ。家の玄関のところに置いておき、クロアゲハだ！と叫んで取りにくるのが、我が家では普通の光景だった。しかし、採集旅行にもっていこうということになると、一～一・五メートルの棒は邪魔になる。携帯用のグラスファイバー製の繰り出し竿は市販されている。しかし高いので、長さ三〇センチぐらいの塩化ビニール製のパイプの組み合わせを利用するとよい（写真9・2右）。振り回すと、ときどき途中から外れるのが欠点だが、ザックに入るので、携帯には便利である。

毒管・毒ビン（殺虫管・殺虫ビン）

「毒」という言葉を使うか、「殺虫」という言葉を使うかは好みによる。私は毒管・毒ビンのほうを使っている。この言葉を耳にするほうも二手に分かれる。「毒」を危険なものとみるか、「殺虫」を残酷ととるかで、反応は顔に出る。「毒」に当たるものは、青酸カリを筆頭に、クロロホルムとか、アンモニア、ホルマリンなどいろいろあるが、匂い・死体の硬さ・危険度などを考慮すると、酢酸エチルがもっとも優れている。匂いもセメダインのきつめのものと思えばいい。死体は緑色のものの退色があるが、硬くならないのが素晴らしい。揮発性が激しいので、毒管からすぐなくなるものの、手についてもすぐ揮発するので、人体への悪影響はほとんどない。というので、「毒」はもっぱら酢酸エチルだ。

　毒ビンは市販のものでは、広口ビンにコルク栓がついていて、かなり高価なものだが、インスタントコーヒーの空きビンに脱脂綿を敷いて酢酸エチルを染み込ませれば、十分機能を発揮する（写真9・3奥）。

　毒管のほうは足立さんが写真のフィルムケースで開発した（写真9・3右手前）。フィルムケースを二つ使い、上になるほうの底に千枚通しで穴をあける。下のほうは脱脂綿を敷い

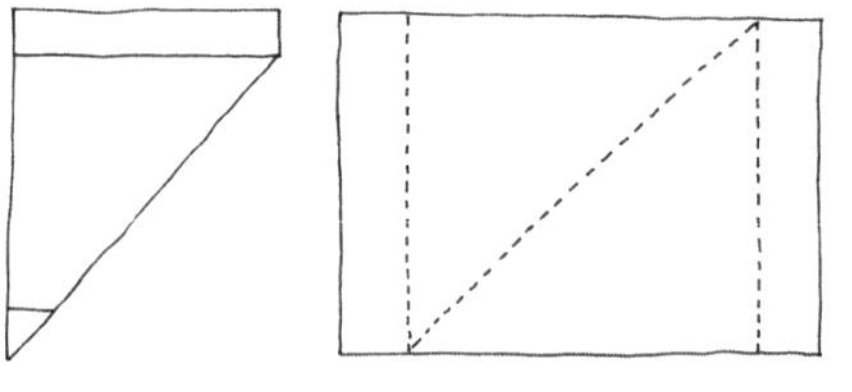

図9・1――三角紙。チョウやトンボのように翅が大きい昆虫は、パラフィン紙を三角に折って包む。

写真9・3――毒ビン、毒管のいろいろ。左奥が市販の毒ビン、左手前が市販の毒管である。毒ビンはインスタントコーヒーの空ビンで代用できる（中奥、右奥）。フィルムケースやポリサンプル容器を工夫すると毒管の代用品になる（右手前、中手前）。

て上部半分をライターで焙《あぶ》る。柔らかくなったところで、底に穴のあいたものをグッと挿し込む。これに酢酸エチルを入れて、蓋をすれば、りっぱな毒管の完成だ。軽くて、落としても割れないので、子供が持ち運びするには最適である。欠点は一年以内に下のケースにひびが入ること。フィルムケースは写真屋さんからただでもらってきたものだから、どんどん使い捨てすればいいのだが、最近はデジタルカメラの普及で、以前ほど無尽蔵ではなくなった。そこで足立さんは市販の「ポリサンプル容器」(写真9・3中手前)に目をつけた。ほとんどフィルムケースと同じだが、化学薬品を処理するように丈夫にできていて、少し長めにつくられている。これだと下のケースは簡単にはひびが入らない。

三角紙・三角管

ほとんどの昆虫は毒管・毒ビンで対応できるのだが、チョウやトンボのような翅が大きいものは別格である。「三角紙」(図9・1)というパラフィン紙(硫酸紙)でできたものに包む。つくり方はいたって簡単、パラフィン紙を長方形に切って三角に折り畳むだけ。なかなか重宝なものだ。小学生にこれと同じものをつくれといってカッターを手渡したら、ちょっとびっくりした。カッターナイフでの紙の切り方を知らないのだった。今は鋏《はさみ》しか使わせないのだろうか。

この三角紙を入れるものが三角管だ(写真9・4A)。紙に合わせて容器はつくられているが、必ず三角でなければならないことはない。足立さんは一〇〇均でポシェットを購入してダンボールで補強して素晴らしい容器にした(写真9・4C)。私は三角にこだわって、普通は金属製や高級皮製なのをダンボール製に代えてみた(写真9・4B)。どちらも毒管を入れるスペースがつくってある。この三角管と昆虫網があれば、基本的に昆虫採集ができることになる。

叩き網(ビーティングネット)と吸虫管

三角管と昆虫網の基本セットの他はオプションである。なくてもすむが、あれば便利というやつだ。叩き網は沢田さんのような甲虫屋さんにとっては必需品である。第5章で述べたように、甲虫は体が硬いので、草むらへの「ポトリ落下」を得意とする。この得意技

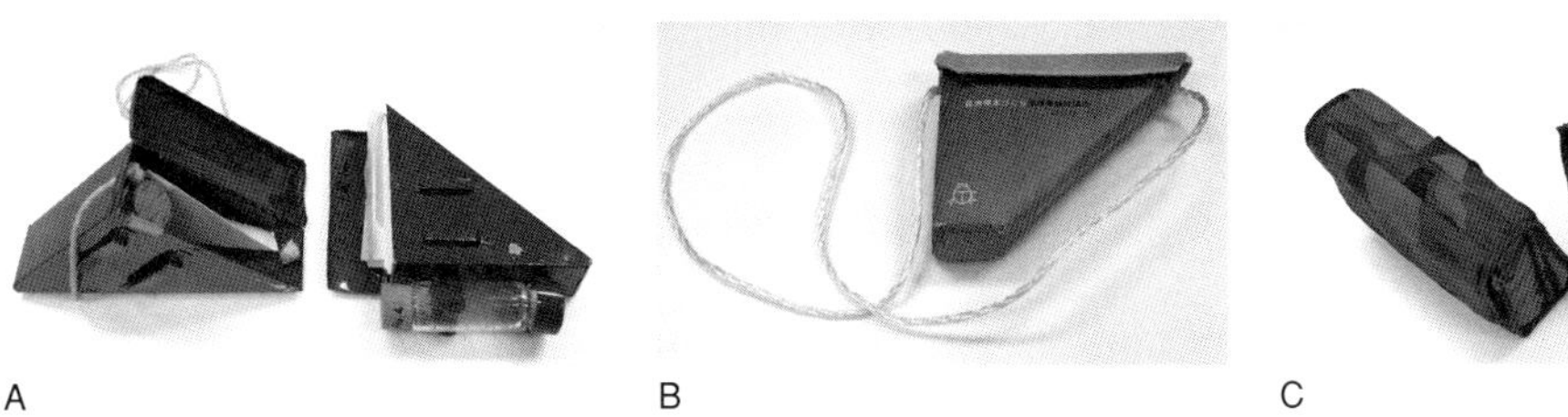

A　B　C

写真9・4—— 三角管。市販の三角管は金属製で毒管を外に付けるタイプと中に入れるタイプがある(A)。Bは段ボールでつくった手製の三角管、Cはポシェットを改造したもの。

を逆手にとったのが叩き網だ。正式なスタイルは白い布製で、支柱を二本交差させる（写真9・5）。市販品もあるが、手づくりは可能。代用品は一〇〇均の白色か薄い色の傘。にわか雨のときは普通の傘としても使える。

　叩き網とセットで使うのが吸虫管。叩き網に叩き落された昆虫たちは、しばらく「死んだふり（擬死）」でじっとしているものもいるが、多くはさっさと歩き出し、さっさと空中へと逃げていく。叩き網を使用しているときは普通の昆虫網は仕舞っているか、そばに置いてあっても構えていないから、空中への対応は遅れる。このとき威力を発揮するのが吸虫管である。横隔膜の力を有効に使って、小さい虫を片っ端から吸い込んでいく。市販のものはガラス管とゴム管でできているが、沢田さんはコーラのペットボトルで素晴らしい実用品を製作している（写真9・6）。

鳴く虫採集器（写真9・7）

　鳴く虫採集器の最初のアイデアは北大時代に遡《さかのぼ》る。おそらく、弘前大学教授だった正木真三先生がコオロギ類の採集に使っていたものを正木先生の弟子の女性が教えてくれたと記憶している。三〇年ぐらい前なので、ペットボトルも出回っておらず、醤油の一リットルボトルの底を切っただけのものを使用していた。「これでこうしてコオロギたちを追い込むの」と可愛らしく教えてくれた女性の笑顔が思い浮かぶ。

　このシンプルタイプを鳴く虫インストラクター養成講座の受講生に使わせていたところ、受講生の一人が五〇〇ミリリットルのペットボトルの先三分の一ぐらいを切ってひっくり返して、「先生、このほうが逃げなくていいですよ」と教えてくれた。確かにそのほうが便利なので、たちまちシンプルタイプ（写真9・7左）から「もんどり」タイプに換わった（写真9・7中）。これは角型タイプだと具合がいい。丸型タイプではどうしてもセロテープで止める必要が出てくる。さらに最近では角型二本を使ったニュータイプが出てきた（写真9・7右）。これだと、採集した虫を他の容器に移すときに便利である。

■標本製作用具

展翅板・展足板

　市販の展翅板は桐板製（図9・2A）、展足

写真9・6――ペットボトルを利用してつくった吸虫管。

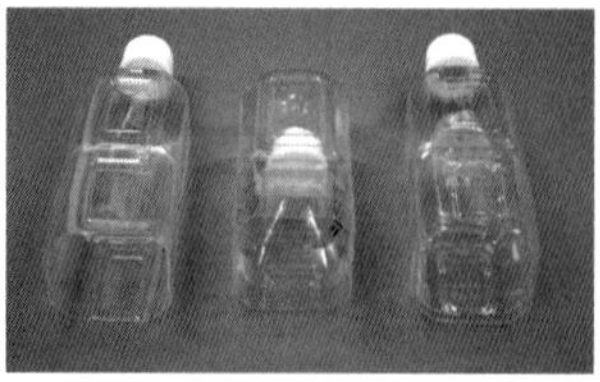

写真9・7――鳴く虫採集器の進化。ペットボトルの底を切っただけのもの（左）から、入った虫がすぐに逃げられない「もんどりタイプ」（中）になり、さらに二つのペットボトルを使って、捕らえた虫が取り出しやすいニュータイプ（右）に進化した。

写真9・5――手製の叩き網と叩き棒（左）。ほぼ同一のものが市販されている。

板はコルク製だが、手づくり・代用品はまず、お風呂用のマットでつくった。これは安くて丈夫で使い勝手もなかなかよかった。しかし、手軽さからいうと発泡スチロール板が最適である。より安価なので、一日だけとか数時間の標本づくり講座のときは、すべて発泡スチロール板ですませている。展翅板も適当な溝を切るだけでいい（図9・2B）。難をいえば、柔らかすぎて展翅板を留めるパラフィン紙でつくったテープがすぐ緩んでくることか。

最近の講座で、チョウの翅をとめる、このテープの話をしたら、多くの人が片面粘着面の「セロハンテープ」だと思っていたのには面食らった。

「どうして待ち針がいるのですか」「えっ、どういうこと？……」「剥《は》がすとき鱗粉がとれてしまわないんですか」「何で鱗粉がつくの？……」。

平均台

昆虫針に「刺されている」標本が、昆虫針の一定の高さに揃えられていることを知っている人はごくわずかである。桐製の展翅板は高さが一定につくられているので、平均台は

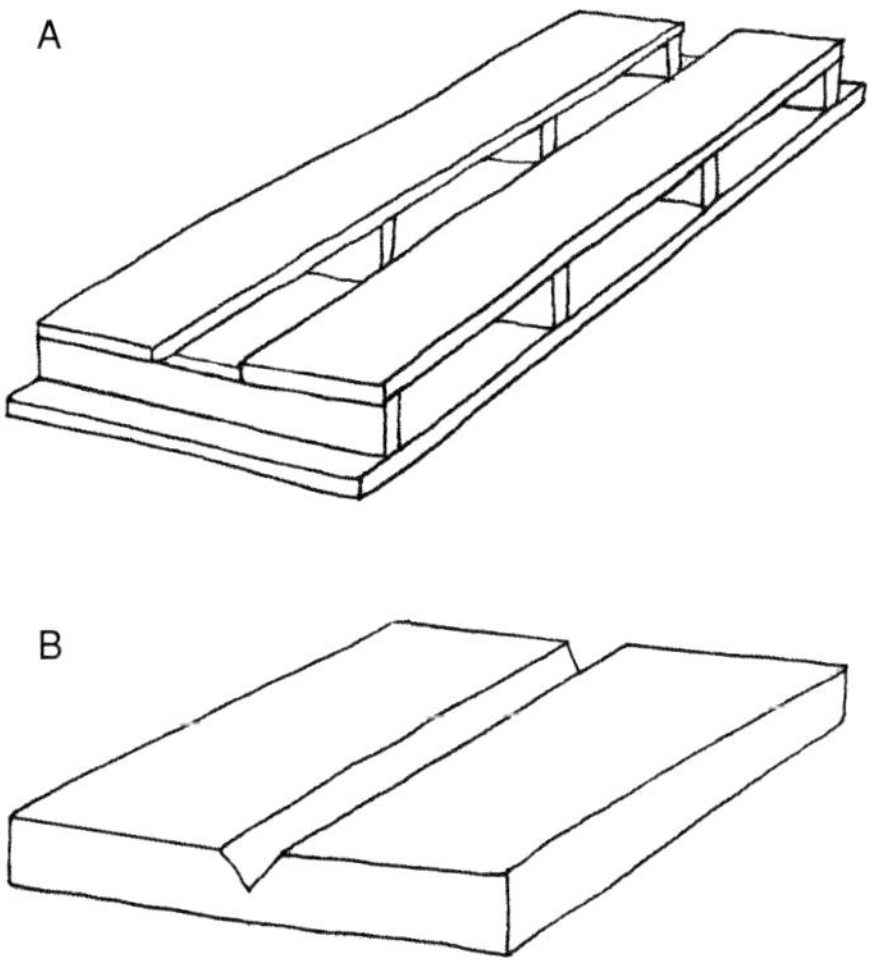

図9・2—— 市販の桐製の展翅板（A）と発泡スチロールでつくった展翅板（B）。

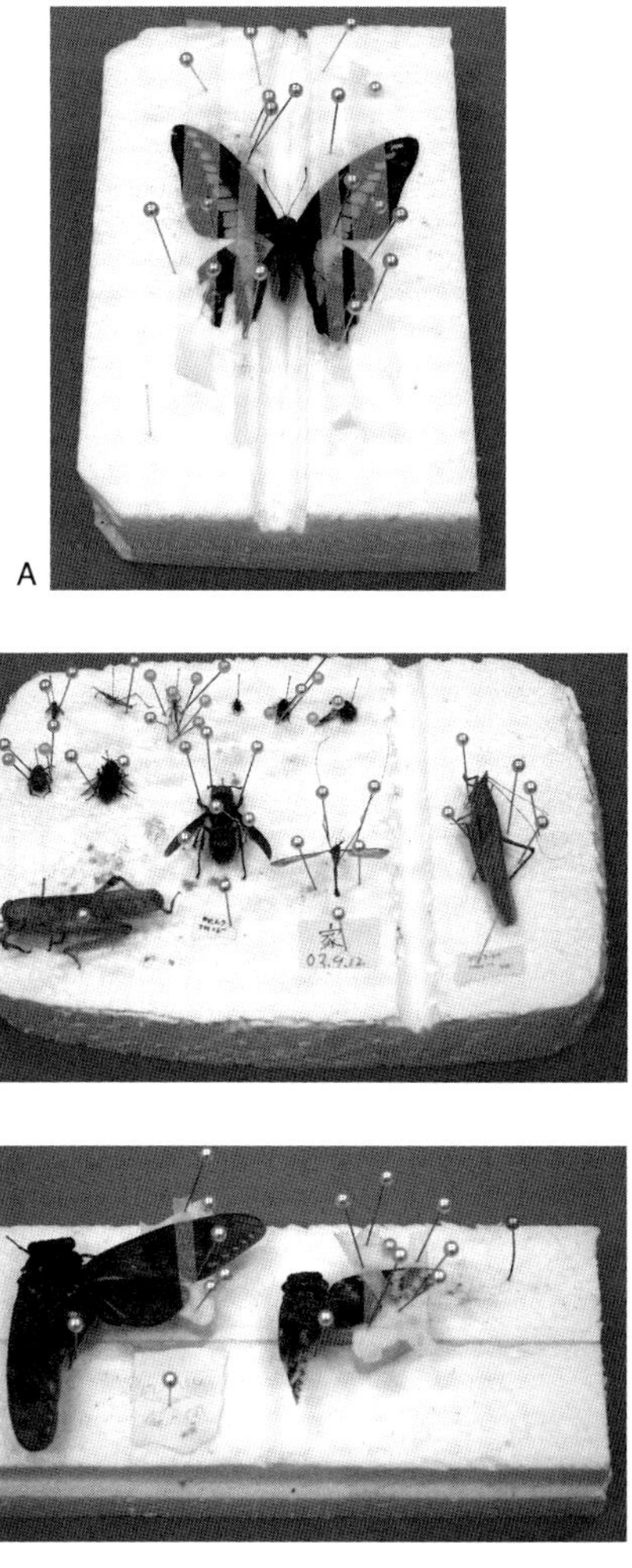

写真9・8—— 展翅板は発泡スチロール板に溝を切ったものでも十分に機能する（A）。発泡スチロールの展翅板はそのまま展足板としても使用可能で（B）、翅を乗せる台を工夫すると展翅も一緒にできる（C）。発泡スチロールをプラスチック製保存容器の大きさに切って、乾燥剤を入れて蓋をすると、数日で標本ができあがる。

必要ないのだが、発泡スチロール製の展翅板の場合、平均台がないと初心者の多くはラベルをつけるだけの長さを確保してくれない。展足板の場合でもちょっと説明不足だと、すぐに昆虫の背中側に針の長い部分を残してしまう。

市販の平均台は木製で、小さな穴があいている（図9・3）のだが、老眼になってくると、なかなかその穴に針先が入らない。それならどこを刺しても入るように五ミリのポリフォームを張り合わせてつくったが、四段重ねになると、針はなかなか下まで刺さらないし、刺さったらなかなか抜けないのだった。太い針を熱して刺すと、太い穴ができてオーケーだが、老眼対策にはならない。老眼用平均台は発泡スチロール板をカッターで切ってつくればいい。

柄つき針

なくても展翅・展足はできるのだが、あれば作業はしやすい。市販のものは針が取り替えられて便利だが（写真9・9中）、使用後の割り箸にカッターで割れ目をつくって針を挟み、糸で縛って木工用ボンドで固めると、なかなかよいものができる。さらに、足立さんは一〇〇均で求めたシャープペンシルを柄つき針に変えてしまった（写真9・9下）。芯の代わりに無頭の昆虫針を入れるだけでりっぱな柄つき針となる。

乾燥箱・保存容器

形を整えた標本に近いもの（ラベルのついていないものはまだ標本とはいえない）は、二〜三週間ぐらい自然乾燥をさせるのが一番いい。しかし、現在は忙しい時代だから、なかなか二、三週間も放っておけない。標本づくり講座をしても、次の週には針外しをしなければいけない日程を組まざるをえない。仕方なしに急速乾燥する。シリカゲルの入った乾燥箱に並べておく。急速乾燥がまずいのは乾燥しすぎる傾向にあること。乾燥しすぎると、虫体にちょっと触れただけで、すぐにポキンだ。自然乾燥だと中まで同じように乾燥していてほどよい水分をもっている。腐ったりカビが生えたりしない程度の乾燥だが、触れてもたわむ程度の水分量といったところか。ちょうど干物の感じだ。

標本づくり講座のように多人数の場合は、

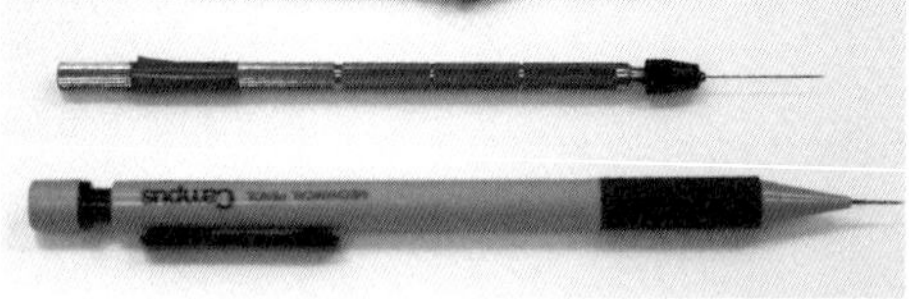

写真9・9——昆虫の形を整えるための柄付き針。マッチ棒か爪楊枝に昆虫針をゴム輪でくくりつけるだけでも整形作業はしやすくなる（上）。市販のものは金属製（中）で、針の交換ができるが、シャープペンシルに無頭の昆虫針を入れるだけで立派な代用品になる（下）。

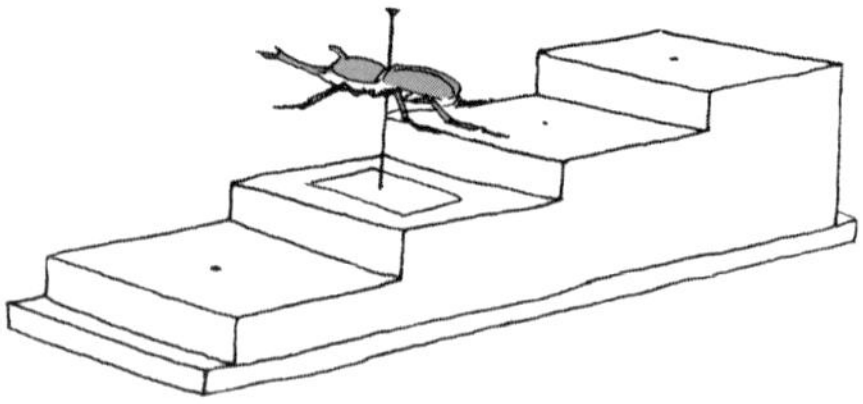

図9・3——虫の高さとラベルの高さを統一するための平均台。虫の高さを一番高いところで、一枚だけラベルを付けるときは三番目の高さにする。市販のものは木製だが、標本箱の下に敷くポリフォームでもつくれるし、発泡スチロールでも可能である。

乾燥箱として衣装ケースを工夫して使用しているが（写真9・10A）、個人の場合なら、展翅板や展足板が入るプラスチック製の保存容器が簡便に使える（写真9・10B）。一日ですます標本づくり講座の場合は、この保存容器を用意しておき、展翅板・展足板を入れて持ち帰ってもらうことにしている。

■標本箱

標本小箱・プラケース

　最後は標本を入れる箱だ。博物館では見栄えがして虫が入りにくい「ドイツ箱」を使用しているが、最初は手づくりの簡便なものから入ったほうがいいと思う。まず、ボール紙でつくる「標本小箱」（写真9・11A）。これは蓋《ふた》のところに一センチの糊しろをつけて、スティック糊を塗り、ラップをひっぱりながらピンッと張ると、なかなか可愛らしい小箱ができる。手のひらに乗る大きさだが、大きさはいろいろ好みでつくればよい。もう少し大きい箱がいいなら、お菓子の空き箱でしっかりしたものがあるから、この蓋のところを「標本小箱」と同様に一センチの糊しろをつくり、ラップを張る。ラップは箱が大きくなるほど張りにくいし、すぐ破れるので、透明アクリル板やガラスを張ってもよい。

　代用品のお勧めは一〇〇均の透明な物入れ用プラスチックケースだ（写真9・11B）。底には一センチ の発泡スチロールを張ってもいいが、ナフタリンに溶けるのが欠点である。ドイツ箱の底に敷いてあるポリエチレン・フォーム（ポリフォーム）が最高だが、少し高価なので、一〇〇均で探すと、ポリフォームに近い材質のものが見つかった。このジョイントマット（写真9・12上）は床の上につないで敷くものだが、細長タイプを用いると、三つ分とれる。最近は真四角のプラスチックケースも出てきたが、標本箱に最適のケース類はそうたくさんは出回っていない。

乾燥剤・防虫剤

　標本箱に絶対欠かせないのが、乾燥剤と防虫剤だ。博物館では部屋ごと乾燥させ、定期的に燻蒸《くんじょう》✦1するので、ドイツ箱には何も入っていないが、普通の家庭で何も入れないと、たちまち標本は黴《かび》だらけになり、虫に食われて昆虫針だけになってしまう。

　そこで市販の乾燥剤と防虫剤が必要だが

✦1 防虫目的で薬剤の煙で部屋ごと燻（いぶ）すこと。

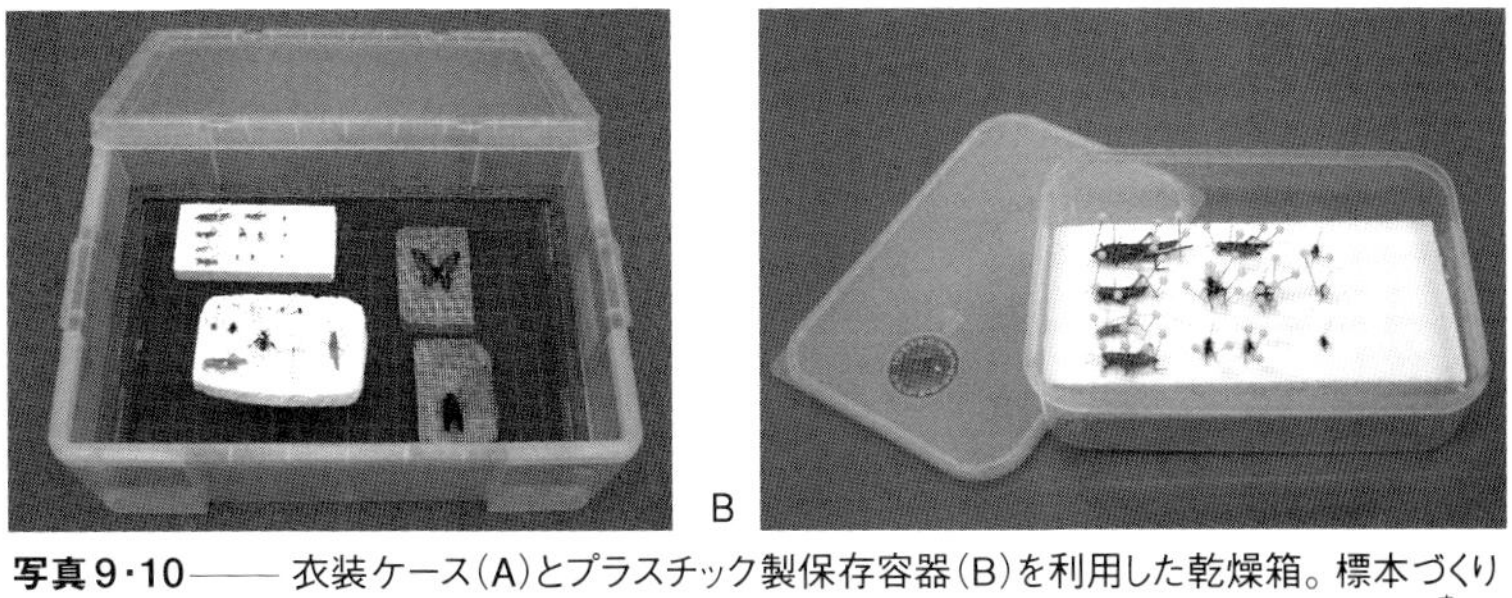

A　B

写真9・10——衣装ケース(A)とプラスチック製保存容器(B)を利用した乾燥箱。標本づくり講座などでたくさんの乾燥が必要なときは、衣装ケースなどに乾燥剤を大量に入れ、網の簀《す》の子でケースを上下に区切って2階建てにして使用する。

（写真9・13）、シリカゲルとナフタリンをビンで求めて、シリカゲルはお茶パックに詰め、ナフタリンは標本箱に適当に振りまいておくとなかなか具合がいい。お茶パックに入れておくのは、水分を含んで乾燥剤の役が果たせなくなったとき、電子レンジでチンするのに回収しやすいからだ。防虫剤はナフタリン系とパラゾール系があるが、パラゾール系は標本にはきつすぎて、黒く変色する。両者を同時に使うとさらに黒くなる。ナフタリン系がお勧めだ。

標本箱に隙間があるほど、防虫剤は早くなくなり、乾燥剤は効かなくなる。簡便な標本小箱など隙間だらけなので、箱ごとプラスチック製保存容器に入れておくのも手である。標本箱をジッパー付きのビニール袋に入れてしまうのもよい。

4 標本づくり講座あれこれ

何といっても昆虫学の基礎は標本づくりだ。おそらく、その分野の標本をつくることは生物学の基本なのではないか。自分が今まで昆虫関係の仕事をしてきて、やはり昆虫の標本づくりをしないと、ほとんど前に進まないことを実感し、現在学校ではまず標本づくりはしないという実態を受けて、博物館でやらなければならないという思いが強くなり、標本づくりのセミナーを開いた。

対象は子供向け・大人向け・教員または指導者向けとあるのだが、ちょうどそのころ、小・中・高等学校を退職された教員の方が博物館でミュージアム・ティーチャーとして活躍できる制度ができたところだったので、「子供向け」をお任せすることにした。前に出てきた足立勲先生に主導していただき、私や沢田さんが手伝う形になった。それではと「教員または指導者向け」から始めた。しかし、どうも「指導者向け」とすると、敷居が高いらしく、受講生はごくわずかだった。私は教員の知り合いもわずかで宣伝活動もしていないので、当たり前かもしれない。これは「教職員セミナー」という形になって、教員にターゲットを絞ることで定員を満たすことができている。

そこで「おとなの標本づくり講座」を開いた。もちろん、「おとなの標本」をつくるわけでなく、「おとな向け標本づくり講座」の

A

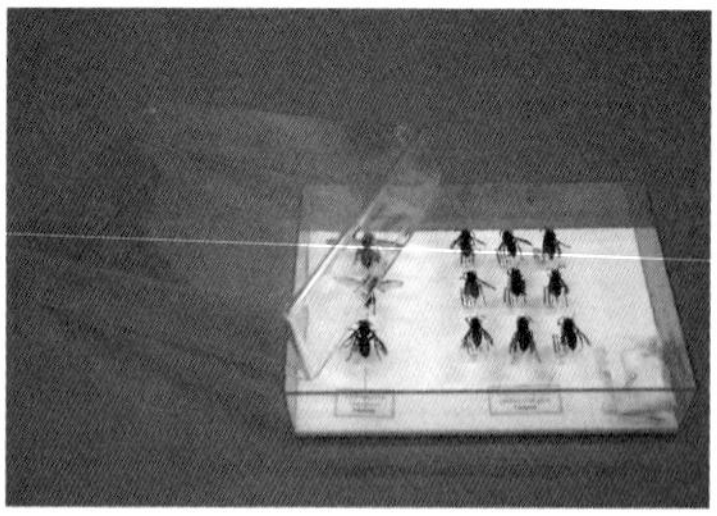
B

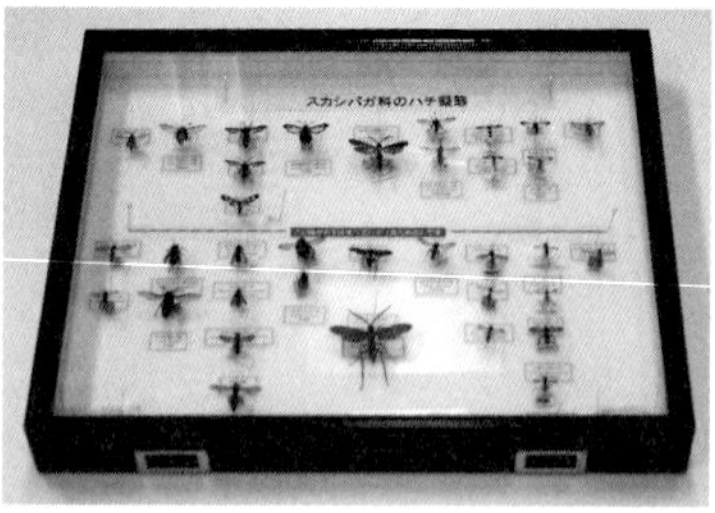
C

写真9・11――標本箱のいろいろ。ボール紙を切り抜いてラップを張った標本小箱（A）。100円ショップで見つけたプラケースにポリフォームを敷けばりっぱな標本箱になる（B）。ドイツ箱と呼ばれる豪華な標本箱（C）は、標本が増えてきてから使用する。

意味だ。しかし、定員二〇名の半分にもならない。一日目に採集して標本をつくり、一週間後にまた来てもらい、待ち針を外して、ラベルをつけ、標本箱に入れる形をとったのだが、なかなか二日はとれないという声を聞いたので、「展翅板使用講座」と「展足板使用講座」を一日ずつとってみたが、ようやく半分を少し越えた程度だった。後者を「甲虫類の標本づくり講座」としたのだが、「甲虫《こうちゅう》」を「かぶとむし」と読む人が結構いて、勝手に「カブトムシがもらえる講座」と読み替える人がいるのにはびっくりした。

　昆虫採集は昼間だけでなく、夜がなかなか面白い。夜間採集である。灯火採集とかライトトラップなどともいう。場所の設定が適切であれば、主にガの仲間がどんどん集まってくるが、夜行性の昆虫は何でも集まってくる。とくに、ヤママユガ科の大形ガ類やカブトムシ・クワガタムシがバンバン集まると、参加者は異様に興奮してくる。昆虫は別に光が好きなわけではなく、人工の光がなかったときの昆虫の習性で、放射状に出てくる人工光のために自動的に集まってくるだけの話だ。✦2

　しかし、夜と場所の設定があって、通常セミナーではなかなか実現しにくく、イベント的に他施設から頼まれたときに何度か実施した程度である。そんなとき、ある助成金募集が急にあったので、「昆虫標本づくり指導者養成講座」として二泊三日の夜間採集のできるものを申請し、助成を受けることができた。このときも定員いっぱいに受講生を集めることができなかったのだが、受講生の満足度の高いセミナーだった。

　これまでの私が主催した講座はたいてい足立先生と沢田さんにお手伝いしてもらっているが、単独で依頼され、講師として出て行くときもある。一日が使えるときは、午前中採集をして、午後に展翅・展足をしてもらう。最近はもっぱら、発泡スチロールで、待ち針で整形したものを持ち帰っていただく。半日のときは採集は省略ということになるが、標本を前もって準備しておくのが結構手間である。業者もゼロではないが、一匹一〇〇〇円と吹っかけてきた業者に驚いたことがある。小・中学校の子供たちに、安いアルバイト賃で採集してきてもらうのが一番いい。

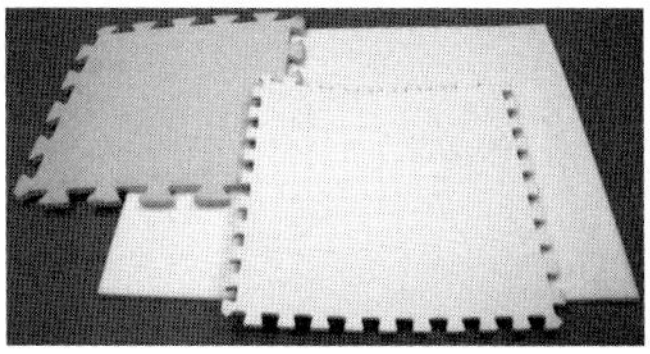

写真9・12——標本箱の下に敷くものは、かつてはコルク薄板であったが、近年はポリフォームに替わった。ポリフォーム（下）は高価なので似た材質の材料を100円ショップで探すと床敷き用のジョイントマット（上2枚）が見つかった。

写真9・13——乾燥剤（左前、左後）と防虫剤（右前、右後）。乾燥剤のシリカゲルは粒状のもので、電子レンジで水分を飛ばせば、再度使用できる。

✦2
昆虫が夜間に飛行するときは、複眼の中の個眼の一つが捕らえた光をそのままの角度で保つことで直線飛行ができる。これは、月や星といった極端に遠い光源からくる光（ほとんど平行光に近い）でのみ、うまくいく。この飛行方式を光源が近い光（放射光）に採用すると、自動的に光源に到達してしまう。

5 採集・標本づくりに必要な体力と気力

昆虫採集や標本づくりは、体育系とは程遠く、ちまちまと細かい作業の、決して明るいイメージではない。マニアックな行為と世間一般には思われているし、私自身も大半認めるところだったが、博物館で標本づくり講座をしたり、四九歳のとき初めて三週間入院したりして、結構体力・気力のいる行為だと気づいた。

まず、昆虫網でのヒット率の大幅ダウン。若いときは狙った昆虫を外すことはほとんどなかった。虫は吸い込まれるようにネットの中。しかし、これは体力のある若いときの話なのだ。反射神経も衰えてくると、そうした「昆虫捕獲」打率がガクッと落ちて愕然とする。四つ年上の中西明徳さんと二人で、長いことチョウのセンサス調査をしていたが、ときどきチョウの種類の確認のためにもっている網で捕獲する必要がある。二人ともよく逃がしてしまって苦笑するしかないことがしばしばだった。頭の中では捕獲パターンが描けているのに、反射神経とかダッシュ力とか腕力とかが衰えているので、そのギャップが昆虫網の動きにぎごちなさを与え、そのわずかな隙を突いてチョウはネットを掻《か》い潜《くぐ》るのである。そして、逃がしたあとの諦めも早く、次の手を打てない。若いときは失敗しても二の手三の手を打ち続け、しっかりネット内に確保したのだった。

四九歳のとき、脳出血を経験した。脳内のわずかな面積の出血とはいえ、三週間の入院を余儀なくされた。信じられなかった。頭の中は「青年モード」だったのに、体は年齢通り初老になっていたことを思い知らされた。退院して、本調子になるまで昆虫標本の整理と思い、標本箱を開いてみてびっくりした。昆虫針をきちんとつかめないのだ。細い針をきちんとつかみ、小さな昆虫を目的のところにもっていくにはかなりの体力が必要だ。そんなことそれまで考えてもみなかった。そういえばと、私の三人の息子に初めて標本づくりをさせたときのことを思い出した。三人とも小学一年生までは指の力がなくて、昆虫針をきちんとつかめないので、待ち針外しぐらいしかさせなかった。二年生になると、何とか針をもてるようになり、それとともに細かい作業も可能になるのである。したがって、

✦3
兵庫県立人と自然の博物館と連携している、本来の意味のボランティアの会。

一年生になりたての末娘は、標本づくりをしたそうにしているが、まだ昆虫採集どまりだ。

昆虫の標本づくり講座で子供たちを見ていると、細かい作業で神経を使うので、すぐ疲れてくる。そして飽きて遊びだす。やはり気力・体力がいる仕事だと再確認する。少し高齢者が多いＮＰＯ法人「人と自然の会」[✦3]には、何度も講座を手伝ってもらったのだが、「標本づくり」のサークルは生まれなかった。ずっとやり続けている仕事ならともかく、新しく獲得する技術としてはあまりにも細かい神経がいるのだ。私も眼鏡を外さないとまったくできないし、ときどき外してしまっている「眼鏡」を外そうとして愕然とする。私にも体力・気力がなくなって、標本を壊してしまうような事態のときが遠からずくるのだろう。昆虫の世界に標本づくりから入り、標本づくりができなくなって静かに去っていくのかもしれない。

6　沖縄・ボルネオでの採集

いかにも終わりの雰囲気になってきたが、さびしく終わるよりも楽しかった思い出で締めくくったほうがよさそうだ。

昆虫採集はずっと九州（大分）どまりだったが、一九八九年の昆虫学会で初めて沖縄の地を踏んだ。まず、感じたのは「日本と違う」。聞こえてくるセミの鳴き声は聞きなれないものだった。そして、夜の鳴く虫たちの声も「日本と違う」のだった。

次に沖縄県に行ったのは、オオゴマダラの観察で石垣島だった（第6章第6節）。どんな昆虫でも石垣島産である。ついつい夢中で採集していたら、オオゴマダラ放蝶イベント会場の宮良小学校の教頭先生に「こんなところで網を振り回すな」と叱《しか》られた。第1節で述べた悪しきスローガンに基づく叱責《しっせき》である。むかっときて「放蝶する環境の昆虫相調査だ」と偉そうに反論した覚えがある。

このときの経験を生かして家族で沖縄に昆虫採集に出かけた。二〇世紀最後の夏（二〇〇〇・八・二一～二七）、三人の息子（小四・小三・幼稚園）と二歳の娘、妻と私の六人で西《いり》表《おもて》島・石垣島に出かけた（写真9・14）。捕虫網はもちろん塩化ビニール製。一人一本ずつもたせないと承知しない。チョウが一匹飛んでくると、三人で追い掛け回して、「取っ

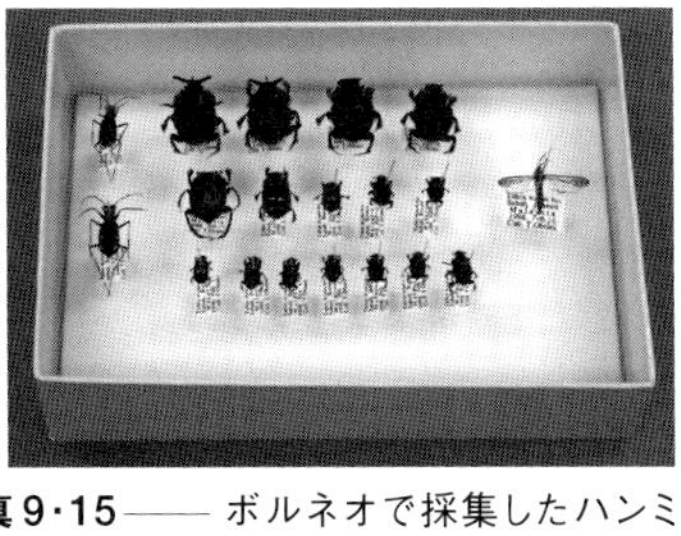

写真9・15――ボルネオで採集したハンミョウ（左）と糞虫（中）とスカシバガ（右）。ハンミョウは上の種を観察した。糞虫は少なくとも4種が混じっている。スカシバガはハチだと思って捕まえた。

写真9・14――石垣島おもと岳の登山口での大谷ファミリー（2000年8月）。

た！」「逃がした！」「へたくそー！」と大騒ぎだ。得意分野で余裕のお父さんは、あとから満足げについていくのだ。このときの標本を取り出すと、子供たちの元気な行動がよみがえる。二〇〇三年の伊丹市昆虫館の夏休み特別展に、ドイツ箱一箱にまとめて出展した。標本は学術的なだけではなく、思い出の宝庫でもある。標本をまじめにつくったことのある人なら誰でもそうだと思うが、採集したときの様子はたいていありありと思い出すことができる（といっても細かい数字はほとんど忘れているから、思い出しにラベルは重要）。

沖縄まで行ったら、次は熱帯へと思うのが昆虫「少年」である。兵庫県立人と自然の博物館はマレーシアのサバ大学と提携を結び、毎年いくつかの交流をしている。一九九八年に最初の学術調査隊が編成されたとき、私もハチ類の専門家として参加した。ハチの分類をしているわけではないから、昆虫相の調査員としてはインチキであるが、昆虫採集ぐらいできるだろうと参加してしまった。高温多湿の熱帯雨林は昆虫の天国だ。とにかくたくさんいる。しかし、実際にサバ州の熱帯雨林に入ってみて、それまで思い違いをしていたことに気がついた。それは「熱帯の昆虫は大きい」という思い込みである。科学雑誌や子供の図鑑などで熱帯の昆虫を紹介すると、ついつい目立つ大きな昆虫を出してしまうので、熱帯の昆虫は大きいのだと思い込まされてしまう。確かに大きな昆虫もいるが、それ以上に普通サイズかそれ以下の昆虫がいるのだ。ああ、これが熱帯雨林だと思いながら、次々と現れる違う種類に狂喜乱舞して昆虫採集を満喫しているとき、巨大昆虫だらけというのは幻想だったと実感した。

とにかく出会う昆虫を片っ端からネットに収め、鱗粉のあるものは三角紙に入れ、それ以外は酢酸エチルの入った毒管に入れる。毒管はたちまち珍しい昆虫でいっぱいになり、ぐちゃーとなった死体をジッパーつきの小袋に入れていく。こうして昆虫採集を楽しんでいたら、急におなかが痛くなってきた。人影はなし。脇道に逸れて、枯れ木で土に穴を掘る。野糞道[✦4]（ヤフントウ）の始まりである。落ち葉で「手を洗う」儀式も終え、すっきりしてまた昆虫採集である。

次の日はハンミョウ（写真9・15左）の観察で採集は休み、その次の日にまた同じような

✦4
財団法人・東京動物園協会の嘱託職員として動物解説員をしていたとき、多摩動物公園親睦会文化部が出していた『山鳩』（三〇号）に「影葉雲黒斎」の筆名で投稿した「影葉流野糞道指南」という一文がある。抜粋を紹介する。一・発音（省略）、二・姿勢（省略）、三・小道具（省略）。「四・作法。まず、軟らかい白紙の一端を幅五ミリほどに切り離し、風の方

ルートで昆虫採集する。それでも同じ昆虫はなかなか採集できない。それほど熱帯雨林は「生物多様性」に富んでいるのだ。「この虫はさっき採ったから逃がそう」などという配慮いっさい無用。これだから熱帯の採集はやめられない……と、一昨日の「ヤフントウ儀式」の近くまできて、急に糞虫のことを思い出した。しているときは直腸の充満感に押されて早くしなければというあせりが前面に出ていたので、糞虫はいっさい意識しなかったが、急に「あの埋めたものに糞虫が来ているかもしれない」という期待が盛り上がった。「ヤフントウ儀式」では白紙を全部埋めないので、場所はすぐわかる。そうっと掘り起こしてみる。いました、いました。ダイコクコガネの仲間とエンマコガネの仲間、マグソコガネ類もセンチコガネ類もいる。とくに美麗種はいなかったが、汚さはすっかり忘れて毒管に放り込む（写真9・15）。

こんなふうに熱帯での採集三昧《ざんまい》にあけくれていたら、ハチの専門家としてのノルマを果たせという当然の圧力。ハイハイそうでした。日本でもあまりしたことのないハチ類の採集をし始める。四大昆虫だから、人の目につきにくくともその気になれば結構採れる。花にもハチはいろいろきている。とにかくハチを優先して採集する。ハチだと自信をもって一振りした中にスカシバガ（写真9・15右）が入っていた。確かにハチそっくりに見えた。ハチそっくりで翅に鱗粉がなくとも毒管に入れておくと、体の鱗粉も落ちてしまう。やはり三角紙に入れる。大きくなれない擬態者は熱帯でも、いや熱帯だからこそ健在だった。とくに目に付いたのは、ハチ擬態よりもアリ擬態だった。熱帯ではアリが優勢なので当然である。

アリ擬態に心が動いたが、二週間の日程は尽きていた。三週間の初めての入院から一四カ月しか経っていなくて健康に不安はあったが、何とか無事に日本に戻ることができた。二日前に開港した関西空港は、春の気配がかすかの三月の初めで、ボルネオで拡張した皮膚はたちまち鳥肌である。博物館に戻って、越冬中のミツバチの箱をそっと開けると、弱々しい翅音が聞こえてきた。

向を探る。風向きがわかったら、風上から三十度時計回りに位置を取り、そこを正面とする。次に風下を向き、蚊取線香に火をつける。ついたら正面に向き直り、左手の方向（すなわち風上）に蚊取線香をたてる。（中略）さて、緊急でない場合はあせらずに、緊急のときは少しあせって、正面を背にしてしゃがむ。そこで、根掘りを両手でしっかり握り、歯を下向きにして、幅二十センチ長さ四十センチ深さ十センチほどの穴を掘る。掘った土は正面側にもりあげる。これが「金隠し」になる。（中略）。終わったら、形・色・粘度・未消化物などを観察し、「糞隠し」を静かに崩して、「金隠し」とする。この場合、処理した白紙を全部埋めることなく、一部残しておくこと。これは、後で来たものが、誤って同じ地点を掘り起こす悲劇を避ける点で非常に重要。（後略）。五けじめ。（前略）。糞出口をなぞった手なら、右手でも左手でもかまわない。その手で近くの落ち葉を拾う。それから、肩の高さに腕を上げ、静かにその落ち葉をもみ崩し、落ち葉を散らす。一分ほどしてから、おもむろに指先の匂いをかぎ、枯れ葉の香りを楽しんで、影葉流野糞道は終了する。もし、枯れ葉以外の匂いがするときは、このけじめの作法を繰り返すこと。以上」

あとがき

原稿を書き進めるうちに、新しい考えがどんどん浮かんできた。よくいえば、まだまだ柔軟で老いさらばえていないということかもしれないが、新しい考えにたどりつくと、単純にうれしいものである。2章の7節、成虫の寿命と無翅昆虫の成虫脱皮の話では、鳥の捕食圧が及ばない世界が見えてきた。3章の6節では、果実食・種子食の鳥は後から進化してきたのではないかという推測が出てきた。4章6節の「虻蜂取らず」の話も思いつくと、挿入したくなる。5章は「ポトリ落下」が思ったほど認識されていないことに気付いたし、これが甲虫の大繁栄につながることもわかった。6章では、ヤマトシジミの雲隠れが「ポトリ落下」の一種だと気付いた。7章2節の「虫はなぜ鳴く」はまさに執筆中に思い浮かんだ。6章のホタル擬態の話は、この思い付きを基に付け加えた。8章は「はしがき」でも触れたが、浮力のおかげで鳥と人間が同じ土俵で向き合った。9章5節の体力・気力がいる標本づくりは、初老をとっくに過ぎた「昆虫少年の成れの果て」の実感である。

今まで数冊の本を書いたが、自分の研究してきたことの大半を出したのは初めてである。そして、今までの「あとがき」にはスペースの問題もあって編集者への謝辞は書かなかった。しかし、今回はすぐ感謝の気持ちを書きたくなるほど真鍋 弘さんの手を煩わした。

兵庫県立人と自然の博物館（ひとはく）の企画展が、この本の起点になっている。企画展の解説書をつくろうと以前より準備していたハチ擬態関連の標本写真を多数転用させていただいた（口絵六二点、本文三三点）。八木剛さんが『赤とんぼコンサートガイドブック』（八木・大谷編、赤とんぼコンサート実行委員会、二〇〇四）用に撮影した鳴く虫の写真も多数使わせていただいた（口絵一一点、本文三一点）。これらの標本写真がなければ、この本は成立しなかった。心から「ひとはく」にお礼申し上げる。

イラストレーターの井澤五葉さんには、面倒なイラストや込み入った図をたくさん描いていただいたが、私が描いた未完成の図を完成にもっていく段階でわかりやすくしていただいた。本文の原稿を読んでいただいたのは次の方々である。5章と9章は沢田佳久さん（ひとはく）。たくさんコメントをいただいたのに、一部しか応えられなかった。6章は日比伸子さん（橿原市昆虫館）、7章は八木剛さん（ひとはく）、9章は足立勲さん（ひとはく）に見ていただいた。写真や図をお借りしたのは、栗林慧さん、広瀬義躬さん、関口晃一さん、小野省三さん、三宅志保さん、小西美香さん、西浦さんご夫妻、そして橿原市昆虫館と北九州市立自然史・歴史博物館。それから真鍋さん対応で写真提供してくださった方々。ありがとうございました。

最後に、他のすべてができ上がってもまだでき上がらずに最後まで残って、書くスペースもなくなって、あっさり済ますしかなかった図1・3の苦労話を少々。日本産全種の体長分布のヒストグラムという無謀なことを企んだが、もちろんそんなデータはない。自分で集めるしかない。四大昆虫にくるまでは何とかなると思っていたのだが、種数が格段に多いものは、意味もなく体長データを書くわけにはいかないので、四大昆虫ではかなり体長データが欠けていた。図鑑から拾い出すしかない。そして、次に主に範囲のデータしかないものをどのように分布図に表せばいいのか、悩んだ。初めは矢印を書き込んだ図にしようと描き出したら、やたらと大きい図になってしまう。種数の多いものを太い矢印にしているとき、矢印をやめて矢印の範囲に種数を入れていって、ミリ単位で集計すれば、ヒストグラムになることに気が付いた。種ごとのデータがあれば、グループごとにヒストグラムが描けるのだが、それがないので、範囲内に全種が並ぶ太い帯として代用するのだ。こうして原稿の書き始めのとき思い描き、それからずっと恋焦がれてきたものが最後の最後にでき上がった。そして、「あとがき」もこうしてようやくでき上がった。

大谷　剛

二〇〇五年六月

35 Ohtani, T. (1994) Behaviors of adult queen honeybees within observation hives I. Behavior patterns, Human and Nature No.3:37-77.

36 大谷 剛 (1998)「大きくなれない」昆虫、『日本動物大百科』第10巻昆虫Ⅲ(石井・大谷・常喜編、平凡社)：173-174.

37 大谷 剛 (2003) 昆虫はなぜ六本足か、『ふしぎの博物誌』河合雅雄編、中公新書1680：21-25.

38 大谷 剛 (2003) 蜂は毒針、蚊は口器、『ふしぎの博物誌』河合雅雄編、中公新書1680：26-30.

39 大谷 剛・栗林 慧 (1985) 片足をあげるカブトムシの排尿姿勢、昆虫53：245-246.

40 大谷 剛・栗林 慧 (1988)『ハンミョウ』(カラー自然シリーズ70)、32pp、偕成社、東京

41 大野照文 (2000) 古生物学的観点からみた多細胞動物への進化、『無脊椎動物の多様性と系統』(白山義久編、裳華房)：47-72.

42 奥井一満 (1985)『タコはいかにしてタコになったか―わからないことだらけの生物学』(カッパ・サイエンス) 246pp、光文社、東京

43 奥谷喬司 (1989)『イカはしゃべるし、空も飛ぶ』(ブルーバックス B-791)、vii+238pp、講談社、東京

44 小野展嗣 (2002)『クモ学―摩訶不思議な八本足の世界』、225pp. 東海大学出版会、東京.

45 Paul, G. S. (2002)『Dinosaurs of the air: the evolution and loss of flight in dinodaus and birds.』460 pp. The Johns Hopkins University Press, Baltimore and London.

46 リーキー, R. (1982)『図説 種の起源』(八杉貞雄・守隆夫訳)、234 pp、平凡社、東京

47 坂上昭一 (1992)『ハチの家族と社会』(中公新書1098)、210 pp、中央公論社、東京

48 佐藤正孝・有田豊・江本純・永井正身・西川喜朗・林正美 (1982)『種の生物学』、228pp、建帛社、東京

49 Schmid, A. (1997) A visually induced switch in mode of locomotion of a spider. Z. Naturforsch. 52c: 124-128.

50 Sekiguchi, K. & Yamasaki, T. (1972) A redescription of "Trithyreus sawada" (Uropygi: Schizomidae) from the Bonin Islands. Acta arachnol., 24: 73-81.

51 島 泰三 (2003)『親指はなぜ太いのか―直立二足歩行の起源に迫る』(中公新書1709)、276pp、中央公論社、東京

52 諏訪將良 (1989) コモリグモの求愛『クモのはなし2』(梅谷献二・加藤輝代子編、技報堂出版)：10-26.

53 高橋良一 (1952) 南方昆虫記4 ホタルの光と虫の鳴声『新昆虫』Ⅴ巻6月号：2-4.

54 多田内修 (1998) 有剣(カリバチ・ハナバチ)類 Aculeata.『日本動物大百科』第10巻昆虫Ⅲ(石井・大谷・常喜編、平凡社)：70-73.

55 Torp, E. (1994) Danmarks Svirrefluer. 490pp. Apollo Books, Stenstrup.

56 Truman, J. W. & Riddiford, L. M. (1999) The origins of insect metamorphosis. Nature 401: 447-452.

57 上田恵介 (1995)『花・鳥・虫のしがらみ進化論―共進化を考える』、270pp、築地書館、東京

58 上田恵介・有田 豊 (1999) 黄色と黒はハチ模様―ハチに擬態する昆虫類、『擬態―だましあいの進化論1・昆虫の擬態』(上田恵介編、築地書館)：62-71.

59 内田 亨 (1965)『増補・動物系統分類の基礎』、331pp、北隆館、東京

60 浦本昌紀 (1986) 鳥の時代へ羽搏く、『アニマ』1986年8月号 (No.165))：27-36.

61 海野和男 (1993)『昆虫の擬態 Camouflage and Mimicry of Insects』、86pp. 平凡社、東京

62 ヴェルンホファー, P. (1993)『動物大百科 別巻2 翼竜』(渡辺政隆訳)、214 pp、平凡社、東京

63 Xu, X., Zhou, Z., Wang, X., Kuang, X., Zhang, F. & Du, X. (2003) Four-winged dinosaurs from China. Nature 421: 335-340.

64 湯本貴和 (1999) 動物は種子散布とどのように関わっているか？―種子散布研究の目的と方法、『種子散布―助けあいの進化論1【鳥が運ぶ種子】』(上田恵介編、築地書館)：1-16.

1 青戸偕爾（1977）甲殻類の変態『現代動物学の課題5 変態』（日本動物学会編、東大出版会）：105-134.
2 秋野順治（1999）アリをめぐる化学情報戦—化学擬態『擬態、だましあいの進化論2—脊椎動物の擬態・化学擬態』（上田恵介編、築地書館）：48-61.
3 秋山-小田康子・小田広樹（2003）なぜ今、クモなのか？—胚発生が描く進化の道すじ『季刊・生命誌』BRH cards42:7.
4 アルヴァレズ、W.（1997）『絶滅のクレーター、T.レックス最後の日』（月森左知訳）、255pp、新評論、東京
5 Biewener, A. A.（2002）Walking with tyrannosaurs、Nature 415: 971-973.
6 Crane, P. R.（1987）The evolution of insect pollination in angiosperms.『The origins of angiosperms and their biological consequences』（Friis、Chaloner & Crane、eds. Cambridge University Press）：181-201.
7 ファーロー、J. O. & ブレットサーマン、M. K.（2001）『恐竜大百科事典』（小畠郁生監訳）、631pp、朝倉書店、東京
8 Goulet, H. & Huber、J. I.（1993）『Hymenoptera of the World: An identification guide to families.』vii+668pp. Agriculture Canada、Ottawa
9 Hardy, A.（1960）Was man more aquatic in the past？ New Scientist, 7: 624-625.
10 東 正剛（1995）『地球はアリの惑星』、240pp. 平凡社、東京
11 日高敏隆（2000）昆虫の変態—その起源は？（昆虫学ってなに？—22）、『インセクタリウム』2000年10月号：310-311.
12 広瀬義躬（1990）卵で育つ小さなハチ—卵寄生蜂の生活と適応、『天敵の生態学』（桐谷圭治・志賀正和編、東海大学出版会）：48-56.
13 石川良輔（1996）『昆虫の誕生——千万種への進化と分化』（中公新書1327）、210pp、中央公論社、東京
14 岩田久二雄（1967）大きい卵—昆虫の母体をはなれる次代の個体の大きさ—『自然—生態学的研究』（森下正明・吉良竜夫編、中央公論社）：211-248.
15 岩田久二雄（1974）『ハチの生活』（岩波科学の本11）、220pp、岩波書店、東京
16 岩田久二雄（1971）『本能の進化—蜂の比較習性学的研究』、503pp、眞野書店、神奈川県大和市
17 Kaestner, A.（1969）『Lehrbuch der Speziellen Zoologie. Band I: Wirbellose』, xvii+898pp. Gustav Fischer Verlag, Stuttgart.
18 上宮健吉（1981）ヨシノメバエの配偶行動1、『インセクタリウム』1981年9月号：224-229.
19 栗林慧・大谷 剛（1988）『昆虫のふしぎ—色と形のひみつ』、62pp、あかね書房、東京
20 松浦一郎（1990）『虫はなぜ鳴く』、162pp、文一総合出版、東京.
21 水野祥太郎（1984）『ヒトの足—この謎にみちたもの』、271pp、創元社、大阪.
22 モリス, S. C.（1997）『カンブリア紀の怪物たち』（現代新書1343）、301 pp、講談社、東京.
23 Moritz, R. F. A., Kirchner, W. H. & Crewe, R. M.（1991）Naturewissenshaften 78: 179-182.
24 森本 桂（1996）昆虫類（六脚上綱）総論、『日本動物大百科』第8巻昆虫Ⅰ（石井・大谷・常喜編、平凡社）：46-49.
25 中村修美（1996）カマアシムシ類、『日本動物大百科』第8巻昆虫Ⅰ（石井・大谷・常喜編、平凡社）：51.
26 中村健児（1949）『手足の起源と進化』、175pp、臼井書房、京都
27 中村健児（1973）爬虫類における陸上生活8 再び水へ『朝日＝ラルース週刊世界動物百科』136: 6-7.
28 西 旨義（1999）蜂蜜を盗むクロメンガタスズメ、鹿児島昆虫同好会会誌『SATSUMA』48（119）：10-11.
29 西川輝昭（2000）34.脊索動物門 Phylum CHORDATA、『無脊椎動物の多様性と系統』（白山義久編、裳華房）：257-261.
30 西原克成（1997）『生物は重力が進化させた』（ブルーバックス1197）、190pp、講談社、東京
31 ノーマン、D.（1988）『動物大百科別巻 恐竜』（濱田隆士訳）、267 pp、平凡社、東京
32 沼波秀樹（2000）17.鰓曳動物門 Phylum PRIAPULIDA.『無脊椎動物の多様性と系統』（白山義久編、裳華房）：154-156.
33 大場信義（1992）ラバウルでみたホタルの木、『インセクタリウム』29（5）：18-24.
34 大場信義（1997）驚異の世界—ホタル擬態、『生物科学』49：12-22.

■引用文献

昆虫―大きくなれない擬態者たち

大谷 剛 著

大谷 剛◎おおたに・たけし
一九四七年、福島県生まれ。
兵庫県立大学自然・環境科学研究所教授
（兵庫県立人と自然の博物館主任研究員を兼務）。
専門は動物行動学、昆虫学。
主な著書として『ミツバチ』『ハンミョウ』（カラー自然シリーズ、偕成社）、
『名前といわれ昆虫図鑑』（偕成社）
『昆虫のふしぎ――色と形のひみつ』（あかね書房）などがある。

2005年6月25日第1刷発行

著者―大谷 剛
発行者―真鍋 弘
発行所―OM出版株式会社
静岡県浜松市村櫛町4601番地
〒431-1207
編集所―有限会社ライフフィールド研究所
神奈川県鎌倉市小町1-8-19
小町ハウス203 〒248-0006
電話0467-61-3746
発売所―社団法人農山漁村文化協会
東京都港区赤坂7-6-1 〒107-8668
電話 03-3585-1141
ファックス 03-3589-1387
振替 00120-3-144478
http://www.ruralnet.or.jp/
印刷所―株式会社東京印書館

ISBN4-540-03159-7
定価はカバーに表示。

●写真撮影・図版提供者
栗林 慧／表紙、p.9、14、83、84、87、171
ネイチャープロダクション／p.15、145上、145中、
橿原市昆虫館／p.14（右上、左下）
北九州市立自然史・歴史博物館／p.18下
広瀬義躬／p.19下、
薄井純子・晶子／p.52
山名眞達／p.52、145左
川邊 透／p.52、101、
福富文雄／p.52
中尾健一郎／p.52
鈴木隆之／p.52
谷川明男／p.52
増原啓一／p.52
小野省三／p.110
足立 勲／p.145下
八木 剛／p.16、114、115、119、121、149

ブックデザイン 堀渕伸治◎tee graphics
イラストレーション 井澤五葉

百の知恵双書
009

たあとる通信

■no. 009

私が栗林さんの食客だった頃

栗林慧・大谷剛

●「蜂小屋」に住む

栗林　大谷さんに初めて会ったのは、今は廃刊してしまった平凡社の動物雑誌『アニマ』の仕事で、北海道大学に行ったときでしたね。蜂小屋があって、大谷さんはそこに住んでいた。

大谷　ミツバチ研究室というんだけど、みんなは「蜂小屋」と呼んでいました。戦後、砂糖がなかった時代に、蜂蜜がものすごく値が上がった時期があったんです。その時に蜂蜜をいっぱい売って儲けた養蜂業者がいた。その人が、研究室をつくりますから、どうぞこれでミツバチの研究をしてくださいと、坂上昭一先生にミツバチ研究室を寄付したんです。当時、坂上先生はまだ独身だったので、そこに住み着いたわけです。

栗林　そうか、代々若いミツバチの研究者が住み替わっていったんだ。

大谷　ええ、次々といろんな大学院生が住んでいたんですが、坂上先生が七年いて、僕は九年で、居住記録を破ったんです（笑）。

栗林　あの蜂小屋はおもしろかったな。僕にとって、北大の蜂小屋に一カ月間いた経験は、すばらしくいい勉強になった。というのは、それまで僕は、もちろん文献や何かでミツバチのいろいろな知識は得ていたけれども、実際、ミツバチの専門家の話を聞きながらモノを観察しながら仕事ができたからね。単に効率良く仕事ができたというよりも新しい事実を撮影できた。それがすばらしかった。それで、ちょうどあなたが、蜂小屋を出なければならなくなったんだ。

大谷　オーバードクターでいたんだけど、まだ学位がまとまらなくて、どうしようかと思っていた。

栗林　それで、僕が誘いをかけた。うちに来て、ちょっといろいろ手伝ってもらえないかと。そうしたら、ほんとに田平《たびら》（長崎県北松浦郡）に来ちゃったわけだ。

編集　栗林さんは、昆虫の勉強はどうやっていたんですか？

栗林　ほとんど独学です。いちばん最初はファーブルですよ。あの昆虫記を読んで、ファーブルというのは、観察した内容を実に興味深く書いているでしょ。それを、ぼくは映像化したいと思ったんです。カリウドバチの話なんてとてもおもしろい。あれを徹底的にカメラで収めたいと思ったんです。だから、ハチは非常に好きで、ミツバチも、もちろん写していたんですよ。巣の中の様子などは断片的にちょっとは撮っていたけれども、本格的に撮っていなかった。それをやったのが北大の蜂小屋だったんです。

大谷　ミツバチの観察装置は、普通はなかなかできないんですよ。みんな、どうやって飼っていいかわからないから。

栗林　今何をやってる、今こういうことをしているということが、そこで教えてもらえるからね。

大谷　「あ、今、これやっています」といって撮ってもらう。僕は記録は取っているけれど、その映像はなかなか難しい。栗林さんに来てもらったら、もう、すぐ撮ってもらえるから嬉しくてね。

栗林　そういうことがあって、つながりができて、それで田平に

雪の中の北海道大学ミツバチ研究室（蜂小屋）。

来てもらった。僕が昆虫のことを彼からいろいろ教わる代わりに、飯だけは出すということでね（笑）。

●栗林自然科学写真研究所の頃

大谷　一九八一年から六年間、居候させてもらいました。

栗林　とにかく大谷さんが来てくれたので、これまで撮れなかったものが非常によく撮れるようになった。たとえばハンミョウの本をある児童図書出版社からつくりたいという話が来たときに、ハンミョウという昆虫が実際どういう生活をしているか、まず調べないといけない。それを大谷さんがやってくれた。

大谷　一個体追跡をしてハンミョウの全生活をおさえる。栗林さんに必要なところを撮ってもらうようにいいますから、まず観察させてください、という感じでしたね。観察地が二〇キロぐらい離れていたので、そのためにバイクの免許を取って、毎日通っていた。

栗林　私のところから二つ先の町、吉井町に、御橋観音という観音様を祀った山があって、そこの境内にハンミョウがいっぱいいたんだね。

大谷　ええ、ハンミョウの幼虫は土に潜って生活していますから、あんまり乾燥していてもだめだし、ビチョビチョでも困るし、適度な湿り気のある場所が彼らは好きなんです。あそこの境内はハンミョウの天国のようなところだった。

栗林　僕が撮影する前の段階で、あなたがすべてを観察し記録して、その中の要所要所を僕があとから撮影するという感じだったですね。ほとんど大谷さんは単独行動で、バイクで行って、それで夕方に帰ってくるということをやっていた。

大谷　あれはおもしろかったな。

栗林　とくにおもしろかったのは、雄と雌の交尾行動（笑）。

上／栗林さんの食客時代、スタジオで撮影の準備をする栗林さんと私（左）　下／冬場の薪割りをする栗林さんと私。

大谷　ほんと、雌がいやがっているのに、無理やり雄が押さえつけてしようとするんだからね（笑）。まあ、昆虫って、だいたいそうですけれどね。雌は一回交尾すればいいんで、あとは雄はじゃまなんですよ。雌は雄を不要と思っているのに、雄はとにかく交尾したい（笑）。そういうことがあるから、あんまり棲《す》み場に集中しないで、けっこう分散できる。

編集　ハンミョウの寿命は、二年ぐらいですね。どのくらいかけて観察と撮影をしたんですか。

大谷　やはり二年ぐらいはかかりましたね。

栗林　あの時、ぼくが一つ困ったのは、大谷さんは一個体追跡するときに、必ずマークを付ける。そのマークを付けている個体を撮影するのも何か変だし、出版社にもこんな人工的なマークを付けたものは使えないといわれた。そうしたら、「何で悪いんだ」って、大谷さんが怒った（笑）。そんなこともありましたね。

●一個体追跡をする「変な人」

栗林　私の仕事場の敷地の中に、大谷研究室という小屋があるんです。今も建っていますけれど、そこに大谷さんは住んで、「蜂小屋」みたいにハチを飼っていた。そのハチの体に全部ゼッケン番号を付ける。ある時、近所の農家の人がとんできて、「いや、栗林さん、とんでもないハチを見た」というんです。背中に番号が書いてあると（笑）。まわりの人はそんなのいるはずがないと言うんだけど、「いや、わしは絶対見た」といってね（笑）。

大谷　二〇〇〇匹ぐらいに付けていましたからね。毎日毎日、三〇〇匹ぐらいに付けて。

田平の昆虫自然園で（右／栗林さん、左／私）。この昆虫自然園は四季のフィールドを観察するという二人の発想が基になってつくられた。

栗林　あと、大谷さんはモンシロチョウもやっていましたね。ある時、坊田《ぼうだ》区の公民館の横あたりに、何か変な人がいると連絡があった。一個体追跡がすごいのは、とにかくその個体から目を離さない。お尻の下に小さい椅子を括《くく》りつけて、首からは画板みたいなものを下げている。通りかかった人は、「何なの、あの人は？　頭がおかしいんじゃない」って、必ず思う格好なんだ。

大谷　普通の人にはその虫は見えないわけです。だから遠くから見たら変な動きなんですね、虫と一緒に動いているから。急に走り出したり、急に立ち止まってじっとしたり。じっとしたら二時間ぐらい同じところにいる。そうかと思うと、突然パッと走り出していなくなっちゃうわけです。とにかく動きがまったく常人とは違いますから怪しい人と思われる。

● 昆虫少年の誕生

編集　お二人はどうして昆虫少年になったのでしょうか。

大谷　ぼくは、ちょっと身体が弱かったんで、どうしても他の子に置いていかれちゃうわけですよ。置いていかれて、仕方なく周りを見ていたら虫がいっぱいいたわけです。子どもの目線で見たらたくさんの昆虫が目の前にいる。何かいろいろおもしろいことをやっているなということで、虫の世界にどんどん興味を持って、はまり込んでいった。だから、僕の場合、身体が弱かったことがけっこう影響しているかなと思っているんです。

編集　大谷少年は他のことには興味を示さず、ずっと昆虫一本で……。

大谷　そうですね。標本をつくると、昆虫の名前をドンドン覚える。普通の大人よりずっと知っている。そうすると大人は「まあ、すごい」とか何とか褒めるじゃないですか。得意になって、またどんどん覚えようとする。最初はそのレベルなんです。でも、あるときから、これで将来飯を食ってやろうと思ったんですよ。小学校の頃からずっと、昆虫学者になりたいと思っていた。

編集　栗林さんの場合、昆虫と写真はどのように結びついたのですか。

栗林　田平は父のほうの郷里なんです。僕は小学校四年生いっぱいまでここにいたんです。その頃の子どもは、今の子どもたちと違って、こういう田舎ですから、とにかく天気が良ければ、男の子も女の子もみんな外へ行って遊んでました。一歩外へ出たら、それはもう自然が広がっているでしょう。ですから、いやでも昆虫たちが目につく。きれいな花が咲いていたりね。物心ついて、自然というものはすばらしい世界だということをわかって、その中で、いろんな玩具をつくったりして遊んでいた。そういうときに、いきなり親父が死んで、生活できなくなって、都会へ連れて行かれたんです。

　そういうことがあったものですから、田舎の自然に対する郷愁が人一倍あって、大きくなっていつか田舎に帰りたいという気持ちをずーっと持ち続けていたんですよ。そういうことで、途中でカメラに興味を持って、風景とか花とか、つまりふるさとの自然につながる内容を撮り始めた。それからクローズアップの世界がおもしろいということがわかって、それをやっているうちに、今度は昆虫をやりたいということで、やり始めたわけです。

ないものは自分でつくる

大谷　栗林さんがやり始めた頃は、プロの昆虫写真家というのはいなかったでしょ。
栗林　いなくはなかったけれど、自然を撮る写真家は、風景から動物から昆虫、何でも撮っていたね。その頃、学校の先生とかそういう人たちが、ちょっと趣味で昆虫を写したりしていたけれど、海外から入ってくる図鑑の写真を見ると、もう歴然と差があるわけだ。
　そういうところから、自分もいい写真を撮ろうということでやり始めたわけだけれど、ある程度まで撮れても、なかなかそれ以上は撮れない。だけど、実際、目で興味深いシーンが目撃されるわけですから、それをどうしても撮りたいということで、カメラやレンズやストロボといったものをいろいろ工夫して、自分なりの撮影用機材をつくっていったわけです。僕は子どもの頃から工作が大得意だったものですからね。それで、誰も撮ったことがないようなシーンを撮れるようになっていったわけです。ビデオをやり始めてもまったく同じなんですよ。ですから、ないものなら自分でつくってやろうという考えで、レンズをつくったり、カメラをつくったり、そういうことをやってきたんです。
大谷　普通は、思いつくことは思いついても、そこから実現まで行かないことのほうが多いですね。こんなことできたらいいなと思って考えついてもね。
栗林　そうだね。僕は、とにかくやってみるんですよ。思いついたら、とにかくやってみなければ気がすまないものですからね。やってみると、そこで可能性があるかないかということが、わかってくる。

栗林自然科学写真研究所から見た田平の海。

大谷　こうやったら、ここをこうすればこうなるはずだと、どんどん先へ行けるんですね。
栗林　とにかく、やってみるということなんだ。頭で考えて、いや、だめだ、とあきらめるのではなくて、とにかく思いついたら、とりあえずやってみる。それがおもしろいんですよ。
大谷　僕が栗林さんと一緒にいて不思議だったのは、虫を見つけて、カメラで近づいていくときに、スーッと近づいていってしまうというのがね、あれは他の人にはなかなかできない芸当だな、と（笑）。
栗林　ああ、ぜんぜん意識してないけれどね。
大谷　きっと集中したときに、気配が抜けてしまうというか（笑）。そうとしか考えられないという気がしてたんですよ。僕も一個体追跡で、モンシロチョウならモンシロチョウを追いかけて、ずっと見ていると、二時間ぐらいぜんぜん動かないことがある。自然の中に座って、こっちも二時間じっとしていると、溶け込んでしまうんですね。気配が消えてしまって、チョウが来てとまったり、虫も上がってきたり、ぜんぜん人間と思っていない。そういう状態になるので、待てよ、栗林さんはその状態にスッと入れるんだな、と思いましたけどね（笑）。
栗林　そうかもしれないね。夢中になっているからね。
大谷　昆虫と一緒にいたら、溶け込まざるを得ない。ずっと観察していると、昆虫ってやはりいつでも動いているわけではなくて、大半は動かない。それをずっと一個体追跡で追いかけていると、こっちもほとんど動かなくて、自然に溶け込まざるを得ない、そういうときは自然と一体になった気がしますね。

●――変わらない昆虫のすごさ

栗林　いや、ぼくも昆虫とまともにつきあって三〇年以上になりますが、最近、ふと思うのは、われわれ人間というのは、三〇年間というと、とにかくいろんなことを考えて、それなりに便利なものを開発して、それの繰り返しを延々とやっているわけでしょう。でも、昆虫はぜんぜんそんなのないですよね。三〇年、最初に出会ったときのままのスタイルでちゃんと生きている。ああいうのを見ると、いや、人間も、やっぱりそういうふうに胸張って過ごしていくような、あんまりあくせくしないほうがいいのではないかと、ふと思うよね。
大谷　その三〇年だけれど、虫は一年ごとに交替しているんですよ（笑）。虫はサイクルが早いですからね。この本にも書いたことだけど、虫はあんまり余裕がないんですよ。片っ端から食われちゃうから。ゆっくり人生を楽しむわけではなくて、とにかくギリギリの自転車操業で、どんどん生んで、やっと生活しているみたいなところがある。
栗林　そうね。長い目で見ると、進化という形で少しずつ変わっていくのでしょうけれど、でも、少なくとも三〇年ぐらいの時間の中では何も変わらない、同じことを目の前で見せてくれている。その変わらない姿は、やはりすごいなと思うんですね。
大谷　そうですね。それに比べ人間というのはほんとにあくせくやっていますね。人間というのは、すごく脳が発達しすぎたから、なかなかボーッとしてられない。常に考えていて、走り続けている。暇な時間を持て余しちゃう。暇な時間を持て余さなくなると、もうボケて、ボーッとしている（笑）。

栗林自然科学写真研究所。

●——人間というエイリアン

栗林　そうだね。人間と昆虫は、同じ地球上の自然界に生きていても、ぜんぜん違う。

大谷　サイクルがまったく違う。

栗林　だから僕、人間というのは地球上のエイリアンではないかと思うんです。

大谷　ええ、昆虫から見たらまさにエイリアン。昆虫はこの地球に三億年から四億年前からずっと生きている。人間は、たかだか一〇〇万年ぐらい。そこから人間化し始めたらしいけれど、ほとんど最近ですよ。それで、あっという間に地球を覆ってしまった。六〇億人なんて、べらぼうですね。

栗林　多いよね（笑）。

大谷　だって、一種類ですよ。ほかの生物で、一種類で六〇億なんていませんからね。それも、ちっちゃい生物ではなくて、でかいんですから（笑）。六〇キログラムぐらいあるんですから。

栗林　それが、限られた地球の上にはびこっているんだからね。

大谷　道路をつくったり建物をつくったり、環境をどんどん変えて、どこに行っても人間が影響しないところはないぐらいになっているでしょう。ほんとに地球上で人間の影響のないところって、アマゾンのジャングルとか、ほんの限られたところしか残されていない。人間というエイリアンが地球を滅ぼそうとしているというのは、まさにそのとおりですよ。

栗林　そうだね。そういう中で、やはり昆虫みたいな生き物から見習う部分がなくちゃいけないのではないかと思ったりする。地球上の人間以外の生き物、昆虫なんかまさにそうなんだけど、そういう連中の生き方をきちんと分析してみたら、人間のこれからの理想的な生き方のヒントがあるかもしれないという気がする。

大谷　大きな目で見て、本当に何がホモサピエンス種にとっていいことなのか、これまで人間は考えてこなかった。人間って、自分のつくった文明に振り回されてきた歴史だから。

栗林　ほんとにそうだね。昆虫にいわせれば、人間なんていうのは、人間同士で戦争でも始めて、さっさと滅びてくれないかと思っているよと思うよ（笑）。

——栗林自然科学写真研究所にて二〇〇四年一二月収録

足もとから暮らしと環境を科学する

「百の知恵双書」の発刊に際して

21世紀を暮らす私たちの前には地球環境問題をはじめとして、いくつもの大きな難問が立ちはだかっています。今私たちに必要とされることは、受動的な消費生活を超えて、「創る」「育てる」「考える」「養う」といった創造的な行為をもう一度暮らしのなかに取り戻すための知恵です。かつての「百姓」が百の知恵を必要としたように、21世紀を生きるための百の知恵が創造されなければなりません。ポジティブに、好奇心を持って、この世紀を生きるための知恵と勇気を紡ぎ出すこと。それが「百の知恵双書」のテーマです。

●既刊

001 **棚田の謎**
千枚田はどうしてできたのか
田村善次郎・TEM研究所
ISBN4-540-02251-2

002 **住宅は骨と皮とマシンからできている**
考えてつくるたくさんの仕掛け
野沢正光
ISBN4-540-02252-0

003 **目からウロコの日常物観察**
無用物から転用物まで
野外活動研究会
ISBN4-540-02253-9

004 **時が刻むかたち**
樹木から集落まで
奥村昭雄
ISBN4-540-03154-6

005 **参加するまちづくり**
ワークショップがわかる本
伊藤雅春・大久手計画工房
ISBN4-540-03155-4

006 **洋裁の時代**
日本人の衣服革命
小泉和子編
ISBN4-540-03156-2

007 **樹から生まれる家具**
人を支え、人が触れるかたち
奥村昭雄
ISBN4-540-03157-0

008 **まちに森をつくって住む**
甲斐徹郎＋チームネット
ISBN4-540-03158-9